机加工实训

（第3版）

主　编　徐小国
副主编　李慕译
参　编　钱智惠　周汝华　沈晓伟

北京理工大学出版社
BEIJING INSTITUTE OF TECHNOLOGY PRESS

内容简介

本书主要内容有车削的基本知识、车外圆柱面、车槽和切断、车内圆柱面、车内外圆锥面、车成形面和表面修饰、螺纹加工、车偏心工件、复杂工件的车削等。

本书主要供高等职业技术学校机械类专业使用，也可作为职业培训教材。

版权专有　侵权必究

图书在版编目（CIP）数据

机加工实训/徐小国主编. —3 版. —北京：北京理工大学出版社，2022.12重印

ISBN 978-7-5640-8083-9

Ⅰ. ①机… Ⅱ. ①徐… Ⅲ. ①金属切削—高等职业教育—教材 Ⅳ. ①TG506

中国版本图书馆 CIP 数据核字（2013）第 182963 号

出版发行 / 北京理工大学出版社有限责任公司
社　　址 / 北京市海淀区中关村南大街 5 号
邮　　编 / 100081
电　　话 /（010）68914775（总编室）
　　　　　（010）82562903（教材售后服务热线）
　　　　　（010）68948351（其他图书服务热线）
网　　址 / http://www.bitpress.com.cn
经　　销 / 全国各地新华书店
印　　刷 / 北京虎彩文化传播有限公司
开　　本 / 787 毫米 × 960 毫米　1/16
印　　张 / 16
字　　数 / 368 千字
版　　次 / 2022 年 12 月第 3 版第 5 次印刷
定　　价 / 48.00 元

责任编辑 / 张慧峰
文案编辑 / 多海鹏
责任校对 / 周瑞红
责任印制 / 李志强

图书出现印装质量问题，请拨打售后服务热线，本社负责调换

前　言

本书是根据国家教育部数控技术应用专业技能紧缺型人才培养方案与劳动和社会保障部制定的有关国家职业标准及相关的职业技能鉴定规范，结合编者多年的教学实践经验编写而成。

为了更好地满足全国职业技术院校机电一体化、数控技术、机械制造与自动化、模具设计与制造等专业教学的要求，本着突出技能训练、培养学生具有较强动手能力的要求，本书采取由浅入深、将专业理论知识融入相关训练课题的做法，使学生在技能训练过程中能够反复学习、理解、熟悉基本理论，变枯燥学习为实际运用，变被动接受知识为主动求知，最终达到掌握本专业（工种）知识和技能的目的。

本书在内容组织上先理论后实践，共分为11章，系统全面地介绍了车削的基本知识、车外圆柱面、车槽和切断、车内圆柱面、车内外圆锥面、车成形面和表面修饰、螺纹加工、车偏心工件、复杂工件的车削等。

本书有如下特点：

1. 有效地把培训中理论与操作技能有机结合；

2. 图文并茂，形象直观，文字简明扼要，通俗易懂；

3. 让学员由浅入深，理论联系实际，逐步掌握机加工的基本操作技能及相关的工艺知识；

4. 让学员在工业生产中，能完成生产任务并能分析问题、解决问题。

只要按书中实例的方法和步骤完成，就能得到充分的技能训练。本书可作为高职高专数控技术应用专业、机械制造专业、模具设计与制造专业、制造专业以及机电技术应用专业的实训教材。

本书由江苏联合职业技术学院无锡交通分院徐小国、钱智惠、周汝华、沈晓伟编写，由徐小国任主编。另外在本书的编写过程中借鉴了国内外同行的最新资料及文献，并得到了江苏联合职业技术学院各分院校的大力支持，在此一并致以衷心的感谢。

由于编者水平有限，书中错误之处在所难免，敬请读者批评指正。

编　者

目 录

第一单元	预备知识	1
第二单元	车削加工的基本知识	9
课题一	入门知识	9
课题二	钳工基本操作	11
课题三	车床操作	15
课题四	工件的装夹和找正	24
课题五	车刀的刃磨	27
课题六	车床的润滑和维护保养	37
第三单元	车外圆柱面	41
课题一	车外圆、平面和台阶	41
课题二	钻中心孔	58
课题三	用两顶尖装夹车轴类零件	62
课题四	一夹一顶车轴类零件	66
第四单元	车槽和切断	70
课题一	切断刀和车槽刀的刃磨	70
课题二	车外圆、沟槽	74
课题三	车平面槽和45°外斜沟槽	77
课题四	切断	80
第五单元	车内圆柱面	85
课题一	麻花钻的刃磨	85
课题二	钻孔	89
课题三	车直孔	93
课题四	车台阶孔、平底孔	97
课题五	车内沟槽	100
课题六	车三角皮带轮	104
课题七	铰孔	106
课题八	复合作业综合技能训练	111

第六单元　车内、外圆锥面 115

   课题一　转动小滑板车外圆锥面 116
   课题二　偏移尾座车削圆锥面 125
   课题三　车内锥孔 130

第七单元　车成形面和表面修饰 137

   课题一　滚花及滚花前的车削尺寸 137
   课题二　车成形面和表面修光 140

第八单元　螺纹加工 148

   课题一　内、外三角形螺纹车刀的刃磨 148
   课题二　车三角形外螺纹 152
   课题三　在车床上套螺纹、攻螺纹 164
   课题四　车削三角形内螺纹 168
   课题五　高速车削三角形内外螺纹 172
   课题六　车削圆锥管螺纹 174

第九单元　车削方牙、梯形螺纹 177

   课题一　内外方牙、梯形螺纹车刀的刃磨 177
   课题二　车削方牙螺纹 180
   课题三　车削梯形螺纹 182
   课题四　车削梯形内螺纹 188

第十单元　车削蜗杆、多线螺纹 190

   课题一　车削蜗杆 190
   课题二　车削多线螺纹 195

第十一单元　车偏心工件 202

   课题一　在三爪自定心卡盘上车偏心工件 202
   课题二　在四爪单动卡盘上车偏心工件 207
   课题三　在两顶尖间车偏心工件 212

第十二单元　复杂工件的车削 216

   课题一　找正十字线练习 217
   课题二　在四爪单动卡盘上装夹、车对称工件 219
   课题三　在花盘上装夹、车工件 222
   课题四　在角铁上装夹、车工件 225

课题五	在中心架上装夹、车工件	228
课题六	在跟刀架上装夹、车细长轴	234
课题七	车十字轴、十字头工件	238
课题八	车深孔工件	241

参考文献 244

第一单元
预 备 知 识

一、实习教学要求

（1）了解金属材料性能的分类。
（2）掌握金属材料的工艺性能。
（3）掌握如何区分黑色金属和有色金属。

二、相关工艺知识

作为一名合格的车工，首先必须了解自己的工作对象及工作特点，掌握有关车床、工件材料、刀具材料和公差配合的基本知识，并掌握一些基本的测量技术，在此基础上，努力学习和掌握有关车工的基本操作技能，并通过实践提高自己的技术水平。在生产实习过程中，我们常见的各种机械设备和产品，绝大部分是由金属材料制成的。金属材料在工业生产中起着举足轻重的作用，因此，对于从事机械加工的技术工人，了解一些常见金属材料的基本知识是十分必要的。

1. 金属材料的性能

金属材料的性能可以大致分为两类：一类称为使用性能，反映材料在使用过程中表现出来的特性；另一类称为工艺性能，反映材料在制造过程中的各种特性。使用性能又可分为机械性能、物理性能、化学性能等。使用性能决定了材料的适用范围、安全可靠性与使用寿命。

1）材料的机械性能

机械零件在使用过程中，受到不同形式的外力作用，当这些外力超过某一限度时，就会发生变形，甚至断裂破坏。在生产实践中，机械性能常作为选择材料的主要依据之一，同时也是车工选择切削参数、刀具材料和几何角度的依据之一。机械性能的常用基本指标有强度、塑性、硬度、冲击韧性和疲劳强度等。

（1）强度和塑性。所谓强度就是指材料抵抗外力变形和破坏的能力。强度的指标主要有两个：一个是强度极限，又称为抗拉强度，用 σ_b 表示，单位 N/mm² 或 MPa。σ_b 表示材料受拉而不至于断裂的最大应力，用公式表示如下：

$$\sigma_b = \frac{P_b}{S_o}$$

另一个是屈服极限,又称屈服强度,表示材料在拉伸实验时开始大量产生塑性变形时的应力,单位 N/mm²,用 σ_s 表示。

$$\sigma_s = \frac{P_s}{S_o}$$

式中　P_b——试样拉断前的最大拉力,N;
　　　P_s——试样开始产生大量塑性变形时的拉力,N;
　　　S_o——试样原始截面积,mm²。

(2) 硬度。硬度是金属表面抵御外物压入的能力,它表示金属材料的坚硬程度。常用的硬度指标根据压力和压头的不同,可分为布氏硬度(HB)、洛氏硬度(HRA、HRB、HRC)和维氏硬度(HV),其中以布氏硬度(HB)和洛氏硬度(HRC)最为常用。布氏硬度常用于测量低硬度金属(HB≤450),洛氏硬度常用于测量 20~70 HRC 范围内的金属硬度。

布氏硬度和洛氏硬度的大致关系如下:

$$HRC \approx \frac{1}{10}HB$$

(3) 冲击韧性。金属材料抵抗冲击载荷而不致破坏的性能称为冲击韧性,单位 J/cm²,用 a_k 表示:

$$a_k = \frac{A_k}{S}$$

式中　A_k——冲击破坏所消耗的功,J;
　　　S——试样断口截面积,cm²。

(4) 疲劳强度。在工程中有些机械零件经常受到反复变化的交变应力的作用。在这种交变应力的作用下,零件常常会在远小于强度极限,甚至小于屈服极限的应力长期作用下突然断裂,这种现象称为"疲劳"。

金属材料在无数次重复的交变载荷作用下而不至于断裂的最大应力称为疲劳强度(或称疲劳极限),用 σ_{-1} 表示。影响材料疲劳强度的因素很多,且比较复杂,其中,零件的表面质量是其原因之一。

2) 材料的工艺性能

零件在制造过程中要进行各种加工,如铸造、锻造、焊接和切削加工等,金属材料适应各种加工工艺的性能称为工艺性。它包括铸造性、可锻性、可焊性和切削加工性能。

(1) 铸造性。铸造性主要指金属材料适应铸造工艺制成优良铸件的性能。它包括金属在液态流动与凝固过程中的收缩和偏析的倾向。

(2) 可锻性。可锻性是指金属材料承受压力加工(锻造)而变形的能力。可锻性包括金属的塑性与变形抗力两个方面,塑性大,锻压容易。

(3) 可焊性。可焊性是指材料是否适应一般的焊接方法和焊接工艺的性能。可焊性好的材料容易用一般焊接方法和焊接工艺施焊,焊缝缺陷少,接头的性能更接近于基体。

(4) 切削加工性。切削加工性是指材料是否易于切削的性能。切削性能好的材料在切削时消耗的动力小,刀具寿命长,切削流畅且切屑易折断脱落,加工后表面质量好。

影响工件材料切削加工性的因素很多,主要有以下几个方面。

① 机械性能的影响。材料的机械性能对切削加工性能影响很大。通常,材料的硬度和强度越高,则切削时的抗力就越大,切削温度也越高,从而加剧刀具的磨损,切削加工性差。例如,高强度钢材比一般钢材难加工,冷硬铸铁比灰铸铁难加工,淬硬钢比正火和退火

钢难加工。

但是，并非材料硬度越低就越好加工。一般，硬度适中的材料切削加工性能较好，而有些金属，如低碳钢、纯钢、纯铁等，硬度较低，但塑性很高，加工性能较差。这是因为塑性较高的材料加工变形和硬化现象都比较严重，切屑与刀具表面的冷焊现象比较严重，并且不易断屑，不易获得较好的加工表面质量。同时，切屑与刀具前刀面的接触长度较长，增加了切削的摩擦阻力，所以这些材料的切削加工难度比较大。

② 物理性能的影响。材料的物理性能对切削性能的影响主要表现在导热系数和线膨胀系数。在切削时所产生的切削热大部分是由切屑带走或通过工件散出去，工件材料的导热系数越大，越有利于降低切削区的温度，故切削性能越好；反之，切削性能就越差。此外，线膨胀系数大的材料，加工时热胀冷缩的现象比较严重，工件的尺寸精度不易控制。

③ 化学成分的影响。如上所述，材料的物理、机械性能对切削性能影响很大，但是，材料的物理性能和机械性能往往取决于材料的化学成分。例如，钢含碳量的多少会影响钢的强度和塑性，从而影响其切削性能。对于加入合金元素的钢材，情况比较复杂。合金元素对材料的切削性能影响比较大，一般来讲，磷、硫、铅等元素能显著改善材料的切削性能，如易切钢就是在钢中加入了一定量的上述元素，所以其切削性能很好。而铬、钼、钨、镍等元素有降低切削性能的作用。

此外，热处理状态对材料切削性的影响往往是综合性的，较好地了解和掌握这些性能，对于正确地选用刀具材料和几何参数是十分有益的。

2. 工件材料

工件材料分金属和非金属材料两种，其中，大部分工件是由金属材料制成的。在工程上，金属材料可分为黑色金属和有色金属两大类。

1）黑色金属

黑色金属分为钢和生铁两类，钢指含碳量在2%以下并含有某些其他元素的可变形铁碳合金；生铁主要指含碳量大于2%的铁碳合金，它包括炼钢生铁、铸造生铁（俗称铸铁）和铁合金。

（1）钢。钢的种类很多，其常见的分类方法如下。

按品质分 $\begin{cases} 普通钢（w(P)≤0.045\%、w(S)≤0.055\%）\\ 优质钢（w(P)、w(S)≤0.035\%）\\ 高级优质钢（w(P)、w(S)≤0.030\%） \end{cases}$

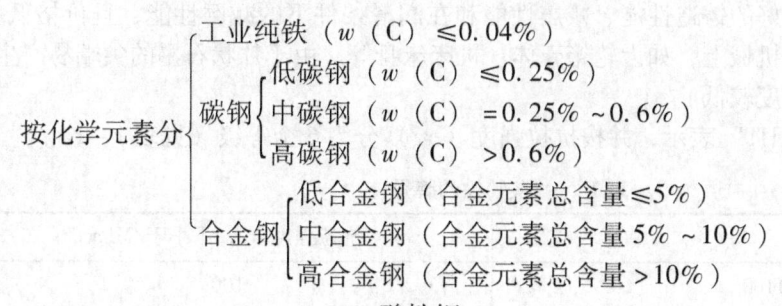

按化学元素分 $\begin{cases} 工业纯铁（w(C)≤0.04\%）\\ 碳钢\begin{cases}低碳钢（w(C)≤0.25\%）\\ 中碳钢（w(C)=0.25\%\sim0.6\%）\\ 高碳钢（w(C)>0.6\%）\end{cases}\\ 合金钢\begin{cases}低合金钢（合金元素总含量≤5\%）\\ 中合金钢（合金元素总含量5\%\sim10\%）\\ 高合金钢（合金元素总含量>10\%）\end{cases} \end{cases}$

按冶炼方法分 $\begin{cases}平炉钢\\ 转炉钢\\ 电炉钢\end{cases}$ 及 $\begin{cases}酸性钢\\ 碱性钢\\ 沸腾钢\\ 镇静钢\\ 半镇静钢\end{cases}$

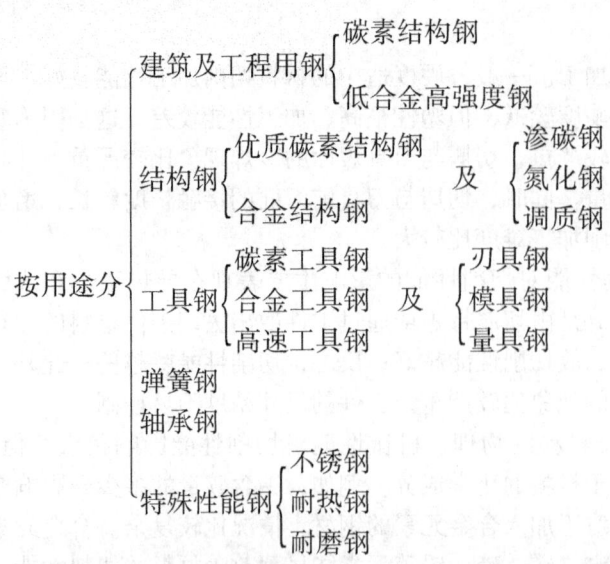

按用途分
- 建筑及工程用钢 { 碳素结构钢 / 低合金高强度钢 }
- 结构钢 { 优质碳素结构钢 / 合金结构钢 } 及 { 渗碳钢 / 氮化钢 / 调质钢 }
- 工具钢 { 碳素工具钢 / 合金工具钢 / 高速工具钢 } 及 { 刃具钢 / 模具钢 / 量具钢 }
- 弹簧钢
- 轴承钢
- 特殊性能钢 { 不锈钢 / 耐热钢 / 耐磨钢 }

钢的名称、用途、特性和工艺方法，一般采用汉语拼音的缩写字母来表示。钢的含碳量及合金元素均用数字表示，含碳量写在牌号的前面，合金元素的含量写在相应化学元素符号的后面。结构钢含碳量以万分之几为单位（两位数字表示），合金元素以百分之几表示，当合金元素含量小于1.5%时，钢号中仅标元素符号，一般不标含量。工具钢含碳量以千分之几为单位；合金工具钢、高速工具钢、高碳轴承钢等，一般不标出含碳量，若平均含碳量小于1.00%时，用一位数字表示含碳量（千分之几为单位）。

高级优质钢在牌号末尾加注"A"。

(2) 铸铁。铸铁是一种铁碳合金。工程上将含碳量为1.7%~6.67%的铁碳合金统称为铸铁。但常用铸铁的含碳量为2.0%~4.0%，其碳元素主要以石墨形式存在。石墨的强度、塑性和硬度极低，对金属基体起削弱作用，其削弱的程度取决于石墨的形式、分布和数量。

根据化学成分、生产工艺、组织和性能特点的不同，铸铁可分为灰铸铁、球墨铸铁、可锻铸铁、蠕墨铸铁和特殊性能铸铁（包括耐热、耐磨、耐蚀铸铁等）。

① 灰铸铁。灰铸铁俗称灰口铸铁，因其断面呈暗灰色而得名。由于灰铸铁中碳元素大部分或全部以片状石墨的形式存在，因此，在切削加工时，切屑呈崩碎状。同时，由于石墨有润滑作用，可以减轻刀具的磨损，延长刀具耐用度，所以灰铸铁具有良好的切削性能。同时，由于灰铸铁具有良好的铸造性能、减震性能和在润滑条件下的减磨性能，且价格低廉，因而被大量应用在各种机械上，如齿轮箱壳体、机床床身等。由于片状石墨的尖端易产生应力集中，所以灰铸铁强度较低。

灰铸铁的牌号用"HT"表示，并按抗拉强度（σ_b）分为6个等级（见表1-1）。

表1-1 灰铸铁的牌号

牌　号	抗拉强度 σ_b，不小于/MPa
HT100	100
HT150	150
HT200	200
HT250	250
HT300	300
HT350	350

② 球墨铸铁。在铁水中加入一些稀土元素或镁钙等元素及其合金，使铸铁中的石墨成为球状，这种铸铁就称为球墨铸铁，所加入的元素或合金称为球化剂。由于石墨呈球状，降低了石墨对基体的削弱作用，从而使球墨铸铁的机械性能显著改善，强度接近碳素铸钢和低合金钢。因此，球墨铸铁不但可以用于制造一般机械零件，而且可以用来制造一些能承受较大载荷和冲击的重要零件，如大型水轮机主轴、大功率柴油机曲轴、齿轮及柴油机凸轮轴等。

球墨铸铁的牌号用字母"QT"表示，牌号后面的数字分别表示抗拉强度 σ_b 和延伸率 δ。

球墨铸铁根据单铸试块的机械性能分为9级牌号（见表1-2）。

表1-2 球墨铸铁的牌号

牌 号	σ_b，不小于/MPa	$\sigma_{0.2}$，不小于/MPa	δ/%	HB
QT900-2	900	600	2	280~360
QT800-2	800	480	2	245~335
QT700-2	700	420	2	225~305
QT600-3	600	370	3	190~270
QT500-7	500	320	7	170~230
QT450-10	450	320	10	160~210
QT400-15	400	250	15	130~180
QT400-18[①]	400	250	18	130~180
QT400-18L[①]	400	250	18	130~180

注：① 两种牌号材料的区别为冲击试验值不同。

③ 可锻铸铁。可锻铸铁亦称为韧铁，它由一定成分的白口铸铁经退火而获得，适用于动载荷下要求塑性和韧性较高、壁厚小于30 mm的铸铁。

可锻铸铁经石墨化退火后，按其基体组织的不同，可分为黑心可锻铸铁和珠光体可锻铸铁。在牌号中黑心可锻铸铁用字母"KTH"表示，珠光体可锻铸铁用字母"KTZ"表示，后面的数字分别表示抗拉强度 σ_b 和延伸率 δ（见表1-3）。

表1-3 可锻铸铁的牌号

分 类	牌 号	σ_b MPa 不小于	$\sigma_{0.2}$ MPa 不小于	δ/% ($L_0=3d$) 不小于	HB
黑心可锻铸铁	KTH300-06	300	—	6	不大于150
	KTH330-08	330	—	8	
	KTH350-10	350	200	10	
	KTH370-12	370	—	12	
珠光体可锻铸铁	KTZ450-06	450	270	6	150~200
	KTZ550-04	550	340	4	180~230
	KTZ650-02	650	430	2	210~260
	KTZ700-02	700	530	2	240~290

2）有色金属

有色金属又称为非铁合金。在我国通常指元素周期表中除铁、铬和锰以外的所有金属。常用的有色金属有铜、铝、镍、镁、锌、铅、锡等。用有色金属配制的合金叫作有色金属合金。

有色金属及其合金的名称和代号，采用汉语拼音字母与金属元素符号并用的方法来表示，常见的有色金属及其合金的名称和代号见表1-4，这里主要介绍铜及铜合金、铝及铝合金。

表1-4 常见有色金属及其合金的名称和代号

有色金属及合金名称	代号	有色金属及合金名称	代号	有色金属及合金名称	代号
铜	T	铅	Pb	锻铝	LD
镍	N	锡	Sn	硬铝	LY
铝	L	黄铜	H	超硬铝	LC
镁	M	青铜	Q	轴承合金	Ch
锌	Zn	防锈铝	LF	铸造合金	Z

（1）铜及铜合金。

① 纯铜。具有玫瑰红色，表面因氧化形成氧化膜，呈紫色，因此又称为紫铜。紫铜具有良好的导电性、导热性、耐蚀性和可焊性。纯铜的代号用"T"表示，分为T1（含99.95% Cu）、T2（含99.90% Cu）、T3（含99.7% Cu）、T4（含99.5% Cu）。

② 黄铜。铜和锌的合金称为黄铜。黄铜可分为普通黄铜和特殊黄铜。特殊黄铜是在铜锌合金中加入其他元素的多元合金。

黄铜的代号用"H"表示，并在其后用两位数表示平均含铜量，如"H62"表示平均含铜量为62%的普通黄铜。特殊黄铜在H后面插入所加入的主要元素的代号，并在代号末尾注明该元素的含量。如

HPb 62-3
— 平均含铅量为3%
— 平均含铜量为62%
— 铅黄铜

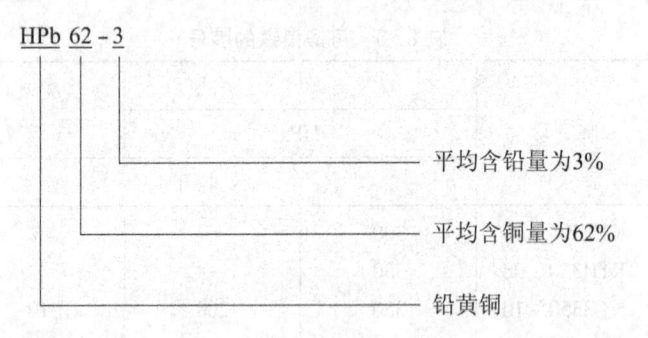

③ 青铜。青铜是以锡、铅、铝等为主要合金组元的铜合金。它具有较好的机械性能以及较高的耐蚀性、耐磨性和良好的工艺性。

青铜的代号用"Q"表示，并在其后用代号表示所含的主要元素，用数字表示各元素的含量，若是铸造青铜，则在牌号前用"Z"表示。例如，ZQSn6-6-3，其中，"ZQSn"表示铸造锡青铜，从左到右，"6"表示含锡量为6%，"6"表示含锌量为6%，"3"表示含铅

6

量为3%。

常见铜合金的牌号及用途见表1-5。

表1-5 常用铜合金的牌号及用途

类　别	牌　号	用　途
普通黄铜	H80 H70 H62 H59	镀层及装饰 散热器；深冲压件；管、带、线材等 散热器、垫圈、垫片等 热轧、热压型材
特殊黄铜	HPb-1 His-3	切削性好，高强度，用于热冲压和切削零件 耐磨、腐蚀件，如阀、阀套、轴承衬套等
铸造锡青铜	ZQSn10-1 ZQSn6-6-3 ZQSn5-5-5 ZQSn3-12-5 ZQPb12-8	重要轴承、齿轮和衬套等 耐磨零件 耐磨零件 压力在2.5 MPa以下的耐腐蚀配件等 高压下的重要轴承等
压力加工锡青铜	QSn4-3 QSn4-4-2.5	扁弹簧、圆弹簧等 轴承衬套的衬垫等
铝青铜	ZQAl19-4 ZQAl10-3-1.5	重要重型零件，如蜗轮、衬套等 重要的蜗轮、轴套、齿轮等

(2) 铝及铝合金。铝是一种轻金属，比重为2.7 g/cm³（约为铁的1/3）。因此，铝是制造各种轻质结构材料的基本金属。铝在大气中具有较高的耐热性，并具有较好的导电性和导热性。

① 工业纯铝。工业纯铝按所含杂质分为六个等级，L1（含99.9% Al）、L2（含99.6% Al）、L3（含99.5% Al）、L4（含99.3% Al）、L5（含99.0% Al）、L6（含98.8% Al），其杂质越多，导电性、耐蚀性和塑性越低。纯铝一般用于制造导电体、电缆和耐蚀器皿。

② 铝合金。铝合金具有较好的强度和塑性。铝合金品种较多，大致可以分为变形铝合金和铸造铝合金两大类。铝合金的分类见表1-6。

表1-6 铝合金的分类

类　别		牌　号		特　点
		字母	代表牌号	
铸造铝合金			ZL101	铸造性能好
形变铝合金	锻铝	LD	LD5	可热处理，强度高
	硬铝	LY	LY11	可热处理，强度高，不耐蚀
	防锈铝	LF	LF3	耐蚀性高，不能强化热处理

由于铝合金比重轻,塑性好,耐腐蚀,并有足够的强度,因此被广泛应用在航天工业、汽车制造业、电力、轻纺等各个领域,如飞机上大部分零件、发动机活塞、散热片等均用铝合金制造。

习 题

1. 材料的机械性能包括哪几类?
2. 下列牌号是哪类钢?其含碳量约为多少?
T9A、GCr15、30、20Cr。
3. 解释下列的牌号:
H62、HPb 62-3、ZQSn6-6-3、ZL101。

第二单元
车削加工的基本知识

课题一 入门知识

一、实习教学要求

（1）了解车削加工在机械制造业中的作用和生产实习课的任务。
（2）了解文明生产和安全操作技术知识。
（3）了解车工生产实习教学的特点。

二、车工生产实习课的任务

生产实习课的任务是培养学生全面牢固地掌握本工种的基本操作技能；会做本工种中级技术等级工件的加工工作；学会一定的先进工艺操作；能熟练地使用、调整本工种的主要设备；独立进行一级保养；正确使用工具、夹具、量具、刀具；具有安全生产知识和文明生产的习惯；养成良好的职业道德。要在生产实习教学过程中注意发展学生的智能，还应该逐步创造条件，争取完成1~2个相近工种的基本操作技能训练。

三、安全操作和文明生产

坚持安全操作、文明生产是保障生产工人和设备安全及防止工伤和设备事故的根本保证，同时也是工厂科学管理的一项十分重要的手段。它直接影响到人身安全、产品质量和生产效率的提高，影响设备与工、夹、量具的使用寿命和操作工人技术水平的正常发挥。安全操作、文明生产的一些具体要求是在长期生产活动中实践经验和教训的总结，要求操作者必须严格执行。

1. 安全操作的注意事项

（1）工作时应穿工作服、戴袖套。女同志应戴工作帽，将长发卷入帽子里。夏季禁止穿裙子、短裤和凉鞋上机床操作。

（2）工作时，人不能离工件太近，以防切屑飞入眼中。为防止切屑崩碎飞散，必须戴防护眼镜。

（3）工作时，必须集中精力，注意手、身体和衣服不能靠近正在旋转的机件，如工件、卡盘、带轮、皮带、齿轮等。

（4）工件和车刀必须装夹牢固，否则会飞出伤人。卡盘必须装有保险装置，装夹好工件后，卡盘扳手必须随即从卡盘上取下。

（5）凡装卸工件、更换刀具、测量加工表面及变换速度时必须先停车。

（6）车床运转时，不得用手摸工件表面，尤其是加工螺纹时，严禁用手抚摸螺纹面，以免伤手。严禁用棉纱擦抹转动的工件。

（7）应用专用铁钩清除切屑，绝不允许用手直接清除。

（8）在车床上操作不准戴手套。

（9）毛坯棒料从主轴孔尾端伸出不得过长，并应使用料架或挡板，防止甩弯后伤人。

（10）不准用手去刹住转动着的卡盘。

（11）不要随意拆装安全设备，以免发生触电事故。

（12）工作中若发现机床、电气设备有故障，应及时申报，由专业人员检修，未修复不得使用。

2. 文明生产的要求

（1）开车前检查车床各部分机构及防护设备是否完好，各手柄位置是否正确。检查各注油孔，并进行润滑，然后使主轴空运转 1~2 min，待车床运转正常后才能工作。若发现车床有故障，应立即停车，申报检修。

（2）主轴变速必须先停车，变换进给箱手柄要在低速进行。为保持丝杠的精度，除车削螺纹外，不得使用丝杠进行机动进给。

（3）刀具、量具及工具等的放置要稳妥、整齐、合理，有固定的位置，便于操作时取用，用后应放回原处。主轴箱盖上不应该放置任何物品。

（4）工具箱内应分类摆放物件。精度高的物件应放置稳妥，重物放下层，轻物放上层，不可随意乱放，以免损坏和丢失。

（5）正确使用和爱护量具。经常保持量具清洁，用后擦净、涂油，放入盒内，并及时归还工具室。所使用量具必须定期校验，以保证其度量准确。

（6）不允许在卡盘及床身导轨上敲击或校直工件，床面上不准放置工具或工件。装夹、找正较重工件时，应采用木板保护床面。下班时若工件不卸下，应用千斤顶支撑。

（7）车刀磨损后，应及时刃磨，不允许用钝刃车刀继续车削，以免增加车床负荷，损坏车床，影响工件表面的加工质量和生产效率。

（8）批量生产的零件，首件应送检。在确认合格后，方可继续加工。精车工件要注意防锈处理。

（9）毛坯、半成品和成品应分开放置。半成品和成品应堆放整齐，轻拿轻放，严防碰伤已加工表面。

（10）图样、工艺卡片应放置在便于阅读的位置，并注意保持其清洁和完整。

（11）使用切削液前，应在床身导轨上涂润滑油，若车削铸铁或分割下料的工件，则应擦去导轨上的润滑油。铸件上的型砂、杂质应尽量去除干净，以免损坏床身导轨面。切削液应定期更换。

（12）工作场地周围应保持清洁整齐，避免杂物堆放，防止绊倒。

（13）工作完毕后，将所用过的物件擦净归还，清理机床，刷去切屑，擦净机床各部位的油污；按规定加注润滑油，最后把机床周围打扫干净；将床鞍摇至床尾一端，各转动手柄放到空挡位置，关闭电源。

四、生产实习课教学的特点

生产实习课教学主要是培养学生全面掌握技术操作的技能、技巧，与文化理论课教学比较具有如下特点。

（1）在教师指导下，经过示范、观察、模仿、反复练习，使学生获得基本操作技能。

（2）要求学生经常分析自己的操作动作和生产实习的综合效果，善于总结经验，改进操作方法。

（3）通过综合课题，能较好地掌握真本领，提高自己的实践操作水平。

（4）通过科学化、系统化和规范化的基本训练，让学生全面地进行基本功的练习。

（5）生产实习教学是结合生产实际进行的，所以在整个生产实习教学过程中，都要教育学生树立安全操作和文明生产的思想。

五、现场参观

（1）参观历届学生的实习工件和生产产品。

（2）参观学校或工厂的各种设备。

课题二 钳工基本操作

任何一个工种都离不开与其他工种的联系和协作。其中钳工的基本操作技能与车工工作有较多的联系。例如，用锉刀去除毛刺和倒角，工件的锯削、校直，零件上钻孔，攻螺纹，装拆、保养机床零部件等。因此，车工也应掌握钳工的基本操作。

一、錾削操作

1. 实习教学要求

（1）掌握錾子和锤子的握法及锤击动作。

（2）了解錾子的材料、种类和作用。
（3）掌握平面錾削的方法。
（4）懂得錾削时的安全知识和养成文明生产的习惯。

2. 相关工艺知识

錾子由头部、切削部分及錾身三部分组成，如图2-1所示。錾子头部应该带有一定锥度，顶端略带球形，以便锤击时作用力易于通过錾子中心，使錾子容易保证平稳切削。錾身多呈棱形，这样既握持舒适，錾削时錾子又不会转动。

通常錾子由碳素工具钢锻打出毛坯，经粗磨成形后，对切削部分淬火、回火，使其硬度达到52~62 HRC，然后再刃磨出切削部分。

扁錾主要用于錾削平面，去除毛坯凸缘、毛刺、飞边和分割板料。

3. 技能训练

如图2-2所示，操作步骤如下。

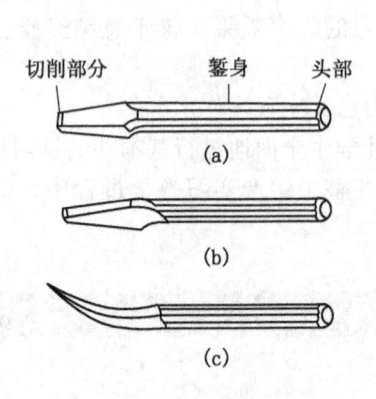

图2-1 錾子各部分名称
(a) 扁錾；(b) 尖錾；(c) 油槽錾

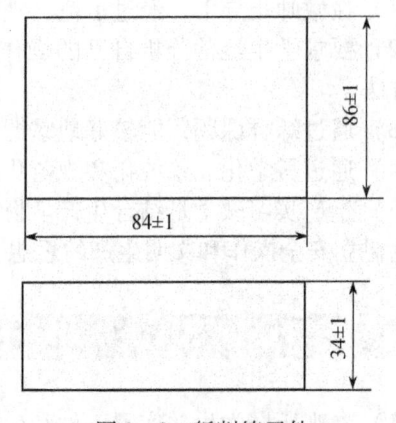

图2-2 錾削练习件

（1）在台虎钳中装夹工件，工件底部垫木块。
（2）錾大平面，注意对面是否有錾削余量。
（3）以錾削面为基准，将工件放在平板上划线，工件的厚度取40 mm，并在工件四周所划的线上敲样冲眼。
（4）以划线为基准，錾削大平面，使工件的厚度达到40 mm。
（5）任意选一侧面进行錾削，要求与大平面基本垂直，注意对面是否有錾削余量。
（6）以錾削完成的侧面为基准，按图样尺寸进行划线，并在四周所划的线上敲样冲眼。
（7）以所划的线条为基准进行錾削，要求与大平面基本垂直，相对两侧面基本平行。
（8）另一对侧面錾削，按（5）~（7）的方法进行，要求相互之间基本垂直。

4. 注意事项

（1）一次錾削余量，一般为1 mm左右，太多，则阻力大，錾削费力；太少则錾子容易打滑。
（2）錾削时，錾子的轴线和工件之间的夹角应保持一致，否则錾削面会产生凹凸不平。

(3) 錾削时，轴线必须对着錾削部分。
(4) 錾削时的锤击速度为每分钟40次左右。
(5) 锤子木柄应紧牢，出现松紧、损坏要及时更换，以防锤子头脱落发生事故。
(6) 当錾削快到工件尽头时，应调头錾削，防止边缘处材料崩裂。
(7) 錾子的头部、锤子的头部和柄部均不应沾油，以防止打滑。

二、锉削操作

1. 实习教学要求

(1) 了解锉刀的种类、规格和用途。
(2) 锉削姿势合理，工件装夹合理。
(3) 合理选用锉削速度，掌握锉削时两手的用力。
(4) 掌握锉削工具的使用和保养方法。
(5) 掌握锉削时的安全技术和养成文明实习习惯。
(6) 在教学过程中要强调动作协调、姿势正确。

2. 相关工艺知识

1) 锉削的基本概念

用锉刀对工件表面进行切削加工的方法叫锉削。锉削的尺寸精度可达0.01 mm，表面粗糙度可达$Ra0.8 \mu m$。

锉刀由碳素工具钢T12、T13或T12A、T13A制成。经热处理后，其切削部分的硬度达62 HRC以上。锉刀由锉身和锉柄两大部分组成。其各部分名称如图2-3所示。

锉刀面是锉削的主要工作面，其上制有锋利的锉齿。锉削时，每个锉齿相当于一个对金属材料进行切削的切削刃。锉刀舌则用来装刀柄。

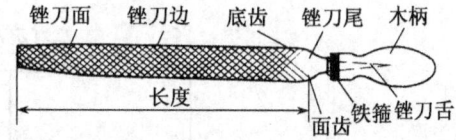

图2-3 锉刀各部分名称

2) 锉削方法

(1) 锉削姿势。钳工锉削时，操作者应选择适合自己身高的钳台，侧身站在钳台左侧，左脚在前略成弓步，右手握锉刀柄，左肩弯曲，左手依附在锉刀前端面上，将锉刀端平放在工件上面，如图2-4(a)所示。

车工在车床上用手锉刀修饰工件时，其姿势与钳工有所不同。应为右脚靠前、左脚在后略成弓步；为了保证安全操作，避免卡盘或工件将衣袖缠绕而造成人身伤害，此时应以左手握锉刀柄，右手依附在锉刀前端面上，将锉刀端平，如图2-4(b)所示。

(2) 锉削要领。钳工锉削时，为了保证锉刀平面平行推移、匀速前进、均衡施力，除了在锉削过程中始终端平锉刀外，还要求身体发力由腿步→腰部→大臂→小臂→手腕逐渐均匀传递，协调配合，并注意身体重心的前后移动过渡。锉刀向前推出时速度稍慢，收回锉刀时则稍快，如图2-4(c)所示。

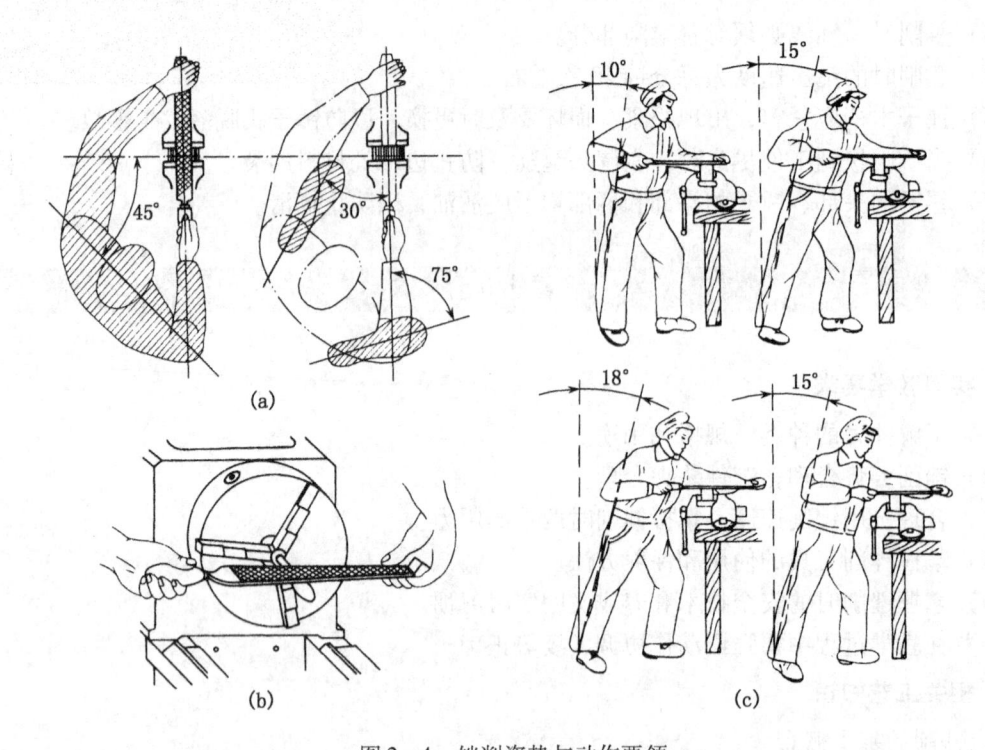

图 2-4 锉削姿势与动作要领
(a) 锉削时的站立步位和姿势；(b) 车床上的锉刀握法；(c) 锉削动作要领

3. 技能训练

锉削练习如图 2-5 所示。

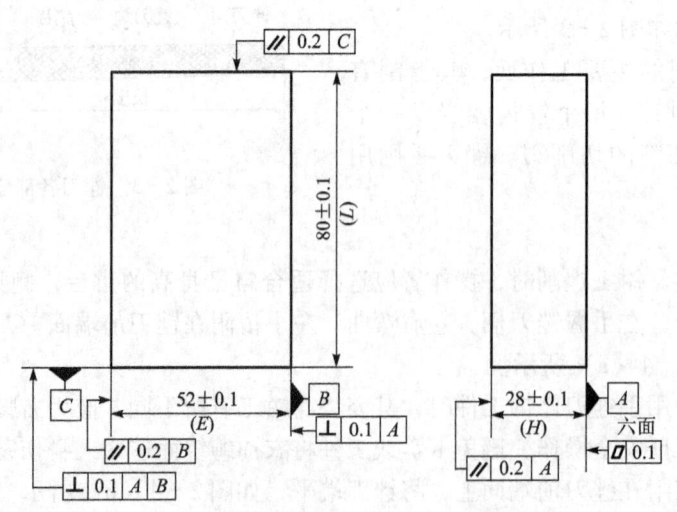

图 2-5 锉削练习件

操作步骤如下：
(1) 工件在台虎钳中装夹。
(2) 采用顺向锉削法，选择大平面作基准，锉平，要求平面度在图样要求范围之内。
(3) 锉基面的对面为第二面。以第一面为基准，按图样要求划线锉削，达到所规定的尺寸公差要求和平行度要求。

（4）选择基面的较长邻面为第三面。锉平后作第二基准面，达到第一基准面的垂直度要求。

（5）第三面的对面为第四面。以第二基准面为基准，进行划线、锉削，达到和第二基准面的平行度要求。

（6）锉第五面，作第三基准面，且与第一、第三面垂直。

（7）锉第五面的对面，划线、锉削，使该面与第五面保证平行度要求。

4. 注意事项

（1）在锉削过程中应随时纠正错误动作和姿势。

（2）锉削时要求学生将注意力集中在锉刀的运动上，这样有利于锉削力的运用与平衡。

（3）锉削表面要求纹路一致。

（4）要懂得保养锉刀，应做到以下几点：

① 新锉刀先使用一面，等用钝后再使用另一面。

② 在粗锉时，应使用锉刀的有效全长，避免局部磨损。

③ 不可沾油和水。

④ 如铁屑嵌入齿缝内必须及时用钢丝刷清除。

⑤ 不可锉淬硬的零件，不可用细锉锉金属。

⑥ 铸件表面如有硬皮，则应先用旧锉刀或锉刀的有齿侧边锉去硬皮，然后再进行锉削加工。

⑦ 锉刀不使用时必须刷洗干净，以免生锈。

⑧ 在使用过程中或放入工具箱时，不可与其他工件和工具堆放在一起，也不可与其他锉刀相互重叠堆放，以免损坏锉齿。

课题三 车床操作

一、实习教学要求

（1）了解车床型号、规格、主要部件的名称和作用。

（2）初步了解车床各部分传动系统。

（3）熟练掌握床鞍（大拖板）、中滑板（中拖板）、小滑板（小拖板）的进退刀方向。

（4）根据需要，按车床铭牌对各手柄位置进行调整。

（5）懂得车床维护、保养及文明生产和安全技术的知识。

二、相关工艺知识

车削加工是金属切削加工技术之一，利用工件的旋转运动与刀具的直线运动（或曲线运动）来改变毛坯的形状和尺寸，将毛坯加工成符合图样要求的工件。车削是机械制造业中最基本、最常用的加工方法。在金属切削机床中，各类车床约占机床总数的一半。

1. 车床的加工范围

车床主要是用来加工带有回转表面的零件，其加工范围很广。就基本加工内容来说，车床可以车外圆、端面、切槽和切断、钻中心孔、钻孔、镗孔、铰孔、车各种螺纹、车圆锥、车成形面、滚花及盘绕弹簧等，如图2-6所示。如果在车床上装上其他附件和夹具，还可以进行钻削、磨削、研磨、抛光以及加工各种复杂形状零件的外圆、内孔等。在普通精度的卧式车床上，加工外圆表面的精度可达IT11~IT6，精细车时可以达到IT6~IT5，表面粗糙度Ra（轮廓算术平均高度）数值的范围一般为$12.5~0.8\ \mu m$。

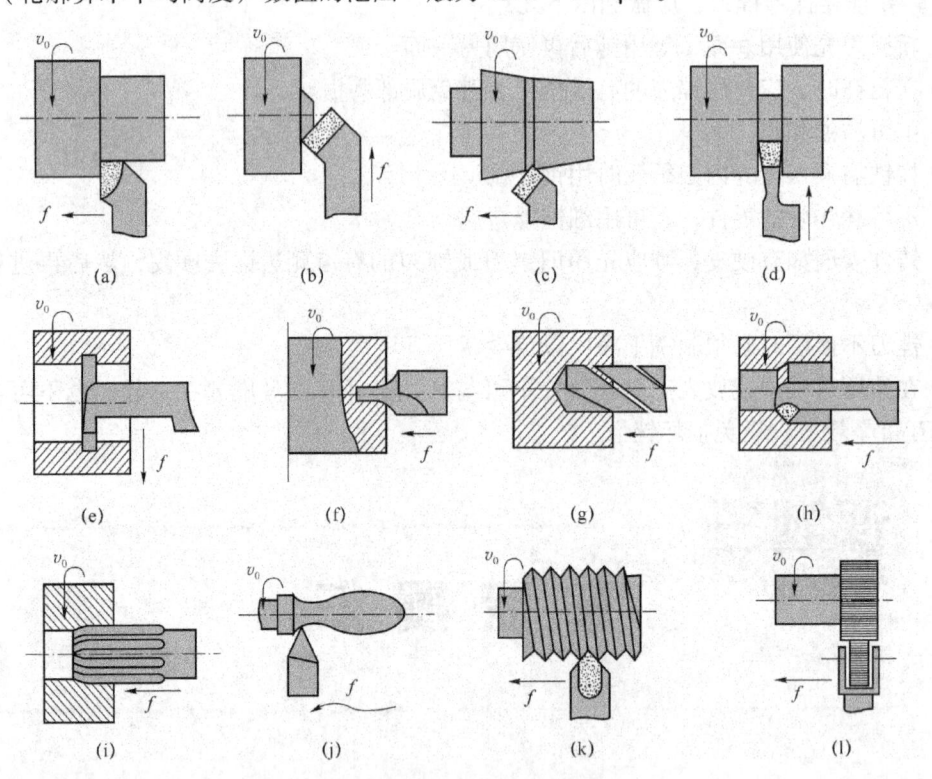

图2-6 车床加工范围

(a) 车外圆；(b) 车端面；(c) 车锥面；(d) 切槽、切断；
(e) 切内槽；(f) 钻中心孔；(g) 钻孔；(h) 镗孔；(i) 铰孔；
(j) 车成形面；(k) 车外螺纹；(l) 滚花

2. CA6140型卧式车床型号识读

我国现行的机床型号是按GB/T 15375—2008《金属切削机床型号编制方法》编制的。它由汉语拼音字母及阿拉伯数字组成。车床按其用途和结构的不同可分为普通车床、六角车床、立式车床、转塔车床、自动和半自动车床、数控车床、车削加工中心等。普通车床是车床中应用最广泛的一种，约占车床总数的60%，其中CA6140型卧式车床为目前最为常见的型号之一。如图2-7所示为CA6140型卧式车床中各代号的含义。

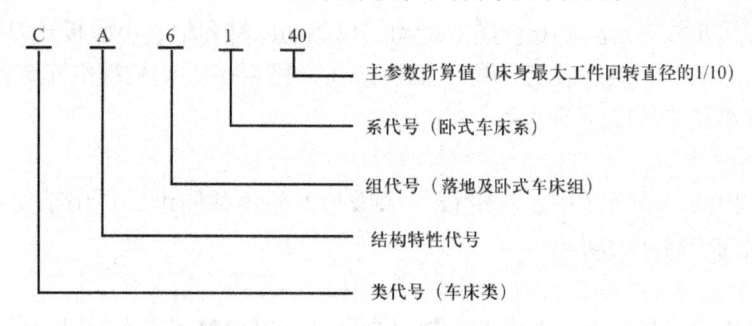

图2-7 CA6140型卧式车床型号中各代号的含义

3. 车床各部分名称及其作用

CA6140型卧式车床是我国自行设计的卧式车床，其外形结构如图2-8所示，由床身、主轴箱、交换齿轮箱、进给箱、溜板箱、滑板和床鞍、刀架、尾座及冷却、照明等部分组成。

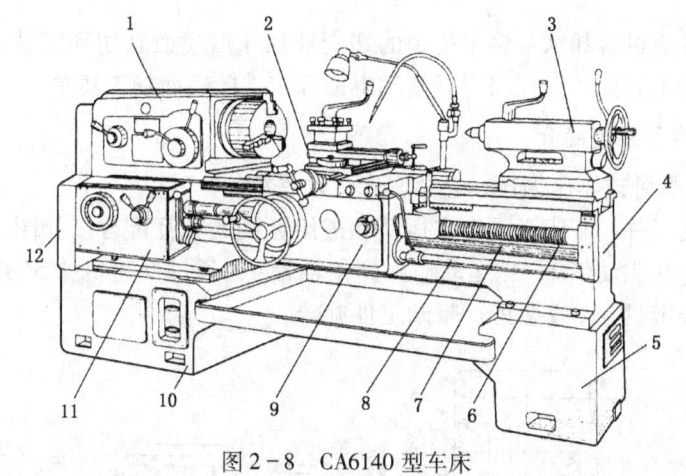

图2-8 CA6140型车床

1—主轴箱；2—刀架；3—尾座；4—床身；5,10—床脚；6—丝杠；7—光杠；
8—操纵杆；9—溜板箱；11—进给箱；12—交换齿轮箱

1）床身

床身4是车床精度要求很高的带有导轨（山形导轨和平导轨）的大型基础部件。用于支撑和连接车床的各个部件，并保证各部件在工作时有准确的相对位置。

2）主轴箱

主轴箱1支撑并传动主轴带动工件做旋转主运动。箱内装有齿轮、轴等，组成变速传动机构，变换主轴箱的手柄位置可使主轴得到多种转速。主轴通过卡盘等夹具装夹工件，并带动工件旋转，以实现车削。

3）交换齿轮箱（又称挂轮箱）

交换齿轮箱12把主轴箱的转动传递给进给箱，更换箱内的变速机构，可以得到车削各种螺距螺纹（或蜗杆）的进给传动，并满足车削时对不同纵、横向进给量的需求。

4）进给箱（又称走刀箱）

进给箱11是进给传动系统的变速机构。它把交换齿轮箱传递过来的运动，经过变速后传递给丝杠，以实现机动进给。

5）溜板箱

溜板箱9接受光杠7或丝杠6传递的运动，以驱动床鞍和中、小滑板及刀架2实现车刀的纵、横向进给运动，其上还装有一些手柄及按钮，可以很方便地操纵车床来选择诸如机动、手动、车螺纹及快速移动等运动方式。

6）刀架部分

刀架部分2由两层滑板（中、小滑板）床鞍与刀架体共同组成。用于安装车刀并带动车刀做纵向、横向或斜向运动。

7）尾座

尾座3安装在床身导轨上，并沿此导轨纵向移动，以调整其工作位置。尾座主要用来安装后顶尖，以支撑较长工件，也可安装钻头、铰刀等进行孔加工。

8）床脚

前后两个床脚10与5分别与床身前后两端下部连为一体，用以支撑安装在床身上的各个部件，同时通过地脚螺栓和调整垫块使整台车床固定在工作场地上，并使床身调整到水平状态。

9）冷却装置

冷却装置主要通过冷却水泵将水箱中的切削液加压后喷射到切削区域，降低切削温度，冲走切屑，润滑加工表面，以提高刀具使用寿命和工件的表面加工质量。

4. 常用车床传动系统简介

现以CA6140型卧式车床为例，介绍车床传动系统。

为了完成车削工件，车床必须有主运动和进给运动的相互配合。如图2-9所示，主运动是通过电动机1和驱动带2，把运动输入到主轴箱4，通过变速机构5变速，使主轴得到不同的转速，再经卡盘6（或夹具）带动工件旋转。

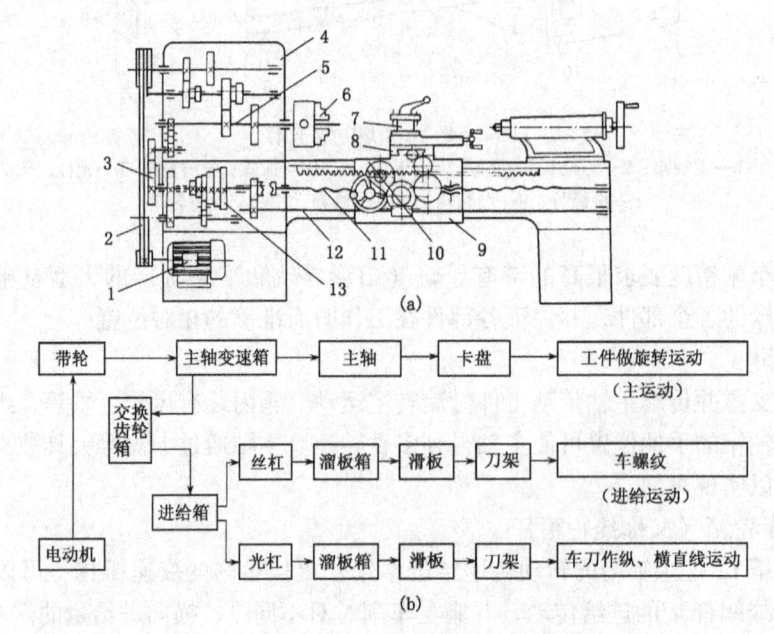

图2-9　CA6140型卧式车床的传动系统
（a）示意图；（b）方框图

1—电动机；2—驱动带；3—交换齿轮箱；4—主轴箱；5—变速机构；6—卡盘；7—刀架；
8—中滑板；9—溜板箱；10—床鞍；11—丝杠；12—光杠；13—进给箱变速

5. CA6140型卧式车床性能与特点

1）CA6140型卧式车床的特点

CA6140型卧式车床是我国自行设计制造的一种卧式车床,具有以下特点:

① 机床刚性好,抗震性能好,可以进行高速强力切削和重载荷切削。

② 机床操作手柄集中,安排合理,溜板箱有快速移动机构,进给操作较直观,操作方便,减轻劳动强度。

③ 机床具有高速细进给量,加工精度高,表面粗糙度小。

④ 机床外形美观、结构紧凑、清理方便。

⑤ 床身导轨、主轴锥孔及尾座套筒锥孔都经表面淬火处理,延长了使用寿命。

2）CA6140型卧式车床的主要技术规格（见表2-1）

表2-1 CA6140型卧式机床主要技术规格

\	\	\	\
床身上最大工件回转直径/mm			400
最大工件长度/mm			750；1 000；1 500；2 000
刀架上最大工件回转直径/mm			210
主轴转速/(r·min^{-1})	正转	24级	10~1 400
	反转	12级	14~1 580
进给量/(mm·r^{-1})	纵向	64级	0.028~6.33
	横向	64级	0.014~3.16
车削螺纹范围	米制螺纹	44种	$P=1~192$ mm
	英制螺纹	20种	$a=2~24$ 牙/in
	模数螺纹	39种	$m=0.25~48$ mm
	径节螺纹	37种	$DP=1~96$ 牙/in
主电动机功率/kW			7.5

三、技能训练

1. 车床的启动和停止

（1）检查车床各变速手柄是否处于空挡位置,离合器是否处于正确位置,操纵杆是否处于停止状态,确认无误后,合上车床电源总开关。

（2）按下床鞍上的绿色启动按钮,电动机启动。

（3）向上提起溜板箱右侧的操纵杆手柄,主轴正转；操纵杆手柄回到中间位置,主轴停止转动；操纵杆手柄下压,主轴反转。

（4）主轴正、反转的转换要在主轴停止转动后进行,避免因连续转换操作使瞬间电流过大而发生电器故障。

（5）按下床鞍上的红色停止按钮,电动机停止工作。

> 😊 启动机床电源后，要观察主轴箱油标内有无油输出，若无油输出，说明油泵输油有故障，应立即检查维修。主轴正、反转的转换要在主轴停止转动后进行，避免因连续转换操作使瞬间电流过大而发生电器故障。

2. 主轴箱的变速操作

车床主轴变速通过改变主轴箱正面右侧的两个叠套手柄的位置来控制。前面的手柄有六个挡位，每个挡位有四级转速，由后面的手柄控制，所以主轴共有24级转速，如图2-10所示。主轴箱正面左侧的手柄用于螺纹的左、右旋向变换和加大螺距，共有四个挡位，即右旋螺纹、左旋螺纹、右旋加大螺距螺纹和左旋加大螺距螺纹，其挡位如图2-11所示。

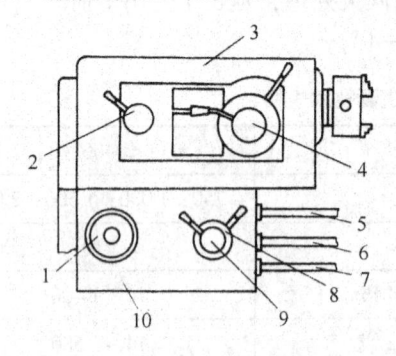

图 2-10 车床主轴箱的变速操作手柄

1—进给变速手轮；2—螺纹旋向变换手柄；
3—主轴箱；4—主轴变速叠套手柄；5—丝杠；
6—光杠；7—操纵杆；8—进给变速手柄；
9—丝杠、光杠变换手柄；10—进给箱

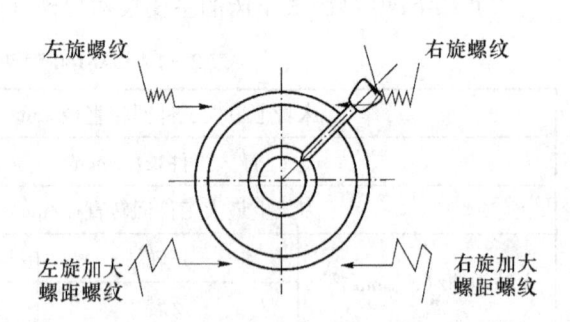

图 2-11 车削螺纹的变换手柄

> 😊 变速时，手柄要扳到位，否则会出现"空挡"现象，或由于齿轮在齿宽方向上，没有全部进入啮合，降低了齿轮的强度，容易导致齿轮的损坏。变速时，若齿轮的啮合位置不正确，手柄会难以扳到位，此时可一边用手转动车床卡盘，一边扳动手柄，直到手柄扳动到位。

主轴变速操作练习：

（1）调整主轴转速分别为 16 r/min、450 r/min 和 1 400 r/min，确认后启动车床并观察，每次进行主轴转速调整必须停车。

（2）选择车削右旋螺纹和车削左旋加大螺距螺纹的手柄位置。

3. 进给箱的变速操作

CA6140型卧式车床进给箱正面左侧有一个手轮，手轮有8个挡位；右侧有前后叠装的两个手柄，前面的手柄是丝杠、光杠变换手柄，后面的手柄有Ⅰ、Ⅱ、Ⅲ、Ⅳ四个挡位，用来与手轮配合，以调整螺距或进给量。

根据加工要求调整所需螺距或进给量时，可通过查找进给箱盖上的调配表来确定手柄的具体位置。

进给变速操作练习：

（1）确定选择纵向进给量为 0.46 mm/r、横向进给量为 0.20 mm/r 时手轮和手柄的位置，并调整。

（2）确定车削螺纹分别为 1 mm、1.5 mm、2 mm 的普通螺纹时进给箱上手轮与手柄的位置，并调整。

> ☺ 调整进给量或螺距时根据进给箱盖上的调配表来确定手轮和手柄的具体位置，并将手柄逐一扳动到位即可，手柄是否到位，观察光杠、丝杠是否旋转。

4. 溜板箱的操作

溜板部件实现车削时绝大部分的进给运动：床鞍及溜板箱做纵向移动，中滑板做横向移动，小滑板可做纵向或斜向移动。进给运动有手动进给和机动进给两种方式，如图 2-12 所示。

图 2-12 溜板箱的各控制手柄及按钮
1—床鞍纵向移动手柄；2—中滑板横向移动手柄；3—小滑板纵向移动手柄；
4—刀架横纵向自动进给手柄及快速移动按钮；5—开合螺母操纵手柄

1）溜板部件的手动操作。

（1）床鞍及溜板箱的纵向移动由溜板箱正面左侧的大手轮控制，顺时针方向转动手轮时，床鞍向右运动；逆时针方向转动手轮时，床鞍向左运动。手轮轴上的刻度盘圆周等分 300 格，手轮每转过 1 格，刀架纵向移动 1 mm，如图 2-13 所示。

图 2-13 床鞍及溜板箱的操作

（2）中滑板的横向移动由中滑板手柄控制，顺时针方向转动手柄时，中滑板向前运动（即横向进刀）；逆时针方向转动手轮时，中滑板向操作者方向运动（即横向退刀）。手轮轴上的刻度盘圆周等分 100 格，手轮每转过 1 格，刀架横向移动 0.05 mm。直径上被切除的金属层为车刀径向移动的2倍，如图2-14所示。

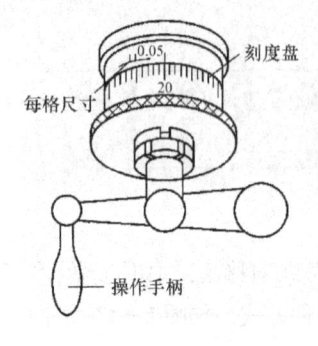

图2-14 中滑板的操作

(3) 小滑板在小滑板手柄控制下可做短距离的纵向移动，手柄顺时针方向转动时，小滑板向左运动；逆时针方向转动手柄时，小滑板向右运动。小滑板手轮轴上的刻度盘圆周等分100格，手轮每转过1格，小滑板纵向或斜向移动0.05 mm，如图2-15所示。小滑板的分度盘在刀架上需斜向进给车削短圆锥体时，可顺时针或逆时针在90°范围内偏转所需角度，调整时，先松开锁紧螺母，转动小滑板至所需角度位置后，再锁紧螺母将小滑板固定。

图2-15 小滑板的操作

☺ 进刀时，当刻度盘手柄转过了头，或试切后发现尺寸不合适需要退刀时，由于传动丝杠与螺母之间有间隙，刻度盘手柄不能直接退回到所需的刻度上，而应退回半圈以上，再进到所需的刻度。

2) 溜板部件的机动进给操作

(1) CA6140型卧式车床的纵、横向机动进给和快速移动采用单手柄操纵，自动进给手柄在溜板箱右侧，可沿十字槽纵、横扳动，手柄扳动方向与刀架运动方向一致，操作简单、方便。手柄在十字槽中央位置时，停止进给运动。在自动进给手柄顶部有一快进按钮，按下此钮，快速电动机工作，床鞍或中滑板手柄向运动方向做纵向或横向快速移动，松开按钮，快速电动机停止转动，快速移动中止，如图2-16所示。

图2-16 溜板部件的机动进给操作

（2）溜板箱正面右侧有一开合螺母操作手柄，用于控制溜板箱与丝杠之间的运动联系。车削非螺纹表面时，开合螺母手柄位于上方。车削螺纹时，顺时针方向压下开合螺母手柄，使开合螺母闭合并与丝杠啮合，将丝杠的运动传递给溜板箱，使溜板箱、床鞍按预定的螺距做纵向进给，如图2-17所示。

图2-17 开合螺母

5. 尾座的操作

（1）手动沿床身导轨纵向移动尾座至合适的位置，逆时针方向扳动尾座固定手柄，将尾座固定。注意移动尾座时用力不要过大。

（2）逆时针方向移动套筒固定手柄，摇动手轮，使套筒做进、退移动。顺时针方向转动套筒固定手柄，将套筒固定在选定的位置。

（3）擦净套筒内孔和顶尖锥柄，安装后顶尖；松开套筒固定手柄，摇动手轮使套筒退出后顶尖，如图2-18所示。

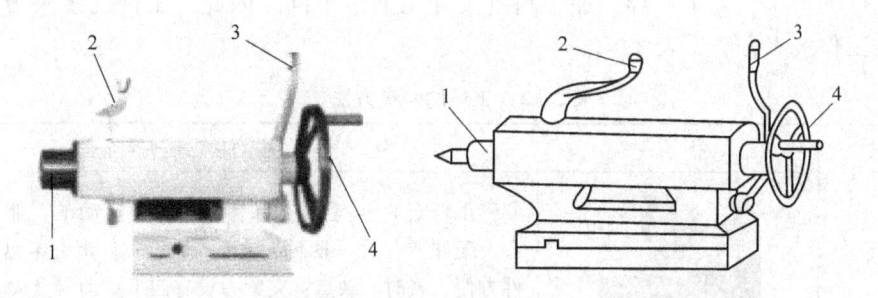

图2-18 尾座的操作
1—套筒；2—套筒固定手柄；3—尾座固定手柄；4—手轮；

四、注意事项

（1）要求每台机床都具有防护设施。
（2）摇动滑板时要集中注意力，做模拟切削运动。
（3）倒顺电源开关不准连接，确保安全。
（4）变换车速时，应停车进行。
（5）车床运转操作时，转速要慢，注意防止左右前后碰撞，以免发生事故。
（6）在操纵演示后，让学生逐个轮换练习一次，然后再分散练习，以防机床发生事故。

课题四 工件的装夹和找正

一、实习教学要求

（1）懂得工件装夹和找正的意义。
（2）掌握找正工件的步骤和方法。
（3）通过工件找正练习，要求技能训练部分中 A、B 两点的跳动量都在 0.03 mm 左右。

二、相关工艺知识

1. 工件的装夹

车削时必须将工件夹在车床的夹具上，经过校正、夹紧，使工件在整个切削过程中始终保持正确的位置，叫作工件的装夹。

由于工件的形状、大小各异，加工精度及加工数量不同。因此，工件的装夹方法也不同，常见的工件装夹方法见表 2-2。

表 2-2 工件的装夹方法

装夹方法	图示	说明及注意事项
三爪自定心卡盘装夹		三爪自定心卡盘的三个卡爪是同步运动的，能自动定心，工件装夹后一般不需找正。优点：自定心卡盘装夹工件方便、省时。缺点：夹紧力没有四爪单动卡盘大。 适用于装夹外形规则的中、小型工件
四爪单动卡盘装夹		它的四个卡爪通过 4 个螺杆独立移动。缺点：卡盘找正比较费时，必须用划针或百分表找正。优点：能装夹形状比较复杂的非回转体如方形、长方形等工件，夹紧力较大。 适用于装夹大型或形状不规则的工件
一夹一顶装夹		一端用三爪或四爪卡盘夹住，另一端用后顶尖顶住。优点：比较安全，能承受较大的轴向切削力。缺点：形位误差较大。 适用于轴类工件的粗车

续表

装夹方法	图示	说明及注意事项
两顶尖装夹		优点：两顶尖装夹工件方便，不需找正，装夹精度高。 缺点：用两顶尖装夹工件，必须先在工件端面钻出中心孔，夹紧力较小；刚性差，尤其是较重工件，不能用两顶尖装夹。 适用于形位公差要求较高的工件和大批量生产

2. 工件的找正

工件的形状、大小各异，加工精度及加工数量不同，因此，在车床上加工时，工件的装夹方法也不同。特别是四爪单动卡盘有四个独立的卡爪。它们不能像三爪自定心卡盘的卡爪那样同时做径向移动。因此在装夹过程中工件偏差较大，必须进行找正后才能切削。

所谓找正工件，就是把被加工的工件装夹在卡盘上，使工件的中心与车床主轴的旋转中心取得一致。

1）三爪自定心卡盘的找正

三爪自定心卡盘的三个卡爪是同步运动的，能自动定心，装夹时一般不需校正。但在下面这两种情况中需要校正工件：

（1）当工件夹持部分较短时，工件离卡盘夹持部分较远处的旋转中心不一定与车床主轴中心重合。

（2）当三爪卡盘使用时间较长，已失去应有精度，而工件的加工精度又要求较高时。

找正方法如图 2-19 所示，通常校正工件离卡盘夹持部分较远处（如位置 1）。先将工件用卡盘扳手夹在卡盘中，用划针（或百分表）校正位置 1、2，应用铜棒敲击靠近针尖的外圆处，直到工件旋转一周两处针尖到工件表面距离均等时为止。

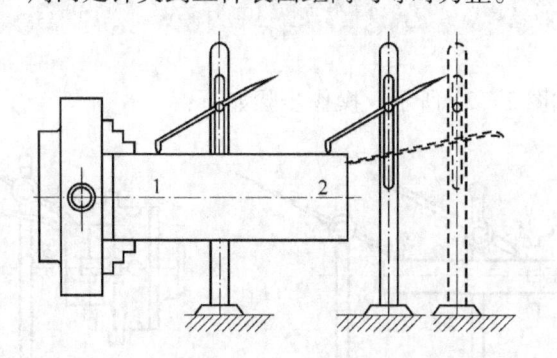

图 2-19 轴类零件在三爪自定心卡盘上的找正

2）四爪单动卡盘的找正

在四爪单动卡盘上装夹工件时，找正工件十分重要，如果找正不好就进行车削，会产生下列几种弊端：

（1）车削时工件单面切削，导致车刀容易磨损，且车床产生振动。

（2）余量相同的工件，会增加车削次数，浪费有效工时。

（3）加工余量少的工件，很可能会造成工件车不圆而报废。

（4）调头要接刀车削的工件，必然会产生同轴度误差而影响工件质量。

3. 工件装夹和找正的方法

（1）根据工件装夹处的尺寸调整卡爪，使其相对两爪的距离稍大于工件直径。卡爪位置是否与中心等距，可参考卡盘平面多圈同心圆线。

（2）工件夹住部分不宜太长，一般为 10~15 mm。

（3）找正工件外圆时，先使划针尖靠近工件外圆表面［见图 2-20 (a)］，用手转动卡盘，观察工件表面与划针尖之间的间隙大小，然后根据间隙大小调整相对卡爪位置，其调整量为间隙差值的一半。

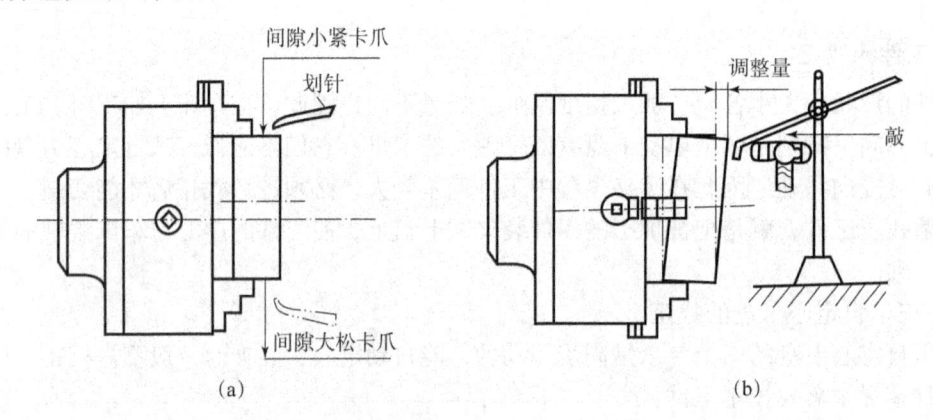

图 2-20 找正工件示意图
(a) 找正工件外圆；(b) 找正工件平面

（4）找正工件平面时，先使划针尖靠近工件平面边缘处［图 2-20 (b)］，用手转动卡盘观察划针与工件表面之间的间隙。调整时可用铜锤或铜棒敲正，调整量等于间隙差值。

三、技能训练

工件的找正练习如图 2-21 所示，操作步骤如下：

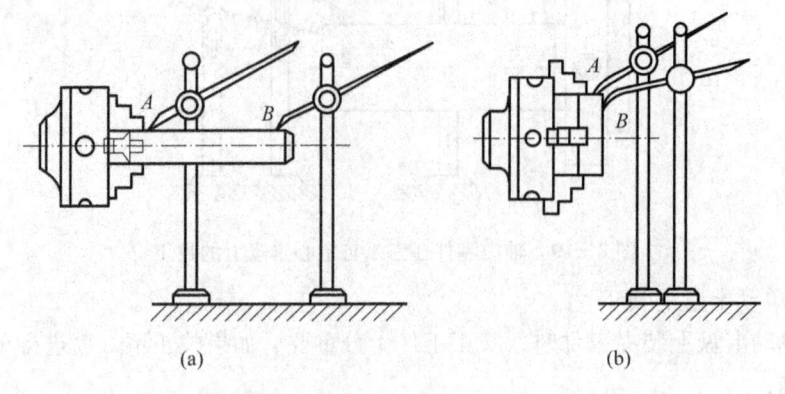

图 2-21 工件的找正练习
(a) 轴类零件；(b) 盘类零件

1）轴类零件的找正方法［见图 2-21 (a)］

轴类零件通常找正外圆 A 和 B 两点，其方法是先找正 A 点外圆，后找正 B 点外圆，找正 A 点外圆时，应调整卡爪，找正 B 点外圆时应用铜棒敲击。

2）盘类零件的找正方法［见图 2-21（b）］

盘类零件通常既要找正外圆，又要找正平面，（即 A 点和 B 点）找正 A 点外圆时，用卡爪调整；找正 B 点平面时，用铜棒敲击。

上述两类圆柱零件的两点处找正法，都应该经过几次反复调整，直到工件旋转一周，在 A、B 两点处针尖与工件表面距离均等时为止。

四、注意事项

（1）要防止工件被夹毛，装夹时应垫铜皮。

（2）在工件与导轨面之间垫防护木块，以防工件掉下，损坏床面。

（3）找正工件时，不能同时松开两只卡爪，以防工件掉下。

（4）找正工件时，灯光、针尖与视线角度要配合好，否则会增大目测误差。

（5）找正工件时，主轴应放在空挡位置，否则会给卡盘转动带来困难。

（6）工件找正后，四个卡爪的夹紧力要基本一致，否则车削时工件容易发生移位。

（7）在找正近卡爪处的外圆时，发现有极小的径向跳动，不要盲目地松开卡爪，可将离旋转中心较远的那个卡爪再夹紧一些来做微小的调整。

（8）找正工件时要耐心、细致，不可急躁，应注意安全。

课题五 车刀的刃磨

一、实习教学要求

（1）了解车刀刃磨的重要意义。
（2）了解车刀的材料和种类。
（3）了解砂轮的种类和使用砂轮的安全知识。
（4）初步掌握车刀的刃磨姿势及刃磨方法。

二、相关工艺知识

生产实践证明，合理地选用和正确地刃磨车刀，对保证加工质量、提高生产效率有极大的影响，因此，研究车刀的主要角度，正确地刃磨车刀，合理地选择、使用车刀是车工必须掌握的关键技术之一。

1. 常用车刀的种类和用途

1）车刀种类

按不同的用途可将车刀分为外圆车刀、端面车刀、切断刀、内孔车刀、成形车刀和螺纹车刀等（见图2-22）。

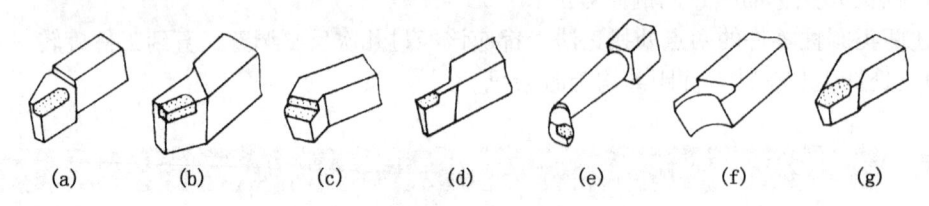

图2-22 常用车刀
(a) 90°偏刀；(b) 75°外圆车刀；(c) 45°外圆、端面车刀；(d) 切断刀；
(e) 车孔刀；(f) 成形车刀；(g) 螺纹车刀

2）车刀的用途

常用车刀的基本用途如图2-23所示。

（1）90°车刀（外圆车刀），又叫偏刀，主要用于车削外圆、台阶和端面[见图2-23（a）和图2-23（c）]。

（2）45°车刀（弯头车刀），主要用来车削外圆、端面和倒角[见图2-23（b）]。

（3）切断刀，用于切断或车槽[见图2-23（d）]。

（4）内孔车刀，用于车削内孔[见图2-23（e）]。

（5）成形车刀，用于车削成形面[见图2-23（f）]。

（6）螺纹车刀，用于车削螺纹[见图2-23（g）]。

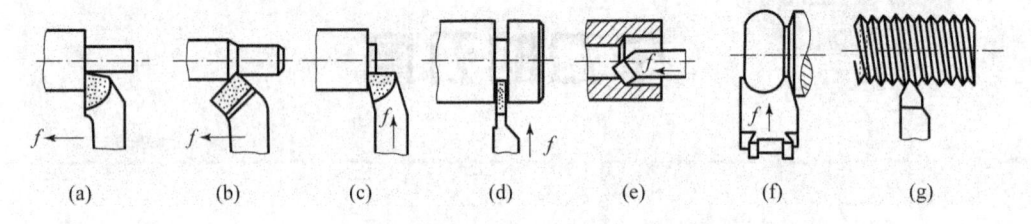

图2-23 车刀的用途
(a),(b) 车外圆；(c) 车端面；(d) 切断；(e) 车内孔；(f) 车成形面；(g) 车螺纹

2. 车刀切削部分的材料

在切削过程中，车刀的切削部分是在较大的切削抗力、较高的切削温度和剧烈的摩擦条件下进行工作的。车刀寿命的长短和切削效率的高低，首先取决于车刀切削部分的材料是否具备优良的切削性能，具体应满足以下要求：

（1）应具有高硬度，其硬度要高于工件材料1.3~1.5倍。

（2）应具有高的耐磨性。

（3）应具有足够的抗弯强度和冲击韧性，以防止车刀脆性断裂或崩刃。

（4）应具有高的耐热性，即在高温下能保持高硬度的性能。

（5）应具有良好的工艺性，即好的可磨削加工性、较好的热处理工艺性和较好的焊接工艺性。

3. 刀具材料的分类及牌号

刀具材料的种类很多,有高速钢、硬质合金、陶瓷、金刚石和立方氮化硼等,其中以高速钢和硬质合金最为常见。

1) 高速钢

高速钢是一种含钨(W)、铬(Cr)、钒(V)等合金元素较多的工具钢,俗称"锋钢"或"白钢"。它具有较高的热硬性,当切削温度高达600 ℃时,仍能保持较高的硬度,其还具有较高的强度、耐磨性和较高的淬透性。此外,高速钢的工艺性和刃磨性能很高,可以磨出较为锋利的切削刃。由于高速钢具有上述优点,因此,各类刀具都可以用高速钢制造。

按基本化学成分不同,高速钢可粗分为钨系和钼系 [w(Mo)≥2%] 两大类。按切削性能不同则可以将其分为普通高速钢和高性能高速钢两个系列。

普通高速钢最典型的钢种有 W18Cr4V 和 W6Mo5Cr4V2,前者属于钨系高速钢,这种高速钢在目前应用最为普遍,如普通丝锥、铰刀、成形车刀等,大多是采用 W18Cr4V 高速钢;后者属于钼系高速钢,这种高速钢的韧性和高温塑性均超过 W18Cr4V,切削性能与 W18Cr4V 大致相同,但可磨性比 W18Cr4V 略差。W6Mo5Cr4V2 目前主要用于制造热轧刀具,如麻花钻等。

高性能高速钢可通过调整基本化学成分和添加其他合金元素,使其性能比普通高速钢有进一步的提高。可用于高强度钢、高温合金、钛合金等难加工材料的切削加工。

2) 硬质合金

硬质合金是一种硬度很高的粉末冶金制品。硬质合金允许的切削温度可高达800 ℃~1 000 ℃,允许的切削速度很高(切削碳钢切削速度可达100 m/min以上),远远高于高速钢刀具。由于硬质合金具有优良的切削性能,现已成为主要的刀具材料之一,大部分车刀都是采用硬质合金制成。

硬质合金按其基体不同可分为 WC 基体和 TiC 基体两大类,其中 WC 基体硬质合金又可分为钨钴类(WC-Co)、含 Ta(NbC)的钨钴类[WC-TaC(NbC)-Co]、钨钴钛类(WC-TiC-Co)和通用合金等四类。WC-TiC-Co 合金主要用于高速切削钢料,而 WC-Co 合金则一般用于加工铸铁、有色金属及其合金。

切削铸铁及其他脆性材料时,由于形成的切屑呈崩碎状,切削力集中在切削刃附近很小的面积上,刀具局部压力很大,并且具有一定的冲击性,所以宜选择抗弯强度和韧性较好的 WC-Co 合金。另一方面,WC-Co 合金虽然抗弯强度较高,但这一类合金与钢摩擦时,其抗月牙洼磨损能力差,因此不宜用作高速切削钢料。然而,对于高温合金和不锈钢等难加工材料,情况又有所不同,这类工件材料大多含钛或镍,导热系数低,切削时容易"粘刀",切削力大,切削温度高,因此要求刀具材料不含钛或少含钛,并具有良好的导热性。切削这类材料时宜选用 WC-Co 合金,并选用较低的切削速度和通用合金或超细粒硬质合金较为合适。总之,选择刀具材料要因材(工件材料)而异,合理选取。

4. 车刀的主要组成

车刀是由刀头和刀杆两部分组成的。刀头部分用来直接参加切削,故称为切削部分;刀杆是夹固在刀架或刀座上的那部分。以90°外圆车刀为例,刀头由3个刀面、两个刀刃和1个刀尖组成。如图2-24所示。

1) 前刀面

切屑流出时所经过的表面。

2）主后刀面

与工件加工表面相对的表面。

3）副后刀面

与工件已加工表面相对的表面。

4）主刀刃

前刀面与主后刀面的交线。主刀刃担负着主要切削工作。

5）副刀刃

前刀面与副后刀面的交线。靠近刀尖的一段副刀刃配合主刀刃完成切削工作，并最终形成已加工表面。

6）刀尖

主刀刃和副刀刃的连接部分。为了增强刀尖强度，刀具都在刀尖处磨出圆弧形或直线形过渡刃。

7）修光刃

副刀刃近刀尖处一小段平直的刀刃。修光刃的作用是用来修光已加工表面。在装刀时，必须使修光刃与进给方向平行。

8）负倒棱

沿主刀刃磨出的窄棱面。负倒棱的作用是增加刀刃强度、改善散热条件和提高刀具耐用度。

任何刀具都有上述的刀面、刀刃和刀尖，但其数目不完全相同，如切断刀就有两个副刀刃和两个刀尖。

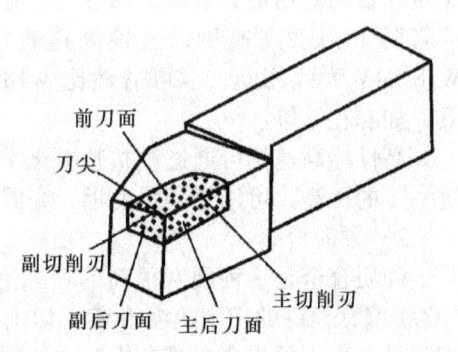

图 2-24 车刀的组成

5. 车刀的几何角度及作用

（1）确定车刀几何角度的辅助平面。

为了确定和测量车刀的几何角度，需要选取三个辅助平面作为基准，这三个辅助平面是切削平面、基面和正交平面，如图 2-25 所示。

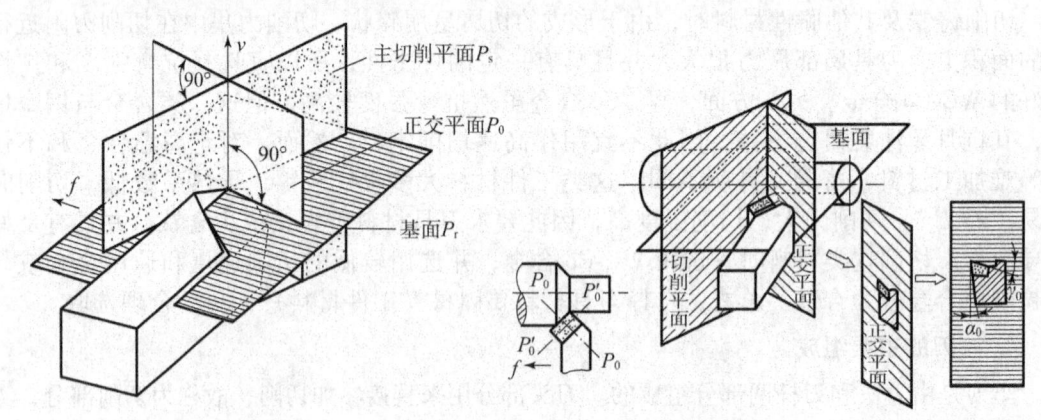

图 2-25 确定刀具几何角度的辅助平面

① 切削平面 P_s 是通过切削刃上某选定点，切于工件过渡表面的平面。

② 基面 P_r 是通过切削刃上某选定点，垂直于该点切削速度方向的平面。

③ 正交平面 P_0 是通过切削刃上某选定点，同时垂直于切削平面与基面的平面。

显然，切削平面、基面、正交平面始终是相互垂直的。对于车削，基面一般是通过工件轴线的。

（2）车刀的角度及主要作用（见表2-3）。

表2-3 车刀的角度及主要作用

角度	图示	定义	作用	选择的原则
前角 γ_0		前刀面和基面的夹角	影响刃口的锋利程度、强度、切削变形和切削力	首先要根据加工材料的硬度来选择前角。加工材料的硬度高，前角取小值，反之取大值。其次要根据加工性质来考虑前角的大小，粗加工时前角要取小值，精加工时前角应取大值
主后角 α_0		后刀面和切削平面的夹角	主要减少车刀后刀面与工件加工表面的摩擦	首先考虑加工性质。精加工时，后角取大值，粗加工时，后角取小值。其次考虑加工材料的硬度，加工材料硬度高，后角取小值，以增强刀头的坚固性；反之，后角应取小值
楔角 β_0		前刀面和主后刀面的夹角	影响刀头的强度和散热性能	$\beta_0 = 90° - (\gamma_0 + \alpha_0)$
副后角 α_0'		副后刀面和副切削平面的夹角	主要减少车刀副后刀面与工件已加工表面的摩擦	

续表

角度	图示	定义	作用	选择的原则
主偏角 k_r		主切削刃在基面上的投影与进给运动方向间的夹角	改变主切削刃和刀头的受力和散热	首先考虑车床、夹具和刀具组成的车工工艺系统的刚性,若车工工艺系统刚性好,主偏角应取小值,这样有利于提高车刀使用寿命和改善散热条件及表面粗糙度。其次要考虑加工工件的几何形状,当加工台阶时,主偏角应取 90°
副偏角 k_r'		副切削刃在基面上的投影与并背离进给运动方向间的夹角	减少副切削刃与工件已加工表面的摩擦	首先考虑车刀、工件和夹具有足够的刚性,才能减小副偏角;反之,应取大值。其次,考虑加工性质,精加工时,副偏角可取 10°~15°,精加工时,副偏角可取 5°左右
刀尖角 ε_r		主、副切削刃在基面上的投影的夹角	影响刀尖强度和散热性能	$\varepsilon_r = 180° - (k_r + k_r')$
刃倾角 λ_s		主切削刃与基面的夹角	控制排屑方向,负值时,增加刀头强度和保护刀尖	主要看加工性质,粗加工时,工件对车刀冲击大,$\lambda_s \geq 0°$,精加工时,工件对车刀冲击力小,$\lambda_s \leq 0°$,一般取 $\lambda_s = 0°$

6. 砂轮的种类

砂轮机是用来刃磨各种刀具、工具的常用设备,由电动机、砂轮机座、托架和防护罩等组成,如图 2-26 所示。

刃磨车刀的砂轮大多采用平行砂轮,按其磨料不同,常用的砂轮有氧化铝砂轮和碳化硅砂轮两类。砂轮的粗细以粒度表示,一般可分为 36#、60#、80# 和 120# 等级别。粒度号数越大则表示组成砂轮的磨料越细,反之越粗。

氧化铝砂轮又称刚玉砂轮,多呈白色,其磨粒韧性好,比较锋利,硬度较低,自锐性好,适用于刃磨高速钢车刀和硬质合金车刀的刀体部分。

碳化硅砂轮多呈绿色,其磨粒的硬度高,刃口锋利,但脆性大,适用于刃磨硬质合金车刀。

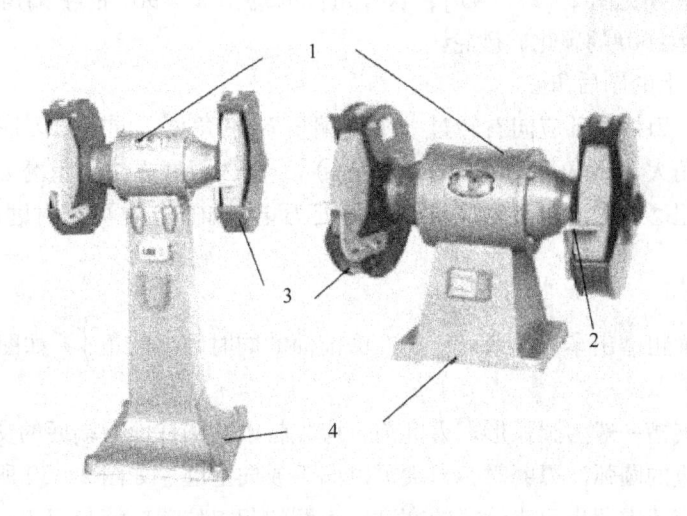

图2-26 砂轮机
1—电动机；2—托架；3—防护罩；4—砂轮机座

7. 车刀刃磨的方法和步骤

现以90°硬质合金外圆车刀为例，介绍手工刃磨车刀的方法。

1）刃磨车刀前、后面及车刀底面

先磨去车刀前面、后面上的焊渣，并将车刀底面磨平。可选用粒度号为24#～36#的氧化铝砂轮。

2）粗磨主后面和副后面的刀柄部分（以形成后隙角）

刃磨时，在略高于砂轮中心的水平位置处将车刀翘起一个比刀体上的后角大2°～3°的角度，以便刃磨刀头上的主后角和副后角（见图2-27）。可选用粒度号为24#～36#、硬度为中软（2R1.2R2）的氧化铝砂轮。

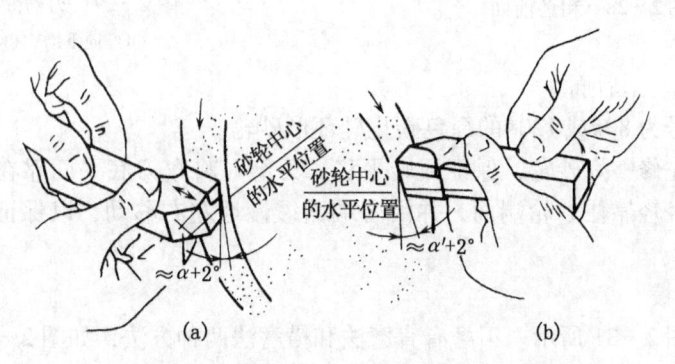

图2-27 粗磨刀柄上的主后面、副后面（磨后隙角）
(a) 磨主后面上的后隙角；(b) 磨副后面上的后隙角

3）粗磨刀头上的主后面

磨主后面时，刀柄应与砂轮轴线保持平行，同时刀底平面向砂轮方向倾斜一个比主后角大2°的角度。刃磨时，先把车刀已磨好的后隙面靠在砂轮的外圆上，以接近砂轮中心的水平位置为刃磨的起始位置，然后使刃磨位置继续向砂轮靠近，并做左右缓慢移动。当砂轮磨

33

至刀刃处即可结束［见图2-27（a）］，这样可同时磨出 $k_r=90°$ 的主偏角和主后角 α_0。可选用磨粒号为36#～60#的碳化硅砂轮。

4）粗磨刀头上的副后角

磨副后面时，刀柄尾部应向右转过一个副偏角 k_r' 的角度，同时车刀底平面向砂轮方向倾斜一个比副后角大2°的角度［见图2-27（b）］，具体刃磨方法与粗磨刀头上主后面大体相同。不同的是粗磨副后面时砂轮应磨到刀尖处为止。如此，也可同时磨出副偏角 k_r' 和副后角 α'。

5）粗磨前面

以砂轮的端面粗磨出车刀的前面，并在磨前面的同时磨出前角 γ。如图2-28所示。

6）磨断屑槽

手工刃磨断屑槽一般为圆弧形。刃磨前，应先将砂轮圆柱面与端面的交点处用金刚石笔或硬砂条修成相应的圆弧。刃磨时，刀尖可以向下或向上磨。如图2-29所示，但选择刃磨断屑槽部位时，应考虑留出刀头倒棱的宽度，刃磨的起点位置应该与刀尖、主切削刃离开一定距离，以防止主切削刃和刀尖被磨塌。

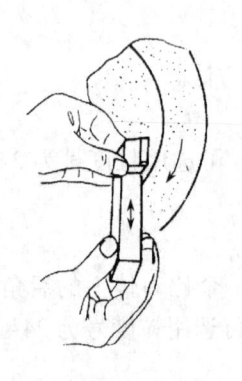

图2-28 粗磨前面

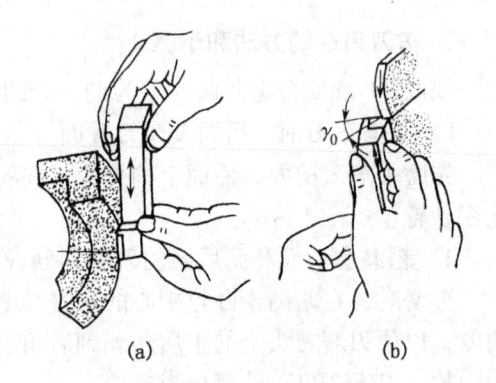

图2-29 刃磨断屑槽的方法
（a）向下磨；（b）向上磨

7）精磨主、副后面。

选用粒度号为80#或120#的绿色碳化硅环形砂轮。

精磨前应先修整好砂轮，保证回转平稳。刃磨时将车刀底平面靠在调整好角度的托架上，使切削刃轻轻靠住砂轮端面，并沿着端面缓慢地左右移动，以保证车刀刃口平直，如图2-30所示。

8）磨负倒棱

负倒棱如图2-31所示。刃磨有直磨法和横磨法两种方法，如图2-32所示。刃磨时用力要轻微，以使主切削刃的后端向刀尖方向摆动。负倒棱倾斜角度为-5°，宽度 $b=(0.4～0.8)f$，为保证切削刃的质量，最好采用直磨法。

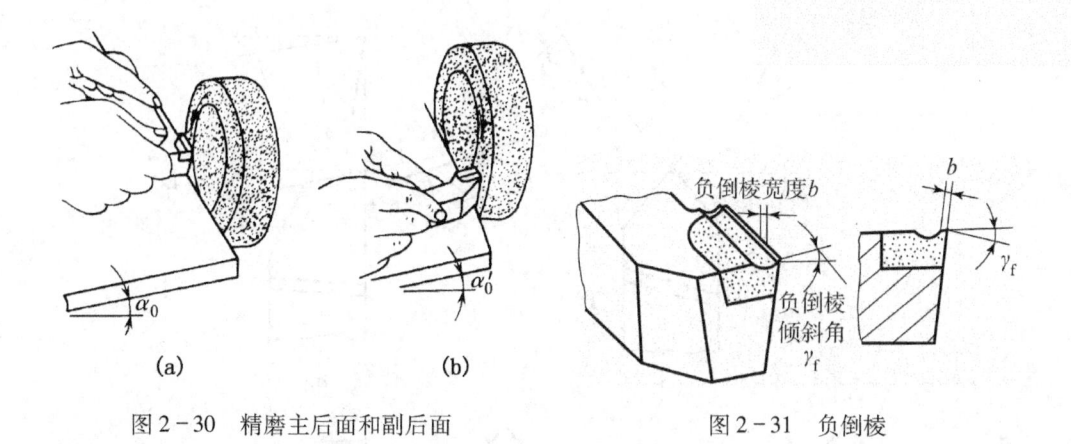

图 2-30 精磨主后面和副后面

图 2-31 负倒棱

9）用油石研磨车刀

在砂轮上刃磨的车刀，切削刃不够平滑光洁，这不仅影响车削工件的表面质量，也会降低车刀的使用寿命，而硬质合金车刀则在切削中容易产生崩刃，因此，应用细油石研磨刀刃。研磨时，手持油石在刀刃上来回移动，动作应平稳，用力应均匀（见图 2-33）。车刀研磨后，应消除在砂轮上刃磨后的残留痕迹。

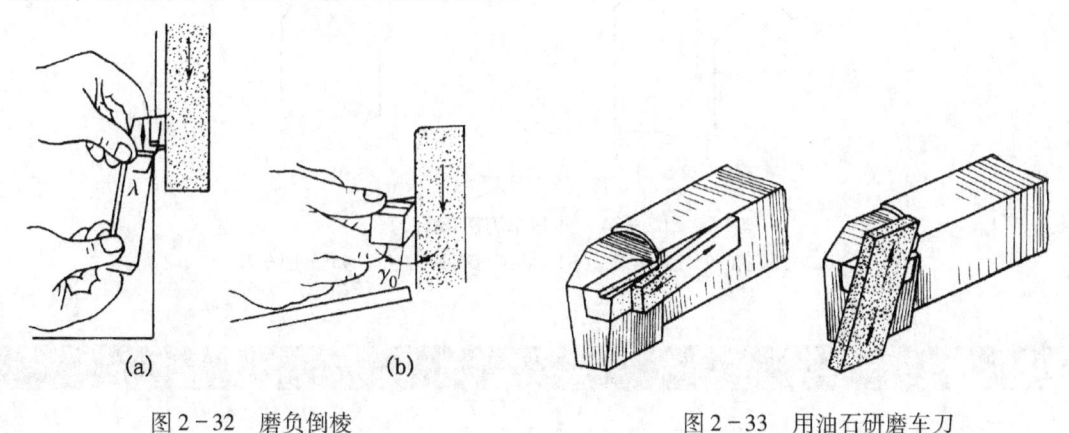

图 2-32 磨负倒棱
(a) 直磨法；(b) 横磨法

图 2-33 用油石研磨车刀

三、技能训练（见图 2-34）

刃磨 90°车刀步骤如下：
（1）粗磨主后面和副后面。
（2）粗、精磨前面。
（3）精磨主、副后面。
（4）刀尖磨出圆弧。

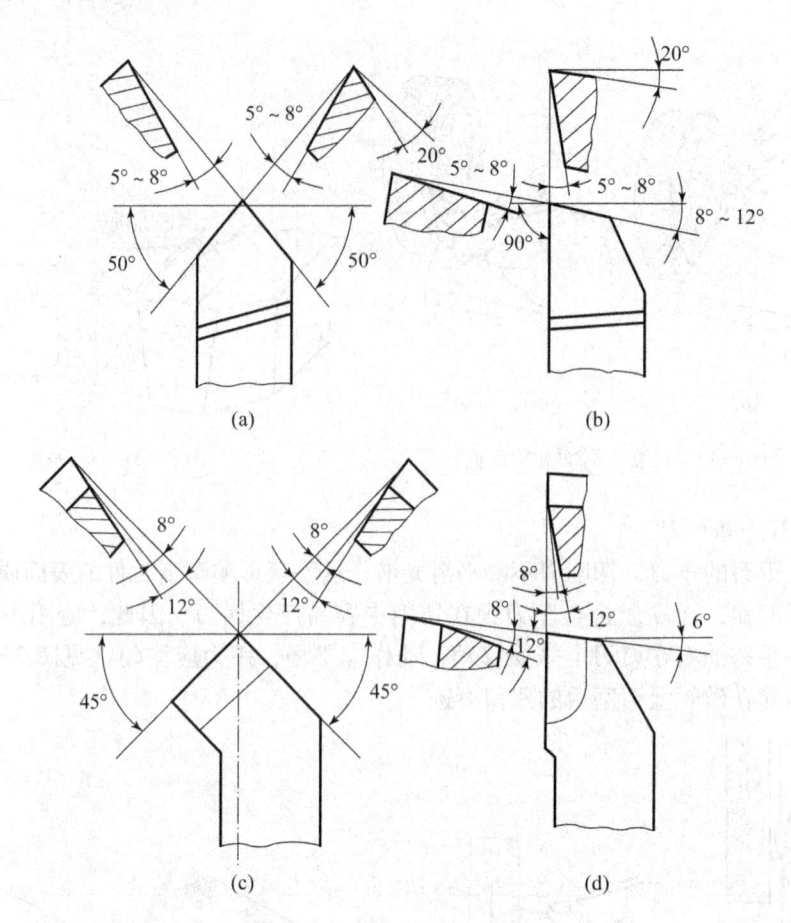

图 2-34 外圆车刀刃磨练习
(a) 刀尖角 80°外圆车刀；(b)、(d) 90°偏刀；(c) 45°外圆车刀

四、注意事项

（1）车刀刃磨时不能用力过大，以防打滑伤手。

（2）车刀高低必须控制在砂轮水平中心，刀头略向上翘，否则会出现后角过大或负后角等弊端。

（3）车刀刃磨时应做水平的左右移动，以免砂轮表面出现凹坑。

（4）在平行砂轮上磨刀时，应尽可能避免磨砂轮侧面。

（5）磨刀时要求戴防护镜。

（6）刃磨硬质合金车刀时，不可把刀头部分放入水中冷却，以防刀片突然冷却而碎裂。刃磨高速钢车刀时，应随时用水冷却，以防车刀过热退火，降低硬度。

（7）重新安装砂轮后，要进行检查，经试转后才可使用。

（8）刃磨结束后，应随手关闭砂轮机电源。

（9）车刀刃磨练习的重点是掌握车刀刃磨的姿势和刃磨方法。

课题六 车床的润滑和维护保养

一、实习教学要求

(1) 了解车床维护保养的重要意义。
(2) 懂得车床日常注油部位和注油方式。
(3) 懂得车床的日常清洁维护保养要求。

二、相关工艺知识

为了保持车床正常运转和延长其使用寿命,应注意日常的维护保养。车床的摩擦部分必须进行润滑。

车床润滑的几种方式。

1) 浇油润滑

常用于外露的滑动表面。如床身导轨面和滑板导轨面等,擦干净后用油壶浇油润滑,每班加 30 号机油一次,(见图 2-35)。

2) 溅油润滑

常用于密闭的箱体中。如车床主轴箱中的转动齿轮将箱底的润滑油溅射到箱体上部的油槽中,然后经槽内油孔流到各润滑点进行润滑。齿轮箱内要有足够的 30 号机油。一般加到油标窗口一半高度,保证齿轮溅油润滑和往复式油泵用油,车床床头箱一般每 3 个月换一次油,(见图 2-36)。

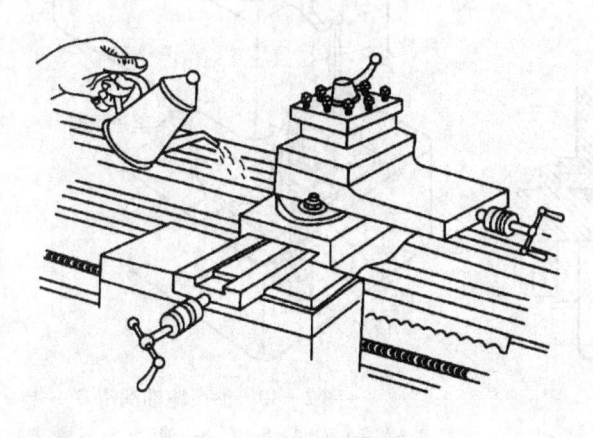

图 2-35 浇油润滑

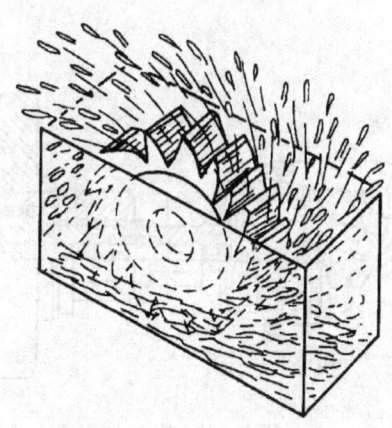

图 2-36 溅油润滑

3）油绳导油润滑

常用于进给箱和溜板箱的油池中。利用毛线既易吸油又易渗油的特性，把油引入润滑点，间断地滴油润滑（见图2-37）。将毛线浸在油槽内，利用毛细管作用把30号机油引到所需要润滑的部位，油槽每班加油一次。

4）弹子油杯注油润滑

常用于尾座、中滑板的手柄及三杠（丝杠、光杠、操纵杠）、支架的轴承处。定期地用油枪端头油嘴压下油杯上的弹子，将油注入。油嘴撤去，弹子又回复原位，封住注油口，以防尘屑入内（见图2-38）。

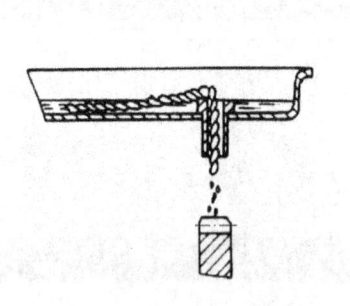

图2-37 油绳导油润滑

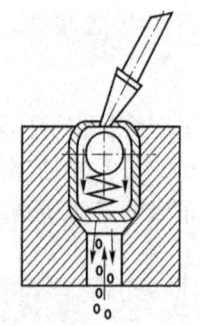

图2-38 弹子油杯注油润滑

5）黄油杯润滑

常用于交换齿轮箱挂轮架的中间轴或不便经常润滑处。事先在黄油杯中加满钙基润滑脂，需要润滑时，拧紧油杯盖，则杯中的油脂就会被挤压到润滑点中去（见图2-39）。

6）油泵输油润滑

常用于转速高，需要大量润滑油连续强制润滑的场合。如主轴箱内许多润滑点就是采用这种方式（见图2-40）。

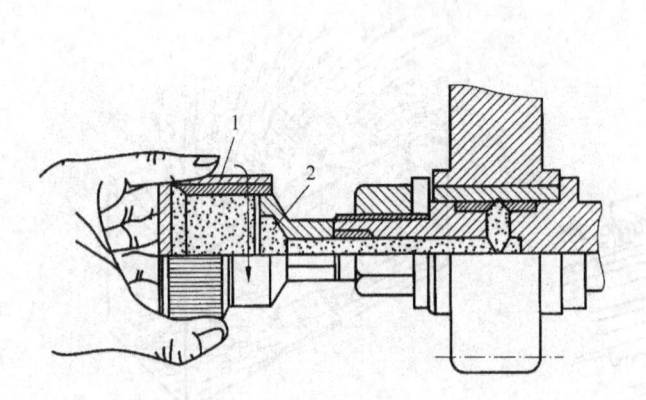

图2-39 黄油杯润滑
1—黄油杯；2—黄油

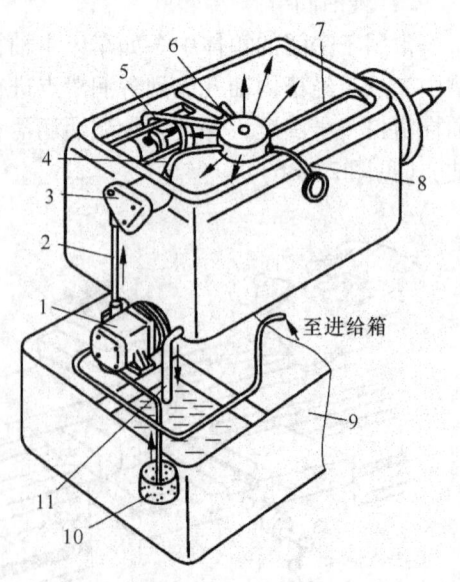

图2-40 油泵输油润滑
1—油泵；2、4、5、7、8—油管；3—过滤器；
6—分油器；9—床腿；10—网式滤油器；11—回油管

三、常用车床的润滑要求

图 2-41 所示为 CA6140 型卧式车床。润滑系统润滑点的位置示意图，润滑部位用数字标出。图 2-41 中除所注②处的润滑部位是用 2 号钙基润滑脂进行润滑外，其余各部位都用 30 号机油润滑。换油时，应先将废油放尽，然后用煤油把箱体内冲洗干净后，再注入新机油，注油时应用网过滤，且油面不得低于油标中心线。

在图 2-41 中，㉚表示 30 号机油；$\frac{30}{7}$ 表示油类号为 30 号机油，两班制换（添）油间隔天数为 7 天。

主轴箱的零件用油泵循环润滑或反溅润滑。箱内润滑油一般 3 个月更换一次。主轴箱体上有一个油标，若发现油标内无油输出，说明油泵输油系统有故障，应立即停车检查断油的原因，待修复后才能开动车床。

进给箱内的齿轮和轴承，除了用齿轮飞溅润滑外，在进给箱上部还有用于油绳导油润滑的储油槽，每班应给该储油槽加一次油。

交换齿轮箱中间齿轮轴是黄油杯润滑，每班一次，7 天加一次钙基脂。

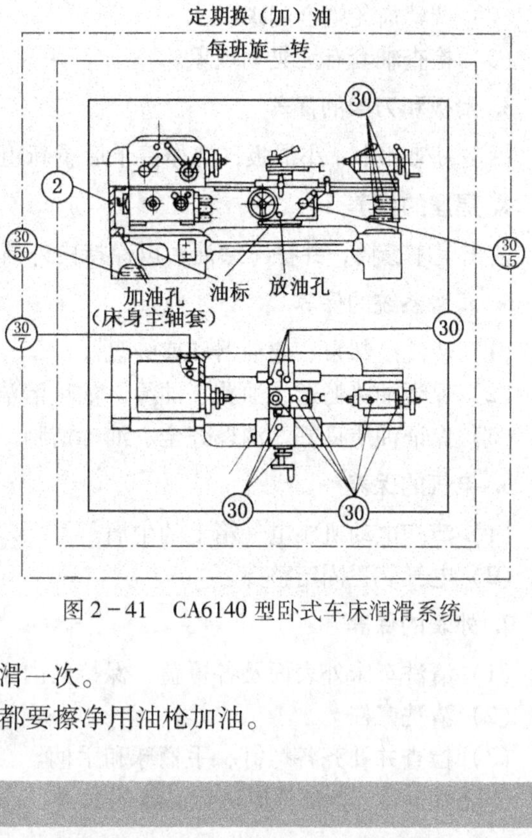

尾架和中、小滑板手柄及光杠、丝杠、刀架转动部位靠弹子油杯润滑，每班润滑一次。

此外，床身导轨、滑板导轨在工作前后都要擦净用油枪加油。

图 2-41　CA6140 型卧式车床润滑系统

四、车床日常保养的要求

为了保证车床的加工精度、延长其使用寿命、保证加工质量、提高生产效率，车工除了能熟练地操作机床外，还必须学会对车床进行合理的维护和保养。

车床的日常维护、保养要求如下：

（1）每天工作完成后，切断电源，对车床各表面、各罩壳、导轨面、丝杠、光杠、各操纵手柄和操纵杆进行擦拭，做到无油污、无铁屑、车床外表清洁。

（2）每周要求保养床身导轨并保证中、小滑板导轨面及转动部位的清洁、润滑。要求油眼畅通、油标清晰，清洗油绳和护床油毛毡，保持车床外表清洁和工作场地整洁。

五、车床一级保养的要求

通常当车床运行 500 h 后，需进行一级保养。其保养工作以操作工人为主，在维修工人的配合下进行。保养时，必须先切断电源，然后按下述顺序和要求进行保养。

1. 主轴箱的保养

（1）清洗滤油器，使其无杂物。

（2）检查主轴锁紧螺母有无松动、紧定螺钉是否拧紧。

（3）调整制动器及离合器摩擦片间隙。

2. 交换齿轮箱的保养

（1）清洗齿轮、轴套，并在油杯中注入新油脂。

（2）调整齿轮啮合间隙。

（3）检查轴套有无晃动现象。

3. 滑板和刀架的保养

拆洗刀架和中、小滑板，洗净擦干后重新组装，并调整中、小滑板与镶条的间隙。

4. 尾座的保养

摇出尾座套筒，并擦净涂油，以保持内外清洁。

5. 润滑系统的保养

（1）清洗冷却泵、滤油器和盛液盘。

（2）保证油路畅通，油孔、油绳、油毡清洁无铁屑。

（3）保证油质良好、油杯齐全、油标清晰。

6. 电气的保养

（1）清扫电动机、电气箱上的尘屑。

（2）电气装置固定整齐。

7. 外表的保养

（1）清洗车床外表面及各罩盖，保持其内、外清洁，无锈蚀，无油污。

（2）清洗三杠。

（3）检查并补齐各螺钉、手柄球和手柄。

清洗擦净后，各部件应进行必要的润滑。

习　题

1. 卧式车床主要由哪几部分组成？各部分有什么作用？
2. 解释 CA6140 卧式车床型号中的代号的含义。
3. 车削轴类零件时，一般有哪几种安装方法？各有什么特点？
4. 外圆车刀六个主要标注角度是如何定义的？各有什么作用？
5. 刃磨车刀时要注意哪些安全事项？
6. 车床日常维护和保养有哪些具体要求？

第三单元
车外圆柱面

课题一
车外圆、平面和台阶

一、实习教学要求

(1) 合理组织工作位置，注意操作姿势。
(2) 用手动进给均匀地移动床鞍、中滑板和小滑板，按图样要求车削工件。
(3) 掌握试切、试测车外圆的方法。
(4) 遵守操作规程，养成文明生产、安全生产的良好习惯。

二、相关工艺知识

1. 车削的基本概念

车削过程是指将工件上多余的金属层，通过车削加工被刀具切除而形成切屑的过程。

1) 车削过程中的运动

在切削加工中，为了切去多余的金属，必须使工件和刀具做相对的切削运动。车削加工的切削运动由两种运动组成，即主运动和进给运动（见图3-1）。

(1) 主运动。直接切除工件上的切削层，使之转变为切屑，以形成工件新表面的运动称为主运动。车削时的主运动为工件的旋转运动，其速度较高，消耗功率较大。

(2) 进给运动。使被切削层不断投入切削的运动称为进给运动。车削时的进给运动为车

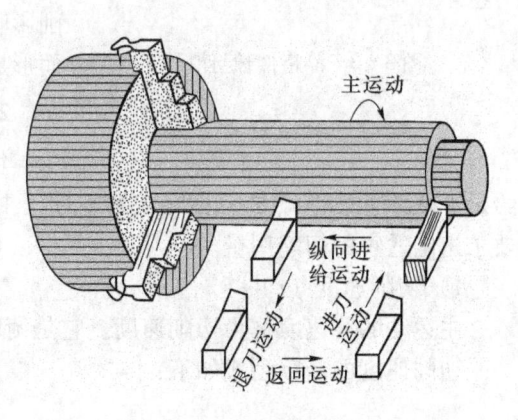

图3-1 切削运动方式

刀的直线进给运动，进给运动通常只消耗切削功率的小部分。

2) 车削时工件上的3个表面

车刀在车削过程中，工件上有3个不断变化着的表面，即已加工表面、加工表面和待加工表面（见图3-1）。

(1) 已加工表面：已经切去多余金属而形成的新表面。

(2) 加工表面：切削刃正在切削的表面。

(3) 待加工表面：即将被切去多余金属的表面。

图3-2所示为车孔和车端面时工件上形成的3个表面。

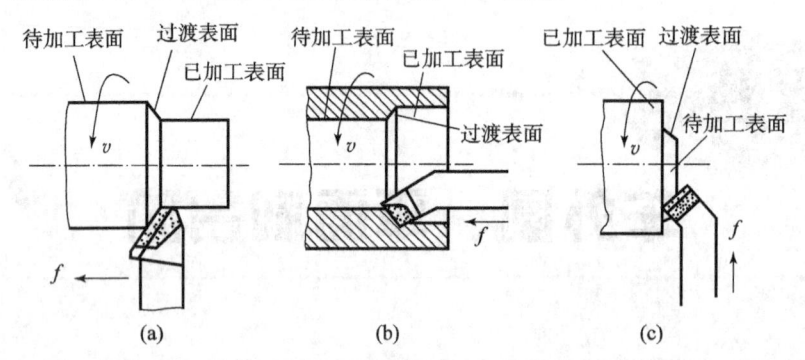

图3-2 车外圆、车孔和车端面时工件上形成的3个表面
(a) 车外圆；(b) 车孔；(c) 车端面

3) 切屑和已加工表面的形成过程

切屑和已加工表面的形成过程，本质上是工件受到刀具的刀刃切割和刀面推挤以后发生弹性变形和塑性变形，而使切削层跟工件分离的过程。

当金属被切削时，金属表面首先受到刀具的挤压力而产生变形，若刀具退出工件表面，金属能恢复原状，则称为弹性变形。如果继续切削，这时刀具对工件的压力超过被切削金属的弹性极限，工件表面就将产生塑性变形而不能恢复原状，从而使金属内部的晶格伸长并造成滑移（见图3-3）。当切削过程连续地进行，切削层便连续地通过前刀面而转变成切屑，切削影响层受到切削刃钝圆部分与后刀面的挤压和摩擦而形成已加工表面。

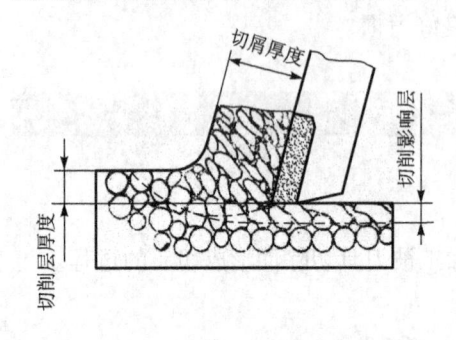

图3-3 晶格伸长与滑移

2. 切削用量的基本概念

切削用量是指切削加工过程中的切削速度 v、进给量 f 和切削深度 a_p 的总称。在切削过程中，需要针对不同的工件材料、刀具材料和加工要求选定适宜的切削用量。

1) 切削速度（v）

主运动的线速度称为切削速度。它是衡量主运动大小的参数（单位：m/min）。

切削速度的计算公式如下：

$$v = \frac{\pi D n}{1\,000} \tag{3-1}$$

式中 v——切削速度,m/min;

D——工件待加工表面直径,mm;

n——工件每分钟转数,r/min;

π——常数($\pi \approx 3.14$)。

车削时,由于刀刃上各点所对应的工件回转直径不同,因而切削速度也不同,在计算时,应以最大的切削速度为准。如车外圆时,应将工件待加工表面直径代入公式(3-1)中计算;如车内孔时,应将工件已加工表面直径代入公式(3-1)中计算。

例3-1 在车床上车削直径为50 mm的外圆,选用车床主轴转速为700 r/min,求切削速度。

解 根据公式(3-1)有:

$$v = \frac{\pi D n}{1\,000} = \frac{3.14 \times 50 \times 700}{1\,000} \approx 110 (\text{m/min})$$

在实际生产中,往往是已知工件直径,并根据刀具材料、工件材料和加工要求等因素选定合适的切削速度,再将该切削速度换算成工件每分钟转数。

换算公式如下:

$$n = \frac{1\,000\,v}{\pi D} \text{r/min} \tag{3-2}$$

例3-2 在CA6140型卧式车床上车削直径为50 mm的外圆,根据工件材料、刀具材料和加工要求等因素选用切削速度为95 m/min,求车床主轴转速。

解 根据公式(3-2)有:

$$n = \frac{1\,000\,v}{\pi D} = \frac{1\,000 \times 95}{3.14 \times 50} = 605 (\text{r/min})$$

因为在CA6140型卧式车床转速牌上没有605 r/min这挡转速,应选取铭牌上与计算值接近的转数,故取560 r/min。

2)进给量(f)

进给量是指工件每旋转一圈,车刀沿进给方向移动的距离(见图3-4)。它是衡量进给运动大小的参数(单位:mm/r)。

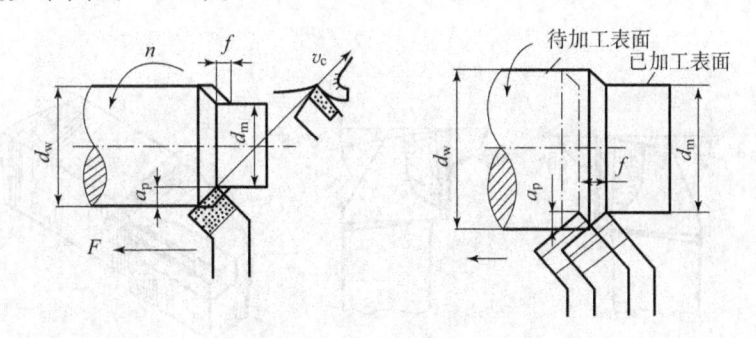

图3-4 切削深度和进给量

进给方向有纵向和横向两种,车刀沿车床床身导轨方向的运动是纵向进给;车刀沿垂直车床床身导轨方向的运动是横向进给。

3)切削深度(a_p)

车内、外圆及端面时,切削深度是指工件已加工表面和待加工表面间的垂直距离。

切削深度的计算公式如下:

$$a_p = \frac{D-d}{2} \tag{3-3}$$

式中 a_p——切削深度，mm；
  D——工件待加工表面的直径，mm；
  d——工件已加工表面的直径，mm。

例 3-3 已知工件直径为 80 mm，现用一次进给车至直径 75 mm，求切削深度。

解 根据公式（3-3）有：

$$a_p = \frac{D-d}{2} = \frac{80-75}{2} = 2.5(\text{mm})$$

钻孔时，切削深度等于钻头直径的一半（见图 3-5）。

切断和车沟槽时，切削速度等于切刀主刃的宽度（见图 3-5）。

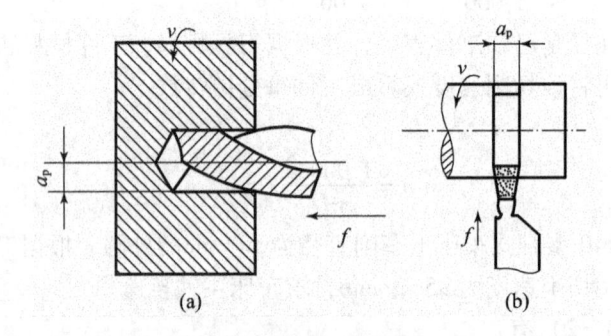

图 3-5 钻孔和车槽时切削深度和进给量

3. 外圆车刀的种类、特征和用途

常用的外圆车刀有 90°外圆车刀、75°外圆车刀和 45°外圆车刀三种，其主偏角（k_r）分别为 90°、75°和 45°。

1）90°外圆车刀（简称偏刀）

按车削时进给方向的不同又可将偏刀分为左偏刀和右偏刀两种（见图 3-6）。

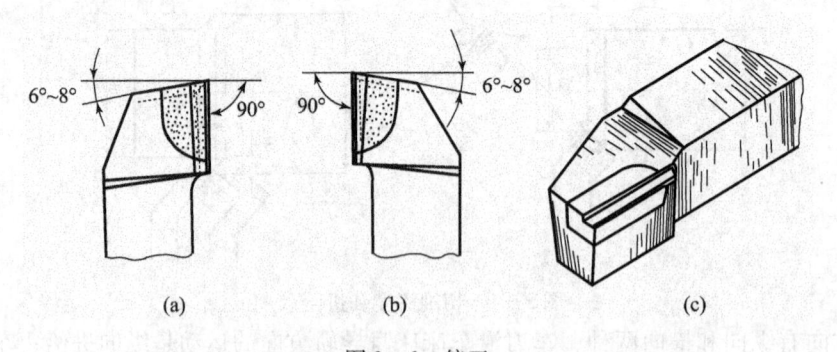

图 3-6 偏刀
（a）左偏刀；(b) 右偏刀；(c) 右偏刀外形

左偏刀的主切削刃在刀体右侧［见图 3-6（a）］，由左向右纵向进给（反向进刀），又称反偏刀。

右偏刀的主切削刃在刀体左侧［见图3-6（b）］，由右向左纵向进给，又称正偏刀。右偏刀一般用来车削工件的外圆、端面和右台阶。因为它的主偏角较大，车削外圆时作用于工件的径向切削力较小，不易将工件顶弯（见图3-7）。在车削端面时，因是副切削刃担任切削任务，如果由工件外圆向中心进给，当切削深度（a_p）较大时，切削力（F）会使车刀扎入工件形成凹面［见图3-8（a）］；为避免这一现象，可改由中心向外缘进给，由主切削刃切削［见图3-8（b）］，但切削深度（a_p）应取小值，在特殊情况下可改为图3-8（c）所示的端面车刀车削。左偏刀常用来车削工件的外圆和左向阶台，也适用于车削外径及较大而长度较短的工件的端面［见图3-8（d）］。

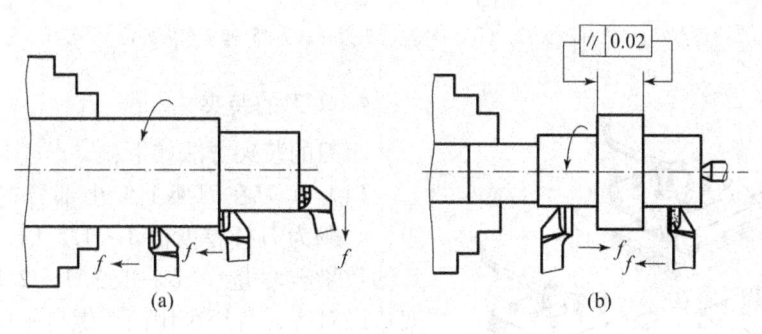

图3-7 偏刀的使用

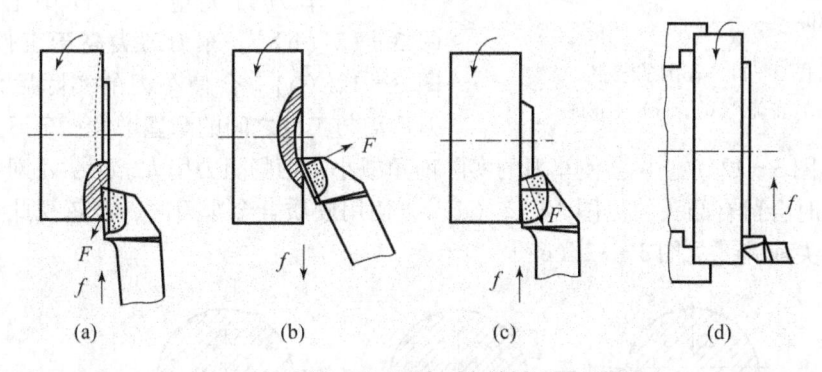

图3-8 用偏刀车端面

2）75°外圆车刀

75°外圆车刀的刀尖角（ε_r）大于90°，刀头强度好，耐用。因此适用于粗车轴类工件的外圆和强力切削铸件、锻件等余量较大的工件［见图3-9（a）］。其左偏刀还用来车削铸件、锻件的大平面［见图3-9（b）］。

3）45°外圆车刀

45°外圆车刀俗称弯头刀。它也分为左、右两种（见图3-10）。其刀尖角等于90°（$\varepsilon_r=90°$），所以刀体强度和散热条件都比90°外圆车刀好。45°外圆车刀常用于车削工件的端面和倒45°角，也可用来车削较短的外圆。

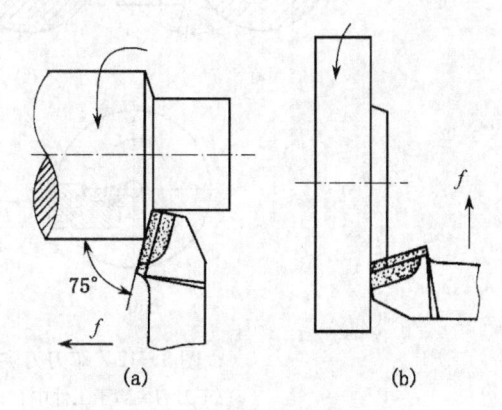

图3-9 75°外圆车刀的使用
（a）车外圆；（b）车端面

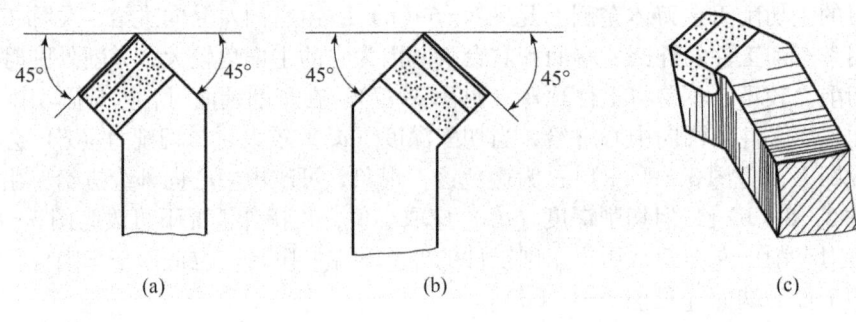

图 3-10 45°弯头车刀

(a) 45°右弯头刀；(b) 45°左弯头刀；(c) 45°弯头车刀外形

4. 车刀的装夹

车刀的装夹方法如下：

（1）车刀在刀架上伸出部分的长度应尽量短，一般为刀杆厚度的 1~1.5 倍，车刀下面垫片的数量要尽量少（一般为 1~2 片），并与刀架边缘对齐，且至少用两个螺钉平整压紧，以防震动（图 3-11）。

（2）车刀刀尖应与工件中心等高 [见图 3-12（b）]。车刀刀尖高于工件轴线 [见图 3-12（a）] 会使车刀的实际后角减小，车刀后面与工件之间的摩擦增大；车刀刀尖低于工件轴线 [见图 3-12（c）] 会使车刀的实际前角减小，切削阻力增大。刀尖不对中心，在车至端面中心时会留有凸头 [见图 3-12（d）]。使用硬质合金车刀时，若忽视此点，车到中心处会使刀尖崩碎 [见图 3-12（e）]。

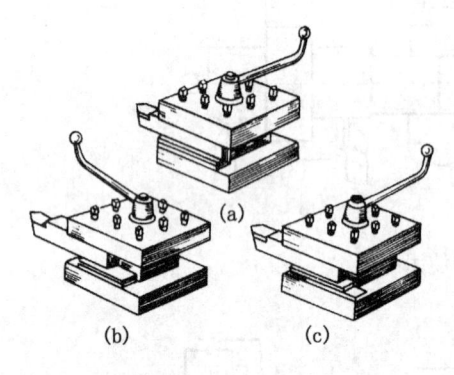

图 3-11 车刀的装夹

(a) 正确；(b)，(c) 不正确

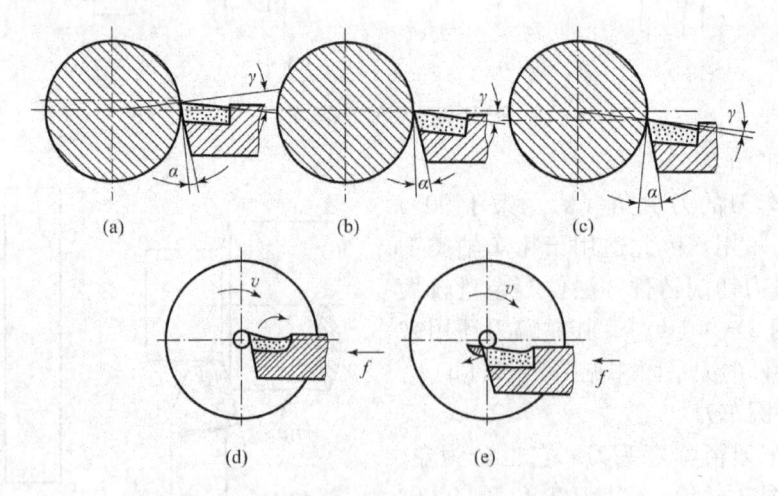

图 3-12 车刀刀尖不对准工件中心的后果

(a) 车刀刀尖高于工件中心；(b) 车刀刀尖与工件中心等高；
(c) 车刀尖低于工件中心；(d) 留有凸台；(e) 刀尖崩碎

为使车刀刀尖对准工件中心，通常采用下列几种方法：
(1) 根据车床的主轴中心高，用钢直尺测量装刀［见图3-13（a）］。
(2) 根据车床尾座顶尖的高低装刀［见图3-13（b）］。
(3) 将车刀靠近工件端面，用目测估计车刀的高低，然后夹紧车刀，试车端面，再根据端面的中心来调整车刀。

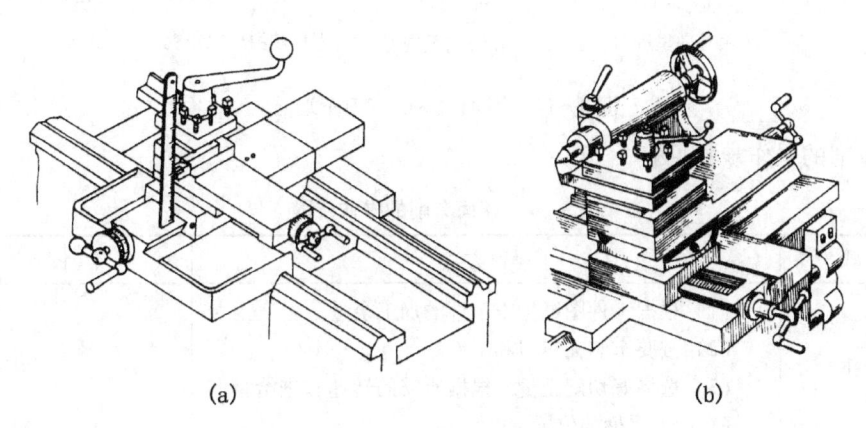

图3-13 检查车刀中心高
(a) 用钢直尺检查；(b) 用尾座顶尖检查

5. 铸件毛坯的装夹和找正

要选择铸件毛坯平直的表面进行装夹，以确保装夹牢靠，找正外圆时一般要求不高，只要保证能车至图样尺寸以及未加工面余量均匀即可，如发现毛坯工件截面呈扁形，应以直径小的相对两点为基准进行找正。

6. 粗车和精车的概念

车削工件时，一般有粗车和精车两种车削。

1) 粗车

在车床动力条件许可时，通常切削深度和进给量大，转速不宜过快，以合理时间尽快把工件余量车掉。因为粗车对切削表面没有严格要求，只需留一定的精车余量即可。由于粗车切削力较大，故工件装夹必须牢靠。粗车的另一作用是可以及时发现毛坯材料内部的缺陷，如夹渣、砂眼、裂纹等，其也可清除毛坯工件内部残余的应力和防止变形等。

2) 精车

精车是车削的最后一道加工。为了使工件获得准确的尺寸和规定的表面粗糙度，操作者在精车时通常把车刀修磨得较为锋利，且车床转速选得较高，进给量选得较小。

7. 用手动进给车外圆、平面和倒角

1) 车平面的方法

开动车床使工件旋转，移动小滑板或床鞍控制吃刀量，然后锁紧床鞍，摇动中滑板丝杠进给，由工件外向中心或由工件中心向外车削，如图3-14所示。

47

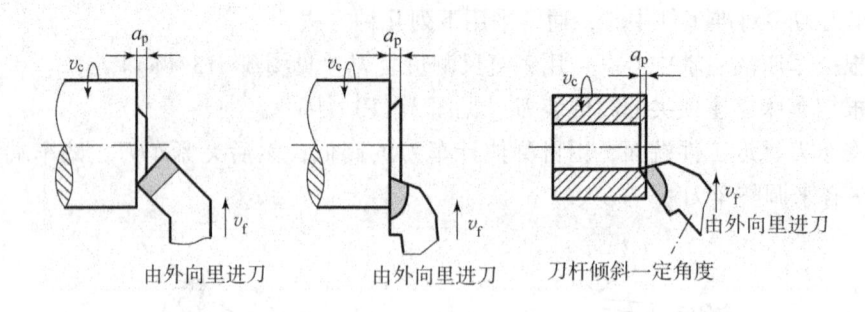

	由外向里进刀	由外向里进刀	刀杆倾斜一定角度

图 3-14 用 45°、90°车刀车端面

端面车削的操作步骤见表 3-1。

表 3-1 端面车削的操作步骤

车削步骤	操作方法	图示
准备工作	（1）根据工件图纸检查工件的加工余量。 （2）按要求装夹车刀和工件。 （3）选择好切削用量，根据所需的转速和进给量调节好车床上手柄的位置	
对刀	启动机床，使工件旋转，左手摇动大滑板手轮，右手摇动中滑板手轮，使车刀刀尖逐渐靠近工件端面，然后大滑板、中滑板不动，摇动小滑板手柄，使车刀刀尖轻轻接触工件端面	
退刀	车刀碰到工件端面，有铁屑掉下即可，大滑板、小滑板不动，反向摇动中滑板手柄，使车刀刀尖退出工件离工件外圆 3~5 mm	
调整切削深度	根据工件的加工余量，摇动小滑板手柄，使车刀纵向移动一个切削深度	

续表

车削步骤	操作方法	图示
车削端面	手动或机动进给车削端面，如果是机动进给车削，在车至近中心处，改为手动车削至中心	
退刀停车测量	粗车端面时，小滑板和大滑板可以不动，反向慢而均匀地摇动中滑板，再调整切削深度继续加工。 精车端面时，先摇动小滑板手轮，使车刀远离端面（可以记住小滑板刻度），再摇动中滑板，使车刀全部退出。停车测量工件	

2）车外圆的方法

车削外圆时，根据不同的车削要求，需要选择不同的刀具，如图3-15所示。

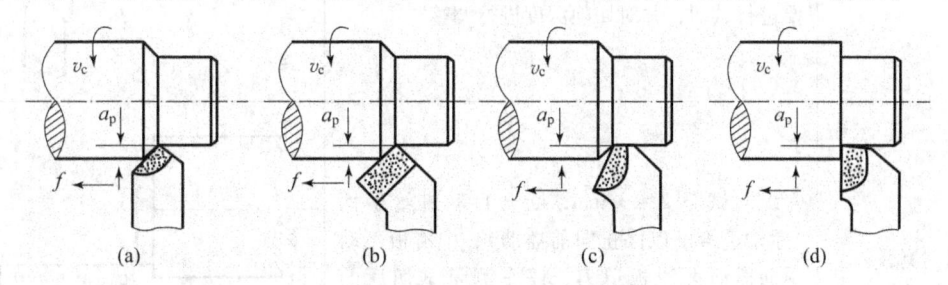

图3-15 车外圆

(a) 直头车刀；(b) 弯头车刀；(c) 75°强力车刀；(d) 90°车刀

外圆车削的操作步骤见表3-2。

表3-2 外圆车削的操作步骤

车削步骤	操作方法	图示
准备工作	（1）根据工件图纸检查工件的加工余量。 （2）按要求装夹车刀和工件。 （3）选择合理的进给量和切削速度	
对刀	启动机床使工件旋转，左手摇动大滑板手轮，右手摇动中滑板手轮，使车刀刀尖逐渐靠近工件外圆（离工件端面3~5mm），摇动中滑板刻度盘手柄，使车刀与工件表面轻微接触，即完成对刀。对刀时，工件一定要旋转，否则容易出现崩刃现象	

续表

车削步骤	操作方法	图示
退刀	车刀碰到工件外圆,有铁屑掉下即可,中滑板、小滑板不动,大滑板反向摇动手柄,使车刀刀尖退出工件离工件端面3~5 mm	
调整切削深度	车刀以此位置为起点,根据工件的加工余量,摇动中滑板手柄,使车刀横向移动一个切削深度	a_p
试车削	手动或机动进给车削外圆,由于对刀的准确度和刻度盘的精度问题,按前面所进给的切深,不一定能车出准确的工件尺寸,一般要进行试切,并对切削深度进行调整	f
退刀测量	纵向试车 2~3 mm,断开自动进给手柄(手动进给可以停止向前摇动),中滑板不动纵向摇动大滑板退刀,停车测量试切后的外圆	纵向退出车刀
车削外圆	试切好以后,记住刻度,作为下一次调切深的起点。纵向自动走刀(手动)车出全长。手动或机动进给车削外圆,如果是机动进给车削,在车至近尺寸处,改为手动车削至尺寸	a_p
退刀停车测量	粗车外面时,小滑板和中滑板可以不动,反向慢而均匀地摇动大滑板,再调整切削深度继续加工。精车外圆时,先摇动中滑板手轮,使车刀远离端面(可以记住中滑板刻度)再摇动大滑板,使车刀全部退出,停车测量工件	

☺ 对刀、试切、测量是控制工件尺寸精度的必要手段，是车床操作者的基本功，一定要熟练掌握，而且在车削加工中要引起重视。

车削台阶的方法与车削外圆基本相同，但在车削时应兼顾外圆直径和台阶长度两个方向的尺寸要求，台阶工件通常与其他零件结合使用，因此它的技术要求一般有以下几点：
(1) 各档外圆之间的同轴度；
(2) 外圆和台阶平面的垂直度；
(3) 台阶平面的平面度；
(4) 外圆和台阶平面相交处的清角。

为了确保外圆的车削长度，通常先采用刻线痕法（见图3-16），后采用测量法进行。即在车削前根据重要的长度，用钢直尺、样板、卡钳及刀尖在工件表面上刻一条线痕，然后根据线痕进行车削，当车削完毕时，再用钢直尺或其他量具复测。

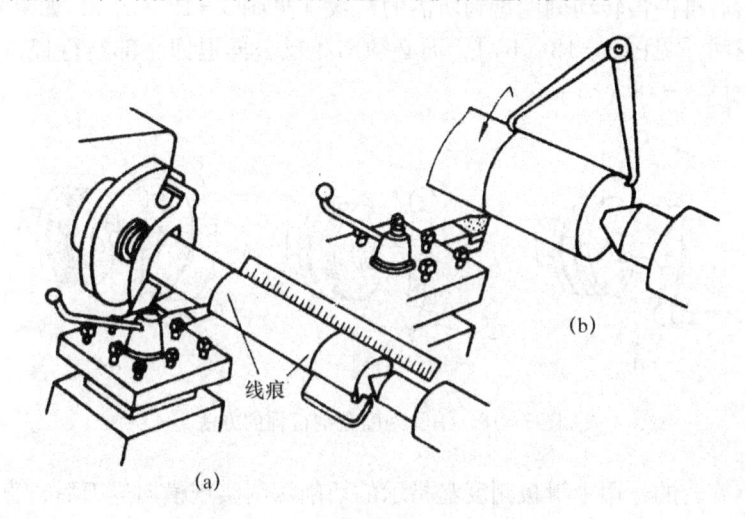

图3-16 刻线痕法确定车削长度
(a) 用钢直尺和样板刻线痕；(b) 用内卡钳在工件刻线痕

3) 倒角

当平面、外圆车削完毕，移动刀架，使车刀的刀刃与工件外圆成45°夹角（45°外圆刀已和外圆成45°夹角），再移动床鞍至工件外圆和平面相交处进行倒角（见图3-17）。所谓C1（1×45°）是指倒角在外圆上的轴向长度为1 mm。

加工中，图样对倒角未作特殊说明，为去除尖角、毛刺，一般倒C0.2左右，或者用锉刀来修锉尖角和毛刺。

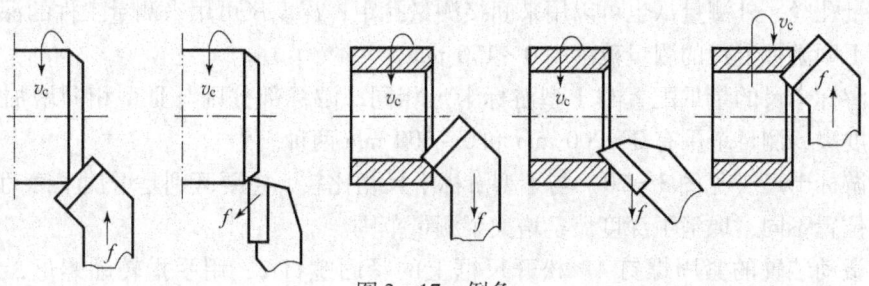

图3-17 倒角

8. 刻度盘的计算和应用

车削工件时，为了准确和迅速地掌握切削深度，通常用中滑板或小滑板的刻度盘来作进刀的参考依据。

中滑板的刻度盘装在横向进给丝杠端头上，当摇动横向进给丝杠一圈时，刻度盘也随之转一圈，这时固定在中滑板上的螺母就带动中滑板、刀架及车刀一起移动一个螺距。如果中滑板丝杠螺距为 5 mm，刻度盘分为 100 格，当手柄摇转一圈时，中滑板就移动 5 mm，当刻度盘每转过一格时，中滑板移动量则为 5÷100＝0.05 mm。

小滑板的刻度盘可以用来控制车刀短距离的纵向移动，其刻度原理与中滑板的刻度盘相同。

转动中滑板丝杠时，由于丝杠与螺母之间的配合存在间隙，滑板会产生空行程（即丝杠带动刻度盘已转动，而滑板并未立即移动）。所以使用刻度盘时要反向转动适当角度，消除配合间隙，然后再慢慢转动刻度盘到所需的格数〔见图 3-18 (a)〕，如果多转动了几格，绝不能简单地退回〔见图 3-18 (b)〕，而必须向相反方向退回全部空行程，再转到所需要的刻度位置〔见图 3-18 (c)〕。

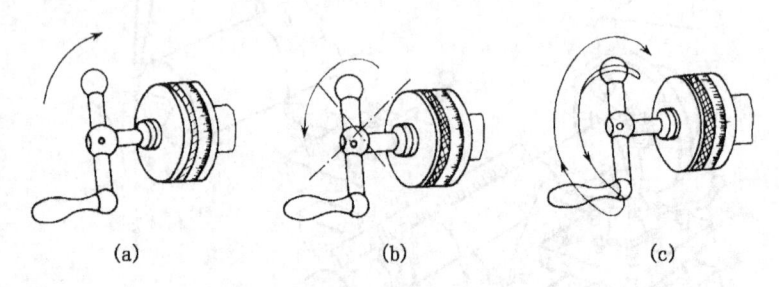

(a)　　　　(b)　　　　(c)

图 3-18　消除刻度盘空行程的方法

由于工件是旋转的，用中滑板刻度盘指示的切削深度实现横向进刀后，直径上被切除的金属层是切削深度的 2 倍。因此，当已知工件外圆还剩余加工余量时，中滑板刻度控制的切削深度不能超过此时加工余量的 1/2；而小滑板刻度盘的刻度值，则直接表示工件长度方向的切除量。

9. 车外圆常用量具

1) 游标卡尺

游标卡尺是车工应用最多的通用量具，常用的游标卡尺有Ⅰ型、Ⅱ型和Ⅲ型等几种。

Ⅰ型游标卡尺结构如图 3-19 所示，外测量爪用于测量工件的外径和长度；刀口内测量爪用于测量孔径，外测量爪也可以用来间接测量孔距；深度尺可用来测量工件的深度和台阶的长度。Ⅰ型游标卡尺的测量范围为 0~150 mm。

Ⅱ型游标卡尺的量爪配置与Ⅰ型游标卡尺相同，游标部分则与Ⅲ型相同增加了微动装置，无深度尺，测量范围有 0~200 mm 和 0~300 mm 两种。

Ⅲ型游标卡尺（见图 3-20）与Ⅰ型游标卡尺相比较，主要区别是增加了微动装置，测量爪布局位置不同；取消了深度尺；增大了测量范围。

拧紧微动装置的紧固螺钉 4。松开尺框上的紧固螺钉 2，用手指转动螺母，通过小螺杆 7 可实现尺框的微动调节。刀口外测量爪 1 用来测量沟槽的直径或工件的孔距；内孔测量爪8用来测量工件的外径和孔径,测量孔径时,游标卡尺的读数值必须加量爪的厚度6,才是孔径值,通常 $b=10$ mm。Ⅲ型游标卡尺测量的范围有 $2\sim200$ mm 和 $0\sim300$ mm 两种。

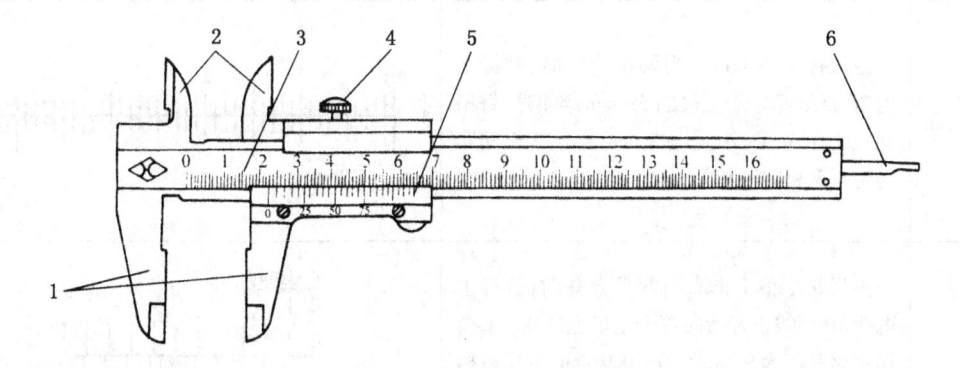

图3-19 Ⅰ型游标卡尺
1—外测量爪;2—刀口内测量爪;3—尺身;4—紧固螺钉;5—游标;6—深度尺

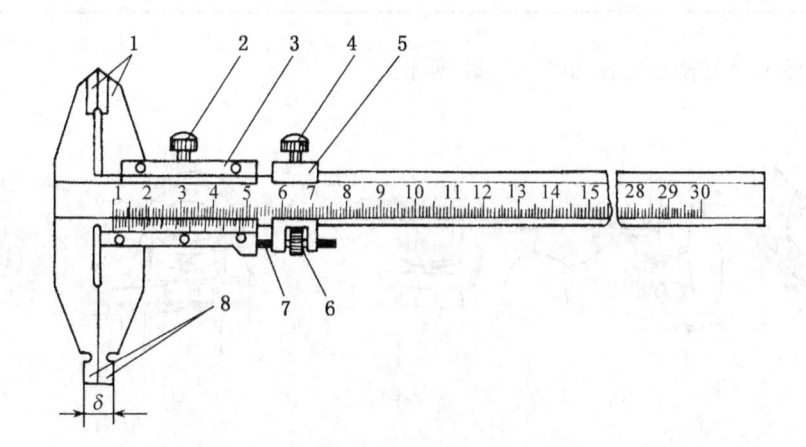

图3-20 Ⅲ型游标卡尺
1—刀口外测量爪;2,4—紧固螺钉;3—尺框;5—微动装置;6—螺母;7—小螺杆;8—内孔测量爪

游标卡尺的读数原理和读数方法。

(1) 常用游标卡尺的测量精度有 0.02 mm、0.05 mm 和 0.1 mm 三种规格。其读数精度是利用尺身和游标刻线间的距离之差来确定的,其读数原理见表3-3。

表3-3 游标卡尺的读数原理

测量精度	说明	图示
0.02 mm	主尺刻线间距(每格)为 1 mm,当游标零线与主尺零线对准时(两爪合并),游标上的50格刚好等于主尺上的49 mm,则游标每格间距为 49 mm÷50=0.98 mm,主尺每格间距与游标每格间距相差为 1 mm - 0.98 mm = 0.02 mm	

续表

测量精度	说明	图示
0.05 mm	主尺每小格 1 mm,当两爪合并时,游标上的 20 格刚好等于主尺的 39 mm,则游标每格间距为 39 mm÷20 = 1.95 mm,主尺 2 格间距与游标两格间距相差为 2 - 1.95 = 0.05(mm)	
0.1 mm	主尺每小格 1 mm,当两爪合并时,游标上的第 10 刻线正好指向等于主尺上的 9 mm,游标每格间距为 9 mm÷10 = 0.9 mm,主尺每格间距与游标每格间距相差为 1 mm - 0.9 mm = 0.1 mm	

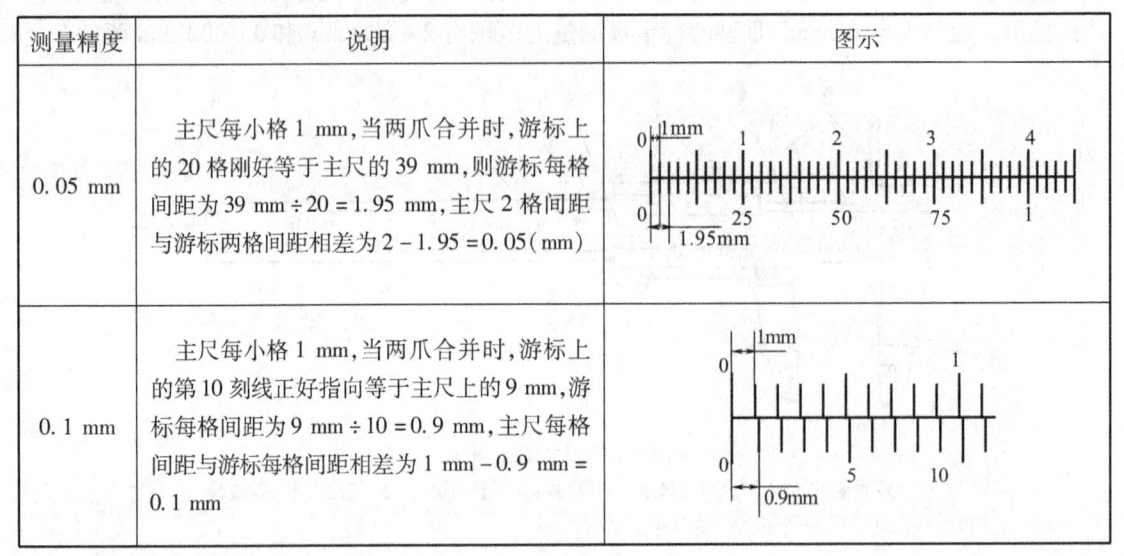

（2）游标卡尺的使用方法如图 3-21 所示。

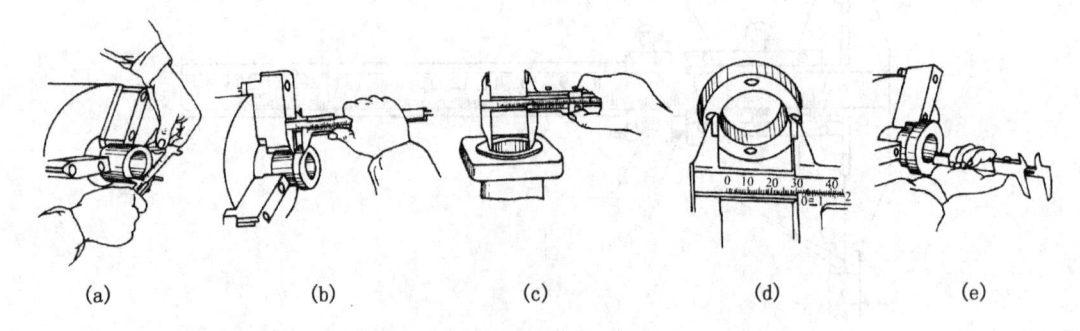

图 3-21　游标卡尺的使用方法
（a）测量外径；（b）测量长度；（c）测量孔径；（d）间接测量孔距；（e）测量深度

用游标卡尺测量时，读数的识读步骤：
① 读出游标上零刻线左侧尺身上刻线的整毫米数。
② 辨识游标上从零刻线开始第几条刻线与尺身上某一条刻线对齐，其游标刻线数与卡尺精度的乘积即是读数的小数部分（即游标读数）。
③ 将两部分读数相加，即为测得的实际尺寸，如图 3-22 所示。

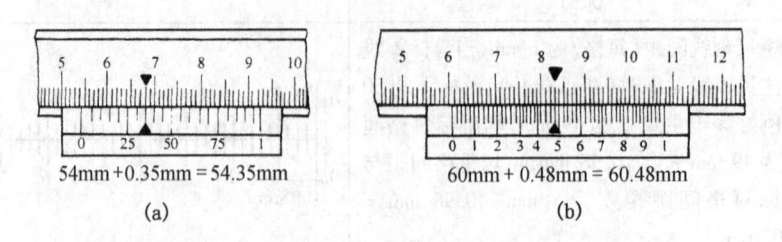

54mm+0.35mm=54.35mm　　　　60mm+0.48mm=60.48mm
(a)　　　　(b)

图 3-22　游标卡尺的读数方法
（a）0.05 mm 精度游标卡尺的读数方法；（b）0.02 mm 精度游标卡尺的读数方法

2) 外径千分尺

外径千分尺是各种千分尺中应用最多的一种，简称千分尺，主要用于测量工件外径和外形尺寸。外径千分尺的测量精度为 0.01 mm，高于游标卡尺的测量精度。

外径千分尺属测微螺旋量具，其结构如图 3-23 所示。

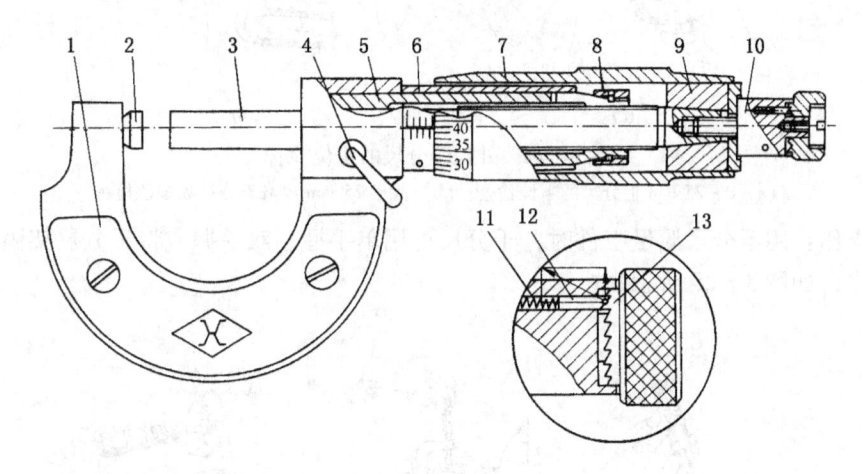

图 3-23 外径千分尺

1—尺架；2—砧座；3—测微螺杆；4—锁紧手柄；5—螺纹轴套；6—固定套管；7—微分筒（活动套管）；8—螺母；9—接头；10—测力装置；11—弹簧；12—棘轮爪；13—棘轮

由于测微螺杆的长度受到制造上的限制，其位移一般均为 25 mm。因此，按测量范围分，根据被测量工件的尺寸，选择相应测量范围的千分尺。

外径千分尺的读数原理（见表 3-4）和读数方法：通过螺旋传动，将被测尺寸转换为测杆的轴向位移和微分套筒的圆周位移，从固定套筒刻度和微分套筒刻度上读取测量头和测杆测量面间的距离。

表 3-4 外径千分尺的读数原理

测量精度	说明	图示
0.01 mm	①固定套筒最小刻度间隔：1 格 = 0.5 mm。 ②微分套筒最小刻度间隔：1 格 = 0.01 mm（微分套筒旋转一周，测杆轴向位移为 0.5 mm，每转一格，测微螺杆就移动 0.5 mm÷50 = 0.01 mm。）	微分筒上的50等分刻度，每刻度相当于0.5mm的1/50，即0.01mm （微分筒转一周，测微螺杆移动的距离）

☺ 在机械工业中常用的长度单位有两种，第一种是公制，我国产品通用。第二种是英制，常用于英、美等国家产品和管径及管螺纹等处。在中、小型零件加工图纸中一般以 mm 为单位，在图中不特别注明。在工厂中往往习惯把1/100 mm即忽米称为"丝"，即1丝=0.01mm

用千分尺测量工件前，应检查千分尺的"零位"，即检查微分筒的零线与固定套筒上的零线基准是否对齐，如图 3-24 所示。

55

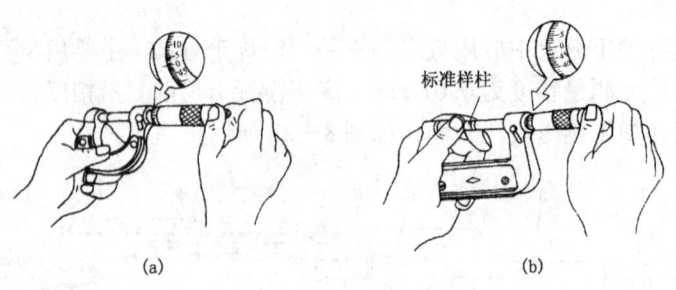

图 3-24 外径千分尺的零位检查

(a) 0~25 mm 千分尺的零位检查；(b) 大于 25 mm 规格千分尺的零位检查

测量操作：用千分尺测量工件时，千分尺可用单手握、双手握或将千分尺架固定在基座上进行操作，如图 3-25 所示。

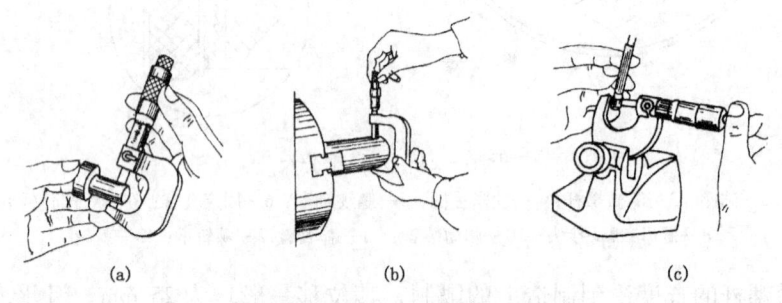

图 3-25 千分尺的操作方法

(a) 单手握千分尺；(b) 双手握千分尺；(c) 将千分尺架固定在基座上

用千分尺测量时读数的识别步骤：

(1) 读出微分筒左侧固定套筒上露出刻线的整毫米及半毫米数值。为了使刻线间距清晰，易于读出，固定套筒上的 1 mm 刻线与 0.5 mm 刻线分别在基准线两侧，识读时应注意不要错读或漏读 0.5 mm。

(2) 找出微分筒上哪一格刻线与固定套筒基准线对齐，读出尺寸不足 0.5 mm 的小数部分。

(3) 将两部分读数相加，即为测得的实际尺寸，如图 3-26 所示。

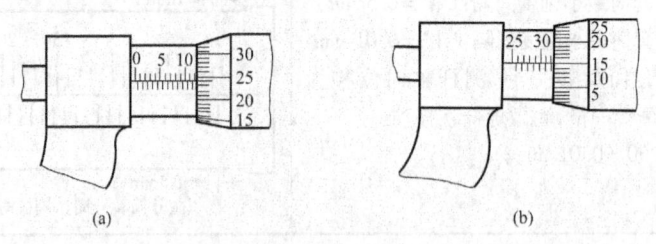

图 3-26 外径千分尺的读数方法

(a) 12 mm + 0.24 mm = 12.24 mm；(b) 32.5 mm + 0.15 mm = 32.65 mm

三、技能训练

1. 车外圆平面（见图 3-27）

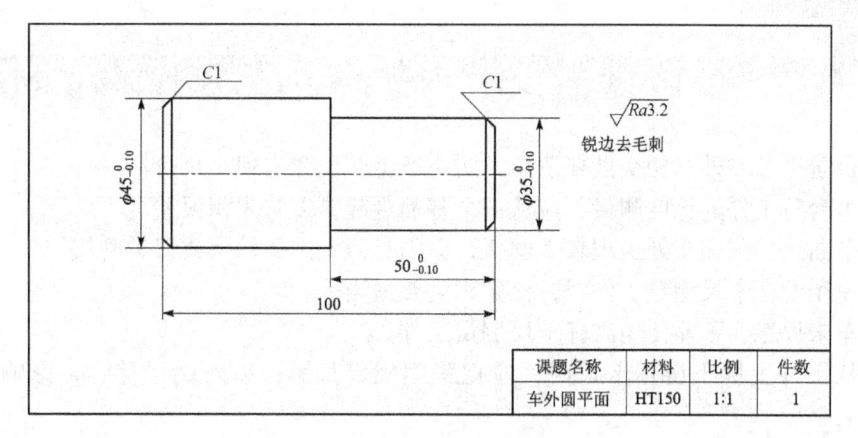

图 3-27 试车练习（一）

加工步骤如下：
(1) 用三爪卡盘夹住工件，并找正夹紧。
(2) 用 45°车刀车端面。
(3) 粗车平面及外圆 $\phi45$，长 60 mm，留有精车余量。
(4) 精车平面及外圆 $\phi45_{-0.10}^{0}$，长 60 mm，并倒角 C1。
(5) 调头夹住外圆 $\phi45$ 一端，并找正夹紧。
(6) 粗车平面和外圆（外圆和总长均留精车余量）。
(7) 精车平面和外圆 $\phi35_{-0.10}^{0}$，长 $L=50$ mm ± 0.10 mm，并倒角 C1。
(8) 检查质量合格后取下工件。

2. 车台阶工件（见图 3-28）

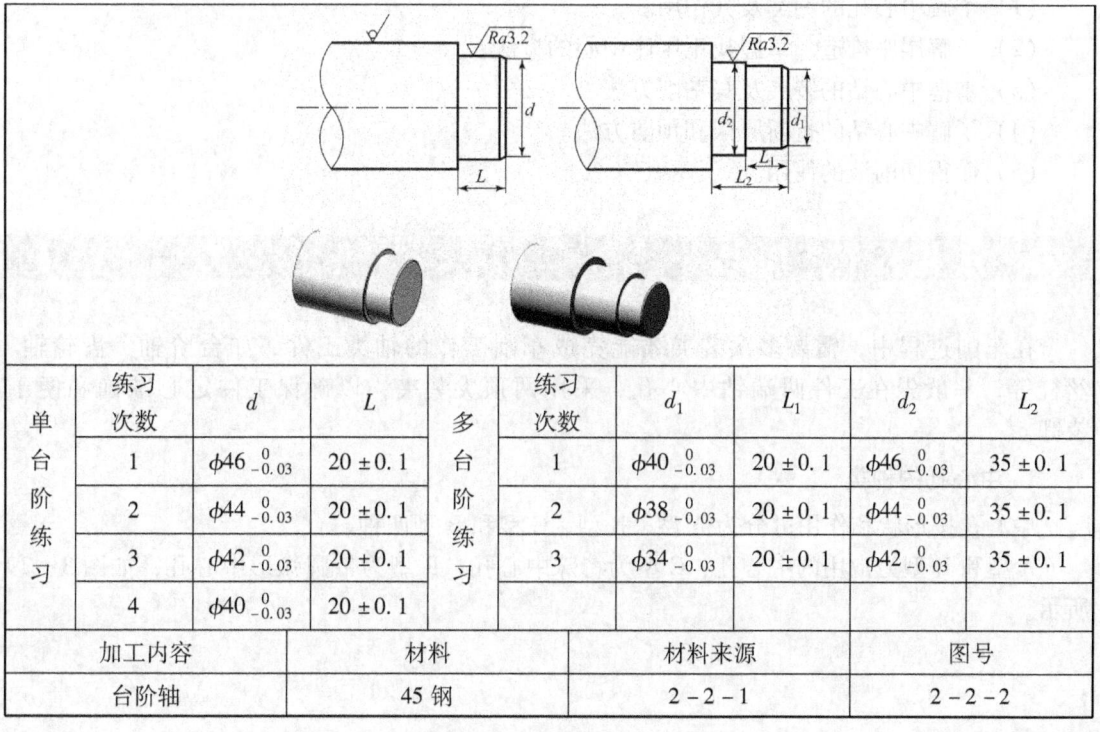

	练习次数	d	L		练习次数	d_1	L_1	d_2	L_2
单台阶练习	1	$\phi46_{-0.03}^{0}$	20 ± 0.1	多台阶练习	1	$\phi40_{-0.03}^{0}$	20 ± 0.1	$\phi46_{-0.03}^{0}$	35 ± 0.1
	2	$\phi44_{-0.03}^{0}$	20 ± 0.1		2	$\phi38_{-0.03}^{0}$	20 ± 0.1	$\phi44_{-0.03}^{0}$	35 ± 0.1
	3	$\phi42_{-0.03}^{0}$	20 ± 0.1		3	$\phi34_{-0.03}^{0}$	20 ± 0.1	$\phi42_{-0.03}^{0}$	35 ± 0.1
	4	$\phi40_{-0.03}^{0}$	20 ± 0.1						

加工内容	材料	材料来源	图号
台阶轴	45 钢	2-2-1	2-2-2

图 3-28 试车练习（二）

四、注意事项

（1）台阶平面和外圆相交处要清角，防止产生凹坑和出现小台阶。
（2）多台阶工件的长度测量，应从一个基面量起，以防累积误差。
（3）平面与外圆相交处出现较大圆弧，原因是刀尖圆弧较大或刀尖磨损。
（4）使用游标卡尺测量工件时，松紧程度要适当。
（5）车未停稳，不能使用游标卡尺测量工件。
（6）从工件上取下游标卡尺时，应把紧固螺钉拧紧，以防副尺移动，影响读数的正确性。

课题二 钻中心孔

一、实习教学要求

（1）了解中心孔的种类及其作用。
（2）了解尾座构造，掌握找正尾座中心的方法。
（3）掌握中心钻的装夹及其钻削方法。
（4）了解中心钻的折断原因和预防方法。
（5）懂得切削液的使用。

二、相关工艺知识

在车削过程中，需要多次装夹才能完成车削工作的轴类工件，如台阶轴、齿轮轴、丝杠等，一般先在工件两端钻中心孔，采用两顶尖装夹，以确保工件定心准确和便于装卸。

1. 中心孔的种类

中心孔按形状和作用可分为 A 型、B 型、C 型和 R 型四种。

A 型和 B 型为常用的中心孔，C 型为特殊中心孔，R 型为带圆弧形中心孔，如图 3-29 所示。

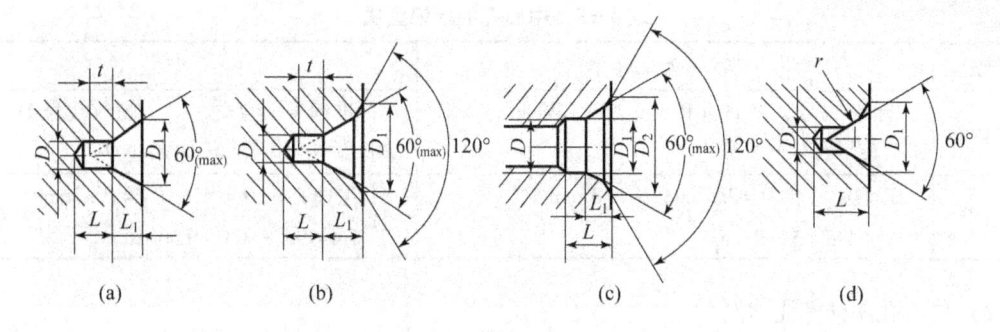

图 3-29 中心孔的种类
(a) A型；(b) B型；(c) C型；(d) R型

2. 各类中心孔的作用

（1）A型中心孔由圆柱部分和圆锥部分组成，圆锥孔为60°，一般适用于不需多次装夹或不保留中心孔的零件。

（2）B型中心孔是在A型中心孔的端部多一个120°的圆锥孔，目的是保护60°锥孔，不使其敲毛碰伤，一般适用于多次装夹的零件。

（3）C型中心孔外形似B型中心孔，里端有一个比圆柱孔还要小的内螺纹，它用于工件之间的坚固连接。

（4）R型中心孔是将A型中心孔的圆锥母线改为圆弧线，以减少中心孔与顶尖的接触面积，减少摩擦力，提高定位精度。

这四种中心孔的圆柱部分作用是储存油脂、保护顶尖、使顶尖与锥孔60°配合贴切，其圆柱部分的直径，也就是选取中心钻的基本尺寸。

3. 中心钻

中心孔通常用中心钻钻出，常用的中心钻有A型和B型两种，如图3-30所示。制造中心钻的材料一般为高速钢。

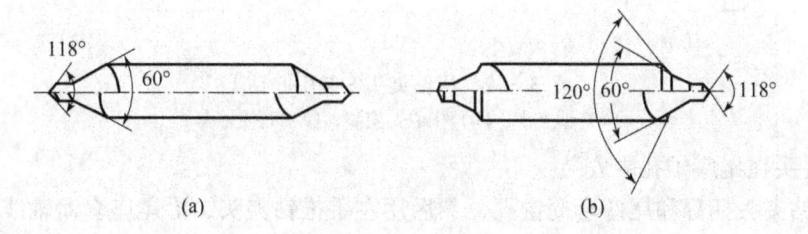

图 3-30 中心钻
(a) A型中心钻；(b) B型中心钻

4. 中心孔的图样标注

1）中心孔的标记型式（见表3-5）

表 3-5 中心孔的标记型式

类型	A 型、B 型、R 型	C 型
标注内容	标准编号、型式（R、A、B）、导向孔直径 D、锥形孔端面直径 D_1	标准编号、型式（C），螺纹代号 D，螺纹长度 L，锥形孔端面直径 D_2
范例	B 型中心孔 $D=2.5$ mm, $D_1=8$ mm GB/T 4459.5—B2.5/8	C 型中心孔 $D=M10$, $D_2=16.3$ mm GB/T 4459.5—CM10L30/16.3

2）中心孔图样标注示例

如图 3-31 所示，轴端作出 B 型中心孔在完工零件上要求保留，中心孔工作表面的粗糙度应 $Ra1.25$ μm，导向孔直径 $D=2.5$ mm，锥形孔端面直径 $D_1=8$ mm。

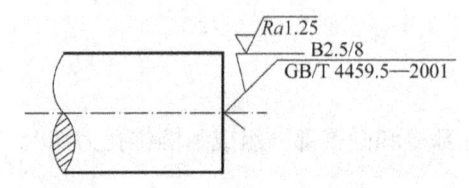

图 3-31 中心孔图样标注示例

5. 钻中心孔的方法

1）中心钻装在钻夹头上安装

用钻夹头钥匙［见图 3-32（a）］逆时针方向旋转钻夹头的外套，使钻夹头三个爪张开，然后将中心钻插入三个夹爪中间，再用钻夹头钥匙顺时针方向转动钻夹头外套，通过三个夹爪将中心钻夹紧［见图 3-32（b）］。

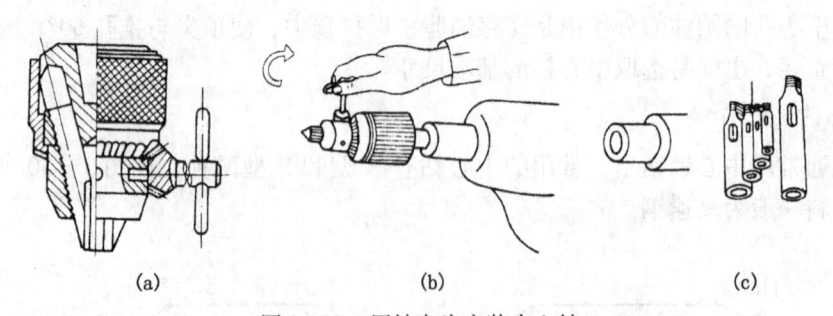

图 3-32 用钻夹头安装中心钻
(a) 钻夹头；(b) 中心钻安装；(c) 过渡锥套

2）钻夹头在尾座锥孔中安装

先擦净钻夹头柄部和尾座套筒锥孔，然后用左手推钻夹头，沿尾座套筒轴线方向将钻夹头锥柄部用力插入尾座套筒锥孔中，如钻夹头柄部与车床尾座锥孔大小不吻合，可增加一合适过渡锥套后再插入尾座套筒的锥孔内［见图 3-32（c）］。

3）校正尾座中心

工件装夹在卡盘上，启动车床，移动尾座，使中心钻接近工件端面，观察中心钻钻尖是否与工件旋转中心一致，然后紧固尾座。

4）转速的选择和钻削

由于中心钻直径小，钻削时应取较高的转速，进给量应小而均匀，切勿用力过猛，当中心钻钻入工件后应及时加切削液冷却润滑，钻完后，中心钻在孔中应稍作停留，然后退出，以修光中心孔、提高中心孔的形状精度和表面质量。

> 在钻削中心孔时,应注意控制孔的深度,当孔过深时,顶尖与中心孔锥面不能完全配合,定心不准;当孔过浅时,顶尖头部顶在圆柱孔的底面上,顶尖与中心孔的锥面也不能完全配合,定心也不准确。

6. 钻中心孔时的注意事项

(1) 中心钻轴线必须与工件旋转中心一致。

(2) 工件端面必须车平,不允许留凸台,以免钻孔时中心钻折断。

(3) 及时注意中心钻的磨损状况,磨损后不能强行钻入工件,避免中心钻折断。

(4) 及时进退,以便排除切屑,并及时注入切削液。

7. 切削液的使用

1) 切削液的作用

(1) 冷却作用。它能吸收并带走切削区大量的热量,改善散热条件,降低刀具和工件的温度,从而延长了刀具的使用寿命,并能防止工件因热变形而产生尺寸误差。

(2) 润滑作用。它能减少刀具、切屑、工件之间的摩擦,使切削力和切削热降低,减少了刀具的磨损,使排屑顺利,并提高工件的表面质量。对于精加工,润滑作用就显得更重要了。

(3) 清洗作用。它可将切屑带走,使切削顺利进行。

2) 切削液的分类

(1) 乳化液,起冷却作用,是把乳化油用 15~20 倍的水稀释而成。

(2) 切削油,起润滑作用,主要成分是矿物油。

3) 切削液的选择

(1) 粗加工时,加工余量和切削用量较大,会产生大量的切削热。这时选用原则应该以降温为主,所以应选用乳化液。

(2) 精加工时,主要为了延长刀具的使用寿命,保证工件的精度和表面质量,所以最好选择切削油。

三、技能训练

钻中心孔(见图 3-33)。

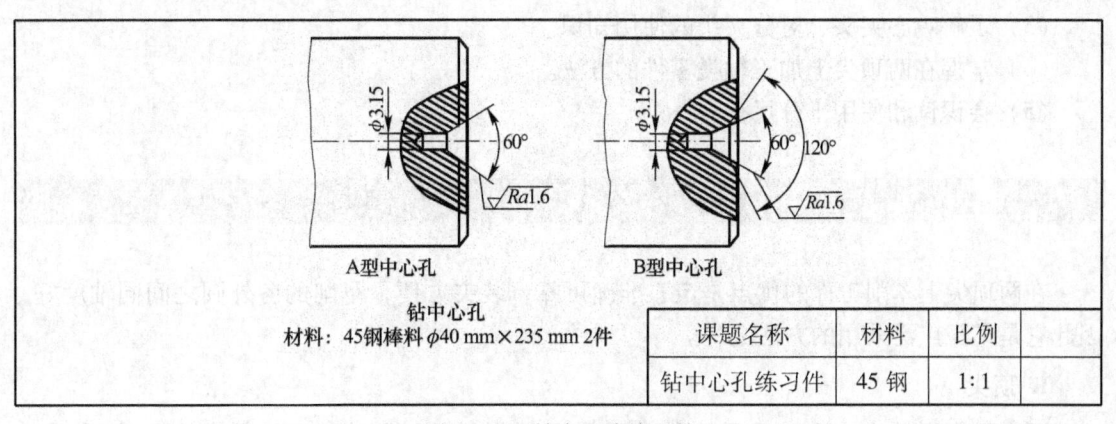

图 3-33 钻中心孔练习件

四、注意事项

(1) 中心钻易折断的原因如下：
① 工件平面留有小凸头，使中心钻偏斜。
② 中心钻未对准工件旋转中心。
③ 移动尾座不小心时撞断。
④ 转速太低，进给量太大。
⑤ 铁屑堵塞，中心钻磨损。
(2) 中心孔钻偏或钻得不圆。
① 工件弯曲未找正，使中心孔与外圆产生偏差。
② 夹紧力不足，工件移位，造成中心孔不圆。
③ 工件太长，旋转时在离心力的作用下易造成中心孔不圆。
(3) 中心孔钻得太深，顶尖不能与60°锥孔接触，影响加工质量。
(4) 车端面时，车刀没有对准工件旋转中心，使刀尖碎裂。
(5) 中心钻圆柱部分修磨后变短，造成顶尖跟中心孔底部相碰，从而影响质量。

课题三 用两顶尖装夹车轴类零件

一、实习教学要求

(1) 了解顶尖的种类、作用及其优缺点。
(2) 掌握转动小滑板、车前顶尖的方法。
(3) 了解鸡心夹头、对分夹头的使用知识。
(4) 掌握在两顶尖上加工轴类零件的方法。
(5) 会识读和使用千分尺。

二、相关工艺知识

在两顶尖上车削工件的优点是定心准确可靠，装夹方便，车削的各外圆之间同轴度好，因此它是车工广泛采用的方法之一。

1. 顶尖

顶尖的作用是定心，承受工件的质量和切削时的切削力。顶尖分前顶尖和后顶尖两类。

1）前顶尖

前顶尖随同工件一起旋转，与中心孔无相对运动，不产生摩擦。前顶尖的类型有两种（见图3-34），一种是插入主轴锥孔内的前顶尖［见图3-34（a）］，另一种是夹在卡盘上的前顶尖［见图3-34（b）］。前顶尖在卡盘上拆下后，当需要再用时，必须将锥面重新修整，以保证顶尖锥面的轴线与车床主轴旋转中心重合。其优点是制造安装方便，定心准确；缺点是顶尖硬度不高，容易磨损，车削过程中容易抖动，只适合小批量生产。

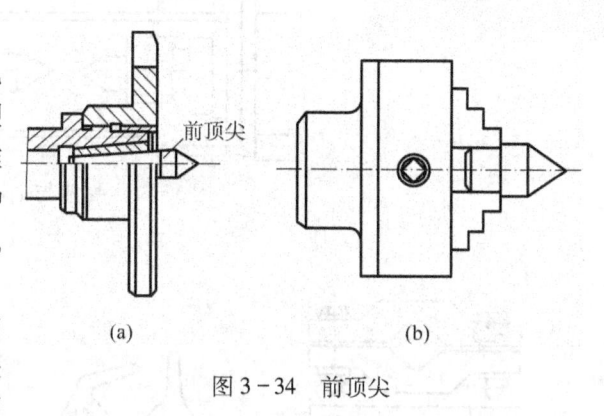

2）后顶尖

插入尾座套筒锥孔中的顶尖叫后顶尖。

后顶尖可分为固定顶尖［见图3-35（a）］和硬质合金固定顶尖［见图3-35（b）］及回转顶尖［见图3-35（c）］。固定顶尖的优点是定心好，刚性好，切削时不易产生振动。其缺点是与工件中心孔间有相对滑动，易磨损和产生高热，用于低速切削。硬质合金顶尖可用于高速切削，为了改善后顶尖与工件中心孔之间的摩擦，常使用回转顶尖，这种顶尖将顶尖与中心孔的滑动摩擦变成顶尖内部轴承的滚动摩擦，而顶尖与中心孔间无相对运动，故能承受很高的转速，克服了固定顶尖的缺点，但其定心精度和刚性稍差。

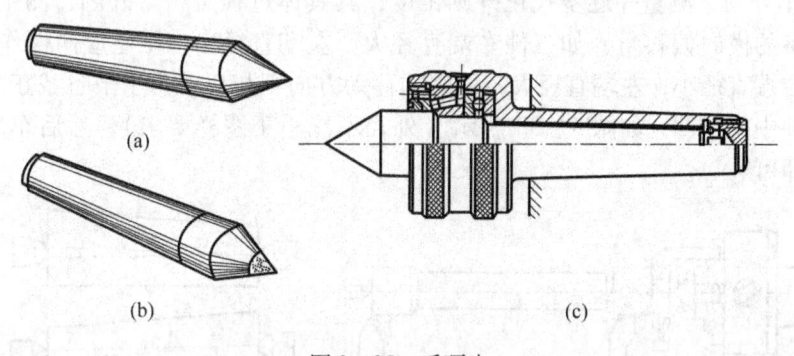

图3-34 前顶尖

图3-35 后顶尖
(a) 普通固定顶尖；(b) 硬质合金固定顶尖；(c) 回转顶尖

2. 工件的装夹和车削

（1）后顶尖的装夹和对准中心，即要求先擦净顶尖锥柄和尾座套筒锥孔，然后用轴向力把顶尖装紧，接着向车头方向移动尾座，对准前顶尖中心，如图3-36所示。

（2）根据工件长度，调整尾座距离，并紧固。

（3）用对分夹头［见图3-37（a）］或鸡心夹头［见图3-37（b）］夹紧工件一端，拨杆伸向端外［见图3-37（c）］，因两顶尖对工件只起定心和支撑作用，必须通过对分夹头或鸡心夹头来带动工件旋转。

图 3-36 尾座与主轴对准中心

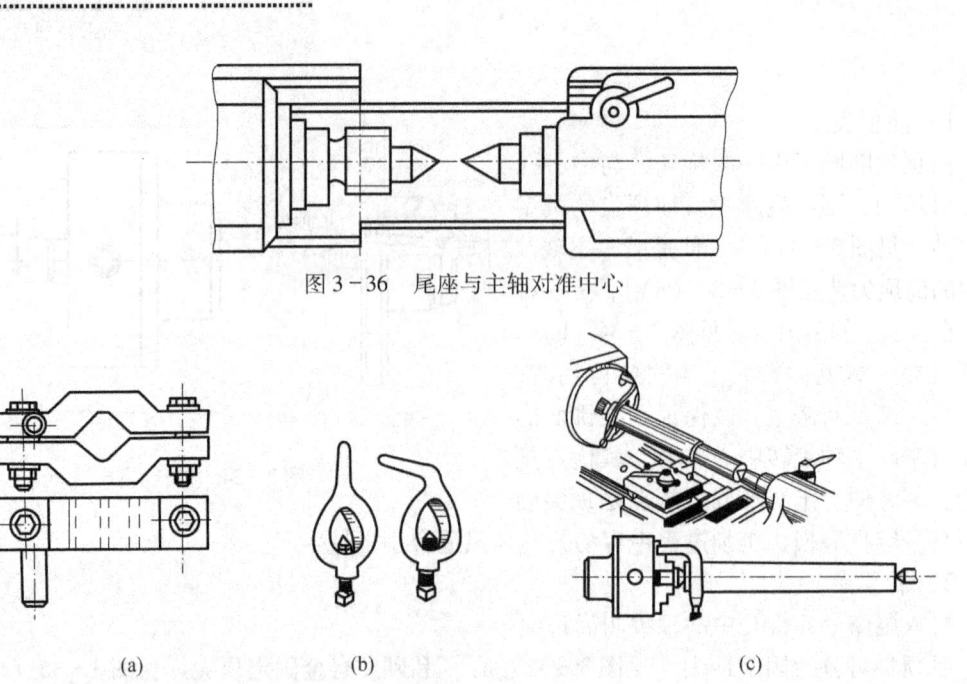

(a)　　　　　　(b)　　　　　　(c)

图 3-37 用鸡心夹头装夹工件

（4）将夹有对分夹头的一端中心孔放置在前顶尖上，另一端中心孔用后顶尖支顶，松紧程度以没有轴向窜动为宜，如果后顶尖用固定顶尖支顶，应加润滑油，然后将尾座套筒的紧固螺钉压紧。

（5）粗车外圆，测量并逐步找正外圆锥度，其具体过程是粗车外圆，测量两端工件直径来调整尾座的横向偏移量，如工件右端直径大，左端直径小，尾座应向操作者的方向移动；如工件右端直径小，左端直径大，尾座的移动方向则相反。为了节省找正工件的时间，往往先将工件中间车凹，如图 3-38 所示（外径不能小于图样要求），然后车削两端外圆，并测量找正即可。

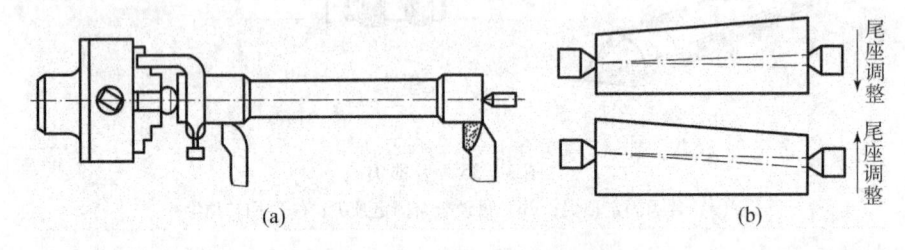

(a)　　　　　　　　　　　　(b)

图 3-38 车两端外圆找正车床锥度

三、技能训练

1. 在两顶尖上车光轴（见图 3-39）

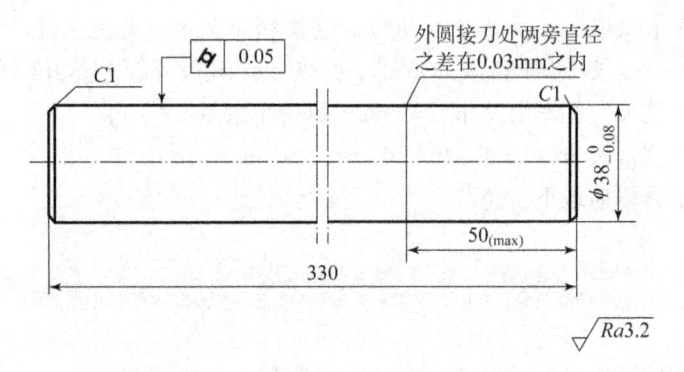

图 3-39 在两顶尖上车光轴练习件

加工步骤如下:
(1) 车平面及总长至尺寸要求,钻两头中心孔(已钻好)。
(2) 在三爪自定心卡盘上装夹前顶尖,按逆时针方向将小滑板转动30°把前顶尖车准。
(3) 装后顶尖,并和前顶尖对准。
(4) 根据工件长度,调整尾座距离,并紧固。
(5) 在两顶尖上装夹工件,并把尾座套筒锁紧。
(6) 粗车外圆 φ38 长 280 mm(留精车余量,并把工件产生的锥度找正)。
(7) 精车外圆 $\phi 38_{-0.08}^{0}$ 长 280 mm,依图样要求并倒角 C1。
(8) 工件调头装夹,方法同上,粗、精车外圆 $38_{-0.08}^{0}$ 至图样要求,并注意外圆接刀痕迹。
(9) 倒角 C1。
(10) 检查质量合格后取下工件。
(11) 第 2 和第 3 件按上述方法完成。

2. 在两顶尖上车双向台阶轴(见图 3-40)

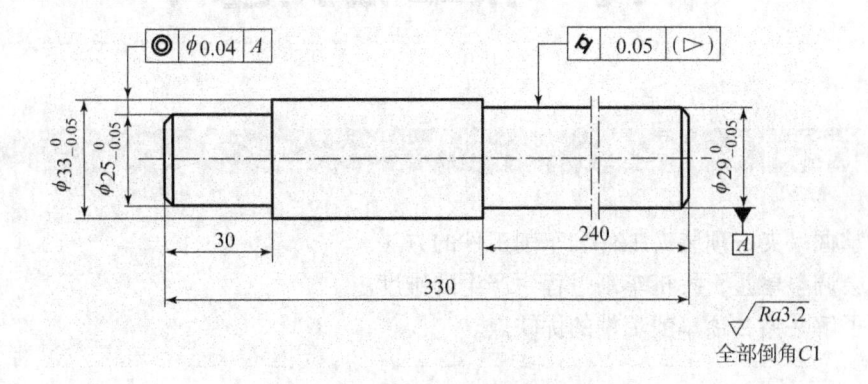

图 3-40 在两顶尖上车双向台阶轴练习件

加工步骤如下:
(1) 车两平面,使工件总长为 330 mm,钻中心孔(已完成)。
(2) 在两顶尖上装夹工件。

(3) 粗车 $\phi29$ 长 240 mm 及 $\phi33$ 长 90 mm（留精车余量，并把工件产生的锥度找正）。

(4) 精车 $\phi29_{-0.05}^{0}$ 长 240 mm 及 $\phi33_{-0.05}^{0}$ 长 90 mm 至尺寸要求，并倒角 $C1$。

(5) 工件调头装夹，粗车 $\phi25$ 长 30 mm（留精车余量）。

(6) 精车 $\phi25_{-0.05}^{0}$ 长 30 mm 并控制中间台阶 60 mm，倒角 $C1$。

(7) 检查质量合格后取下工件。

四、注意事项

(1) 切削前，床鞍应左右移动全行程，观察床鞍有无碰撞现象。

(2) 注意防止对分夹头与卡盘平面碰撞而破坏顶尖的定心作用。

(3) 固定顶尖不应支顶太紧，否则工件易发热，变形还会烧坏顶尖和中心孔。

(4) 顶尖支顶太松，工件产生轴向窜动和径向跳动，切削时易振动，会造成外圆圆度误差、同轴度受影响等缺陷。

(5) 随时注意前顶尖是否发生移动、以防工件不同轴而造成废品。

(6) 工件在顶尖上装夹时，应保持中心孔的清洁和防止碰伤。

(7) 在切削过程中，要随时注意工件在两顶尖间的松紧程度，并及时加以调整。

(8) 为了增加切削时的刚性，在条件允许时，尾座套筒不宜伸出过长。

(9) 鸡心夹头或对分夹头必须牢靠地夹住工件，以防切削时移动、打滑、损坏车刀。

(10) 车台阶轴时，台阶处要保持清角，不要出现小台阶和凹坑。

课题四 一夹一顶车轴类零件

一、实习教学要求

(1) 掌握一夹一顶装夹工件和车削工件的方法。

(2) 会调整尾座，找正车削过程中产生的锥度。

(3) 了解一夹一顶车削工件的优缺点。

二、相关工艺知识

1. 一夹一顶装夹工件

用两顶尖装夹车削轴类工件的优点虽然很多，但其刚性较差，尤其对粗大笨重等工件安装时的稳定性不够，切削用量的选择受到限制，此时，通常选用卡盘夹住另一端，用顶尖支撑来安装工件,即一夹一顶安装工件（见图3-41）。

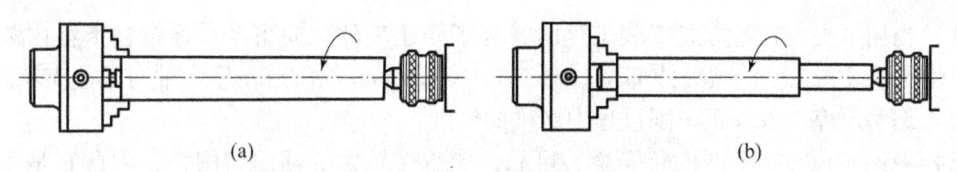

图3-41 一夹一顶安装工件
(a) 用限位支承;(b) 用工件台阶限位

(1) 当用一夹一顶的方式安装工件时,为了防止工件轴向窜动,通常在卡盘内装一个轴向限位支承[见图3-41 (a)]或在工件的被夹持部位车削一个10~20 mm的台阶,作为轴向限位支承[见图3-41 (b)]。

(2) 一夹一顶安装轴类零件（见图3-42）,若卡盘夹持工件的部分过长,卡爪相当于四个支承点,可限制 $\vec{z}$、$\overset{\frown}{z}$、$\vec{y}$、$\overset{\frown}{y}$ 四个自由度。后顶尖因能沿 X 轴方向移动,所以相当于两个支承点,可限制 $\overset{\frown}{z}$、$\overset{\frown}{y}$ 两个自由度,其中 $\overset{\frown}{z}$、$\overset{\frown}{y}$ 被重复限制。因此,当卡爪夹紧工件后,后顶尖往往顶不到中心处。如果强行顶入工件,则会产生弯曲变形,加工时,后顶尖及尾座套筒容易摇晃。加工后,中心孔与外圆不同轴。当后顶尖的支承力卸去以后,工件会产生弹性恢复而弯曲。因此用一夹一顶安装工件时,卡盘夹持部分应短些,这样,卡爪相当于两个支承点,可限制 $\vec{z}$、$\vec{y}$ 两个自由度,消除了重复定位。

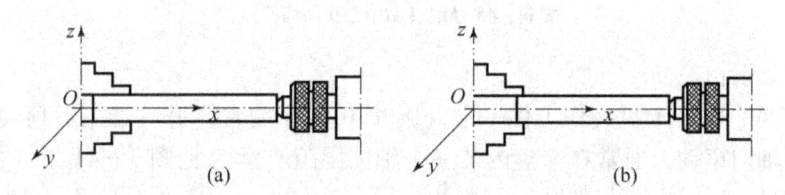

图3-42 一夹一顶装夹定位分析
(a) 重复定位;(b) 改善措施

(3) 车床尾座的轴线必须与车床主轴的旋转轴线重合;一夹一顶安装轴类零件,若车床尾座的轴线与车床主轴的旋转轴线不重合,则车削外圆后,用千分尺检测会发现加工的外圆一端大一端小,是个圆锥体,产生锥度。前端小后端大,称为顺锥;反之,称为倒锥（见图3-43）。

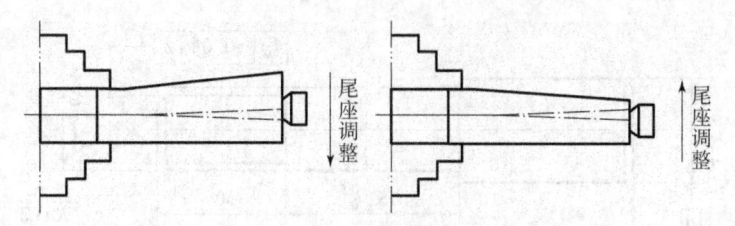

图3-43 一夹一顶车轴类工件

(4) 车床尾座套筒伸出长度不宜过长,在不影响车刀进刀的前提下,应尽量伸出短些,以增加尾座套筒的刚性。

2. 工件的车削方法

（1）当用一夹一顶的方式安装工件时，为了防止工件轴向窜动，通常在卡盘内装一个轴向限位支承或在工件的被夹持部位车削一个 10~20 mm 的阶台，作为轴向限位支承。

（2）调整尾座，以校正车削过程中产生的锥度。

（3）一夹一顶安装工件比较安全、可靠，能承受较大的轴向切削力，因此它是车工常用的装夹方法。但这种方法对于相互位置精度要求较高的工件，在调头车削时校正较困难。

三、技能训练

1. 一夹一顶车光轴（见图 3-44）

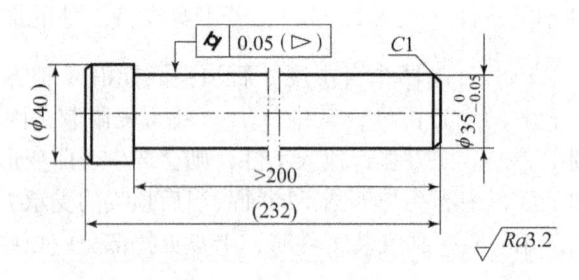

图 3-44 一夹一顶车光轴练习件
材料：45 号钢（钻中心孔训练件）

加工步骤如下：

（1）用三爪自定心卡盘夹住工件一端外圆长 10 mm 左右，另一端用后顶尖支顶，为防止切削中工件轴向窜动，通常在卡盘内装一个轴向限位支承［见图 3-41（a）］。在许可的情况下，也可在工件被夹持部位先车削出一个 10~20 mm 长的台阶作为轴向限位支承［见图 3-41（b）］。

（2）粗车外圆 ϕ35.5 长 200 mm（把产生的锥度找正）。

（3）精车外圆 $\phi35_{-0.05}^{0}$ 长 200 mm 至要求。

（4）倒角 C1。

（5）检查质量合格后取下工件。

2. 车台阶轴（见图 3-45）

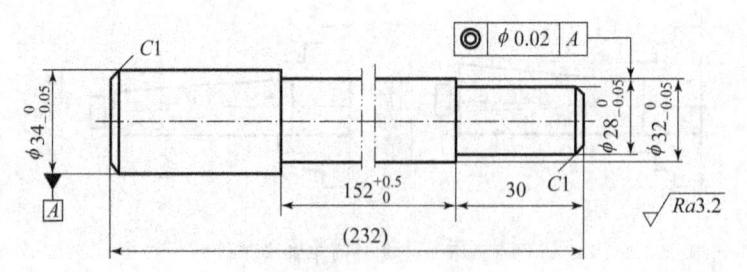

图 3-45 车台阶轴练习件
材料：45 号钢（车光轴训练件）

(1) 已车削的一端（$\phi35_{-0.05}^{\ 0}$）用三爪自定心卡盘夹住外圆长 6 mm 左右，另一端中心孔用后顶尖支顶。

(2) 粗车外圆 $\phi28.5$ 长 29.7 mm 和 $\phi32.5$ 长 152 mm。

(3) 精车外圆 $\phi28.5_{-0.05}^{\ 0}$ 长 30 mm、$\phi32_{-0.05}^{\ 0}$ 长 $152_{\ 0}^{+0.5}$ mm 以及 $\phi34_{-0.05}^{\ 0}$ 至接近三爪自定心卡盘卡爪处。

(4) 倒角 $C1$。

(5) 调头装夹，卡爪处填铜皮，夹住 $\phi28_{-0.05}^{\ 0}$ 外圆，另一端用后顶尖支顶。

(6) 精车外圆 $\phi34_{-0.05}^{\ 0}$，要求接刀平滑。

(7) 检查质量合格后取下工件。

四、注意事项

(1) 一夹一顶车削，最好要求用轴向限位支承，否则在轴向切削力的作用下，工件容易产生轴向移位，如果不采用轴向限位支承，就要求加工者随时注意后顶尖的支顶紧松情况，并及时给予调整，以防发生事故。

(2) 顶尖支顶不能过松或过紧，过松，工件产生跳动，外圆变形；过紧，易产生摩擦热，会烧坏固定顶尖和工件中心孔。

(3) 不准用手拉铁屑，以防割破手指。

(4) 粗车多台阶工件时，台阶长度余量一般只需留右端第一挡。

(5) 台阶处应保持垂直，清角，并防止产生凹坑和小台阶。

(6) 注意工件锥度的方向性。

习 题

1. 说明卧式车床车削时主运动和进给运动。
2. 在车床上车削一个直径为 280 mm 的铁盘端面，选用主轴转速为 70 r/min，由外圆向中心进给，试问：
   (1) 外圆处的切削速度为多少？
   (2) 切削到中心的切削速度为多少？
3. 简述车削端面和外圆的基本方法。
4. 简述一夹一顶装夹方式容易产生的问题及注意事项。
5. 简述两顶尖装夹工件的特点及应用。

第四单元 车槽和切断

课题一 切断刀和车槽刀的刃磨

一、实习教学要求

（1）了解切断刀和车槽刀的种类和用途。
（2）了解切断刀和车槽刀的组成及其角度要求。
（3）掌握切断刀和车槽刀的刃磨方法。
（4）了解切断刀和车槽刀的角度。

二、相关工艺知识

直形切断刀和车槽刀的几何形状基本相似，刃磨方法也基本相同，只是刀头部分的宽度和长度有些区别，有时也可通用。

切断与车槽是车工的基本操作技能之一，能否掌握好，关键在于刀具的刃磨。因为切断刀和车槽刀的刃磨要比刃磨外圆刀难度大一些。

1. 高速钢切断刀和车槽刀的几何角度（见图4-1）

前角 $\gamma_0 = 5° \sim 20°$；主后角 $\alpha_0 = 6° \sim 8°$；两个副后角 $\alpha_1 = 1° \sim 3°$，主偏角 $k_r = 90°$；两个副偏角 $k_r' = 1° \sim 1.5°$。

2. 切断刀和车槽刀刀头的长度和宽度的选择

（1）切断刀刀头宽度的经验计算公式：

$$a \approx (0.5 - 0.6)D \tag{4-1}$$

式中　a——主刀刃宽度，mm；
　　　D——被切断工件的直径，mm。

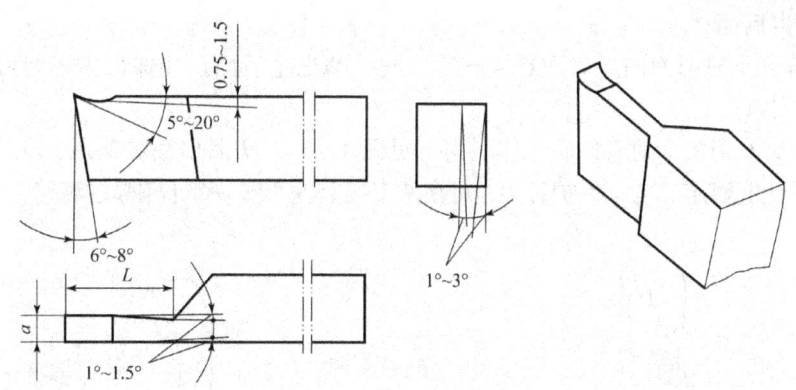

图4-1 高速钢切断刀

(2) 刀头部分的长度 L (见图4-2)。
① 切断实心材料时,L = D/2 + (2~3) mm。
② 切断空心材料时,L 等于被切工件壁厚 + (2~3) mm。
③ 车槽刀的长度 L 为槽深 + (2~3) mm,刀宽根据需要刃磨。

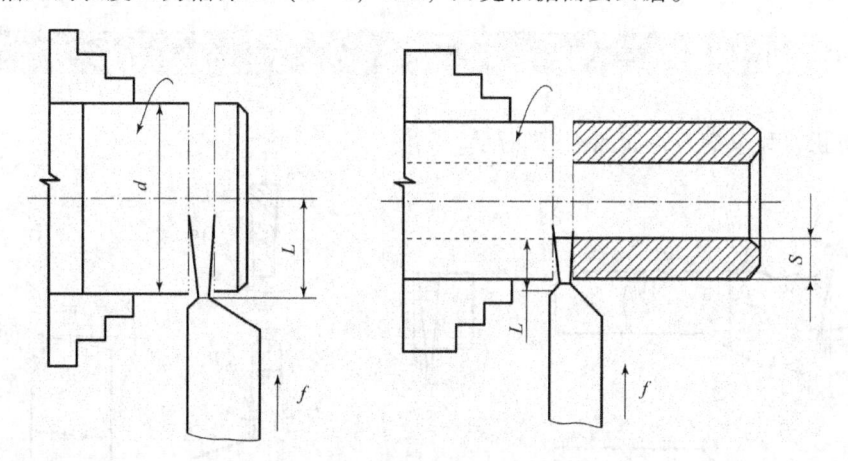

图4-2 刀头部分的长度 L

3. 切断刀和车槽刀的刃磨方法

1) 刃磨左侧副后面

两手握刀,车刀前面向上(见图4-3),同时磨出左侧副后角和副偏角。

2) 刃磨右侧副后面

两手握刀,车刀前面向上(见图4-4),同时磨出右侧副后角和副偏角。要求两副后角对称,两副偏角对称。

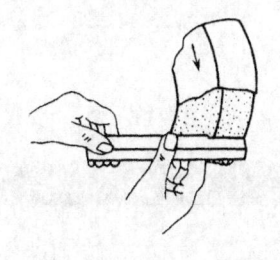

图4-3 刃磨左侧副后面　　　　　图4-4 刃磨右侧副后面

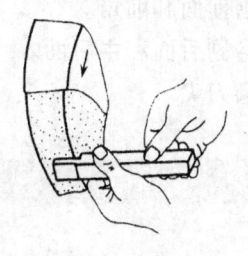

3）刃磨主后面

两手握刀，车刀前面向上（见图4-5），同时磨出主后面。应保证主切削刃平直。

4）刃磨前面

两手握刀，车刀前面对着砂轮工作表面（见图4-6），刃磨前面和前角、卷屑槽，具体尺寸按工件材料性能而定。为了保护刀尖，可在两刀尖上各磨出一个小圆弧过渡刃。

图4-5　刃磨主后面

图4-6　刃磨前面

三、技能训练

刃磨切断刀和车槽刀，如图4-7所示。

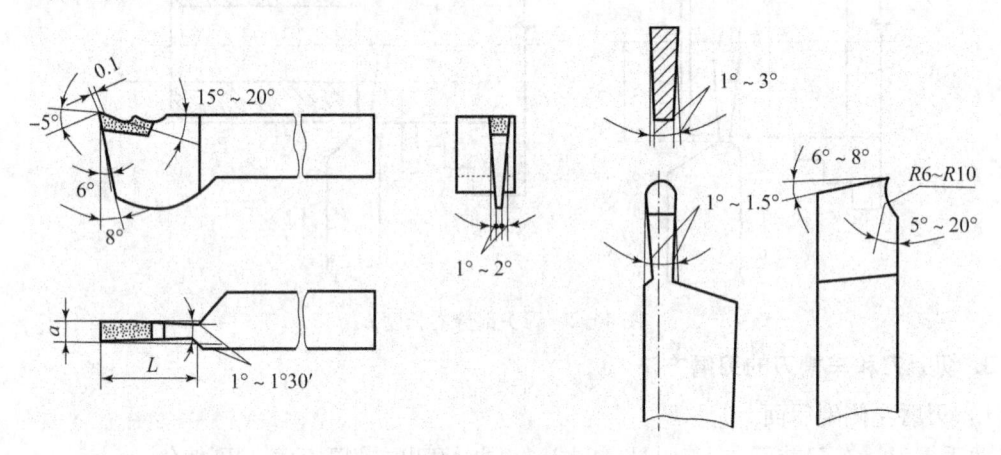

图4-7　刃磨切断刀

刃磨步骤如下：

（1）粗磨前面和两侧副后面以及主后面，使刀头基本成形。

（2）精磨前面和前角。

（3）精磨副后面和主后面。

（4）修磨刀尖。

四、注意事项

（1）切断刀的卷屑槽不宜磨得太深，一般为0.75~1.5 mm，如图4-8（a）所示。卷屑槽刃磨得太深，其刀头强度差，容易折断，如图4-8（b）所示，更不能把前面磨成台阶形，如图4-8（c）所示，这种刀切削不顺利，排屑困难。

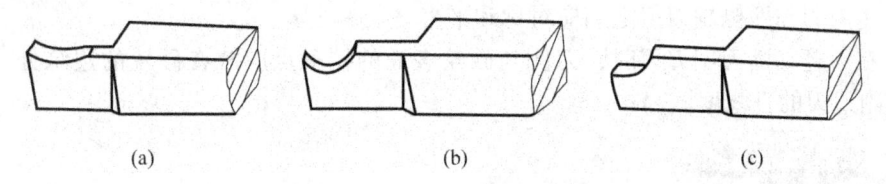

图4-8 前角的正确与错误示意图
(a) 正确；(b) 错误；(c) 错误

（2）刃磨切断刀和车槽刀的两侧副后角时，应以车刀的底面为基准，用钢直尺或90°角尺检查，如图4-9（a）所示。如图4-9（b）所示副后角一侧有负值，切断时要与工件侧面摩擦。如图4-9（c）所示两侧副后角的角度太大，刀头强度变差，切削时容易折断。

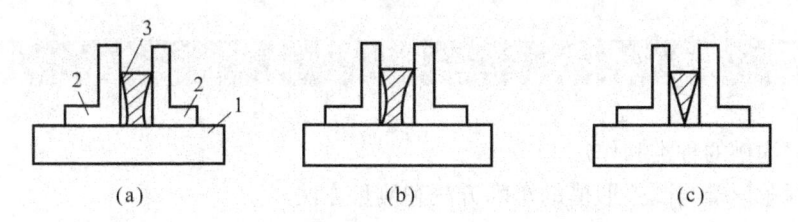

图4-9 用90°角尺检查切断刀的副后角
(a) 正确；(b) 错误；(c) 错误
1—平板；2—90°角尺；3—切断刀

（3）刃磨切断刀和车槽刀的副偏角时，要防止下列情况产生。
① 图4-10（a）所示副偏角太大，刀头强度变差，容易折断。
② 图4-10（b）所示副偏角负值，不能用直进法切削。
③ 图4-10（c）所示副刀刃不平直，不能用直进法切割。
④ 图4-10（d）所示车刀左侧磨去太多，不能切割有高台阶的工件。

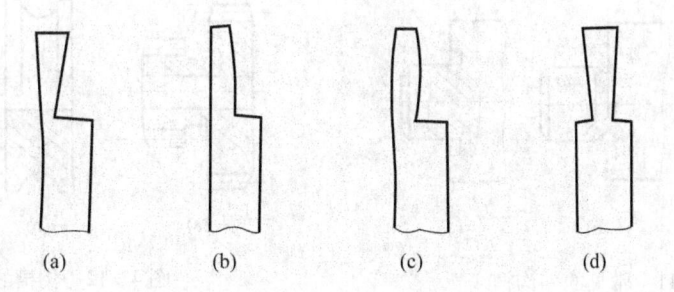

图4-10 切断刀副偏角的几种错误磨法

（4）高速钢车刀刃磨时，应随时冷却，以防退火，硬质合金刀刃磨时不能在水中冷却，以防刀片碎裂。

（5）硬质合金车刀刃磨时，不应用力过猛，通常将左侧副后面磨出即可，刀宽的余量应放在车刀右侧磨去。

(6) 刃磨切断刀和车槽刀时，通常将左侧副后面磨出即可，刀宽的余量应放在车刀右侧磨去。

(7) 主刀刃与两侧副刀刃之间应对称和平直。

(8) 在刃磨切断刀副刀刃时，刀侧与砂轮表面的接触点应放在砂轮的边缘处，仔细观察和修整副刀刃的直线度。

课题二 车外圆、沟槽

一、实习教学要求

(1) 了解沟槽的种类和作用。
(2) 掌握矩形槽与圆弧形槽的车削方法和测量方法。
(3) 了解车沟槽时可能产生的问题和防止方法。

二、相关工艺知识

用车削方法加工工件的槽称为车槽。工件外圆平面上的沟槽称为外沟槽，工件内孔中的沟槽称为内沟槽。

常见的外沟槽有外圆沟槽、45°外斜沟槽和平面沟槽等，如图 4-11 所示。

沟槽的形状有矩形、圆弧形和梯形等，如图 4-12 所示。

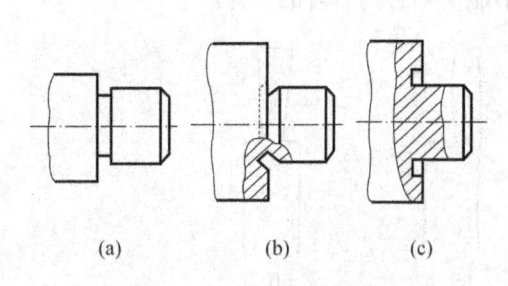

图 4-11 常见的外沟槽
(a) 外圆沟槽；(b) 45°外斜沟槽；(c) 平面沟槽

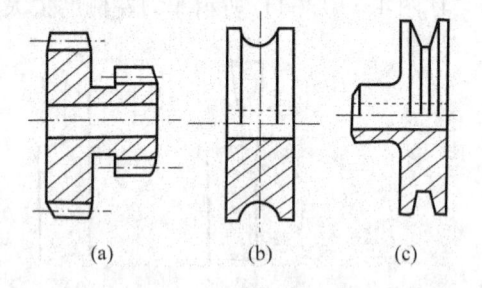

图 4-12 沟槽的形状
(a) 矩形沟槽；(b) 圆弧形沟槽；(c) 梯形沟槽

1. 车槽刀的装夹

车槽刀装夹必须垂直于工件轴线，否则车出的槽壁可能不平直，影响车槽的质量。装夹车槽刀时，可用90°角尺检查车槽刀（或切断刀）的副偏角，如图 4-13 所示。

2. 车槽的方法

（1）车精度不高且宽度较窄的矩形沟槽时，可用刀宽等于槽宽的车槽刀，采用直进法一次进给车出（见图4-14）。车精度要求较高的矩形沟槽时，一般采用二次进给车成，第一次进给车沟槽时，槽壁两侧留有精车余量，第二次进给时用等宽车槽刀修整，也可用原车槽刀根据槽深和槽宽进给精车，如图4-15所示。

图4-13 用90°角尺检查车槽刀装夹质量

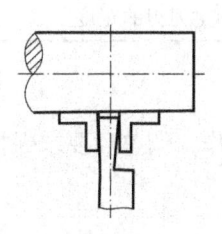

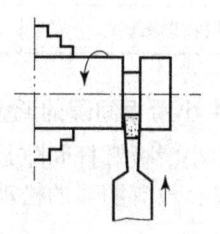

图4-14 用直进法车矩形沟槽

（2）车削较宽的矩形沟槽时，可用多次直进给法切割（见图4-16），并在槽壁两侧留有精车余量，然后根据槽深和槽宽精车至尺寸要求。

（3）车削较小的圆弧形槽，一般以成形刀一次车出。较大的圆弧形槽，可用双手联动车削，以样板检查修整。

（4）车削较小的梯形槽，一般以成形刀一次车削完成。较大的梯形槽通常车削直槽，然后用梯形刀采用直进法或左右切削法完成，如图4-17所示。

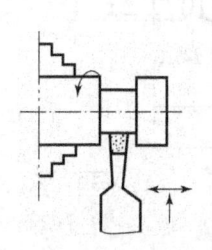

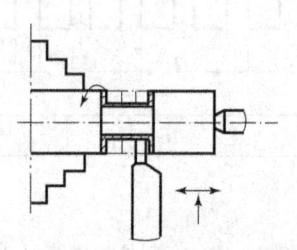

图4-15 矩形沟槽的精车　　图4-16 宽度大的矩形沟槽的车削　　图4-17 梯形沟槽的车削

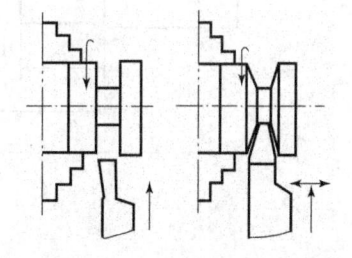

3. 外沟槽的车削要求

除了常规的尺寸精度和表面粗糙度要求外，还有形状位置等要求：
（1）平行度，槽底外圆母线与工件轴心线须平行。
（2）垂直度，两个槽壁与工件轴心线必须垂直。
（3）清角，槽壁与槽底不得留有小台阶，须清角。

4. 车槽时切削用量的选择

由于车槽刀的刀头强度较差，在选择切削用量时，应适当降低，见表4-1。总的来说，硬质合金切槽刀比高速钢切槽刀选用的切削用量要大，车削钢料时的切削速度要比车削铸铁时的切削速度高，而进给量要略微小一些。

表 4-1　车槽时切削用量的选择

刀具材料	高速钢车槽刀		硬质合金车槽刀	
工件材料	钢料	铸铁	钢料	铸铁
进给量 $f/$ (mm·r^{-1})	0.05~0.1	0.1~0.2	0.1~0.2	0.15~0.25
切削速度 $v_c/$ (m·min^{-1})	30~40	15~25	80~120	60~10
切削深度 a_p	等于切断刀的主刀刃的宽度			

5. 车床中小滑板间隙的调整

调整好中小滑板螺杆间隙是切断前必须做的一项准备工作，调整后要求保持中小滑板的回转灵活平稳，没有明显的松动感。

三、技能训练

车削外沟槽，如图 4-18 所示。

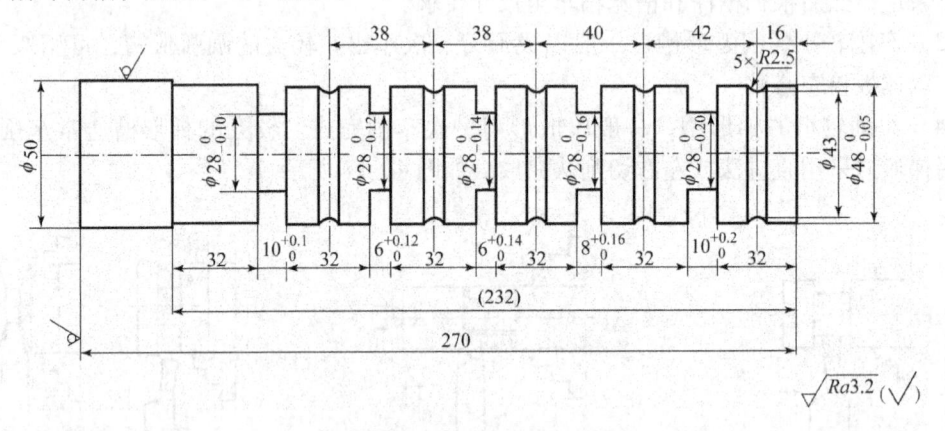

图 4-18　车削外沟槽练习件
材料：45 号钢棒料，$\phi50\times275$ mm，1 件

加工步骤如下：

（1）车端面，钻中心孔。
（2）一端用三爪自定心卡盘夹住毛坯外圆长 10 mm 左右，另一端用顶尖支顶。
（3）粗车外圆至 $\phi48.5$ 长 232 mm，并找正产生的锥度。
（4）精车外圆至 $\phi48_{-0.05}^{\ 0}$ 长 232 mm 至要求。
（5）从右至左粗车、精车各矩形沟槽至尺寸要求。
（6）车 5 条圆弧形沟槽至要求。
（7）检查质量合格后取下工件。

四、注意事项

（1）车槽刀主刀刃和工件轴心线不平行，车成的沟槽槽底一侧直径大，另一侧直径小，呈竹节形。

(2) 要防止槽底与槽壁相交处出现圆角或出现槽底中间尺寸小、靠近槽壁两侧直径大的情况。

(3) 槽壁与轴心线不垂直，出现内槽狭窄、外口大的喇叭形。

(4) 槽壁与槽底产生小台阶，主要是由接刀不当所造成的。

(5) 用借刀法车沟槽时，注意各条槽距。

(6) 合理选择转速和进给量。

(7) 正确使用切削液。

课题三 车平面槽和45°外斜沟槽

一、实习教学要求

(1) 了解平面槽的种类和作用。
(2) 了解平面槽车刀的几何角度和刃磨要求。
(3) 掌握车平面槽的方法。

二、相关工艺知识

1. 平面槽的种类和作用

平面槽种类较多，一般有矩形槽［见图4-19（a）］、圆弧槽［见图4-19（b）］、燕尾槽［见图4-19（c）］和T形槽［见图4-19（d）］。

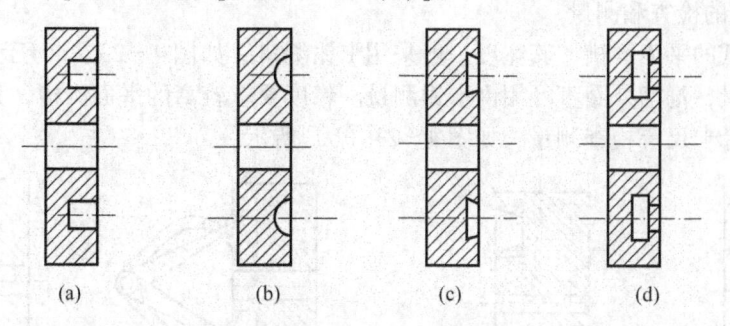

图4-19 常见的平面槽

矩形槽和圆弧槽，一般用于减轻工件质量，减少工件接触面或用作油槽；T形槽和燕尾形槽通常穿螺钉作连接工件之用，如车床中滑板的T形槽、磨床砂轮连接盘上的燕尾形槽等。

2. 平面车槽刀的刃磨和装夹

在平面上车槽时，车槽刀左侧一个刀尖相当于在车内孔，另一个右侧刀尖相当于在车外圆，如图4-20所示。为了防止车刀副后面出现与槽壁相碰的情况，车槽刀的左侧副后面必须按平面槽的圆弧大小刃磨成圆弧形，并带有一定的后角，这样才能车削。

平面车槽刀的装夹，除刀刃与工件中心等高外，车槽刀的中心线必须与工件轴心线平行。

3. 车平面槽和测量方法

1）控制车槽刀位置的方法

在平面车槽前，通常应先测量工件外径，得出实际尺寸，然后减去沟槽外圆直径尺寸，再除以2，就是车槽刀外侧与工件外径之间的距离L。如图4-21所示工件直径D为60 mm，直径d为50 mm，求得刀头外侧与工件外径之间的距离：$L=(D-d)/2=(60-50)/2=5$ mm。

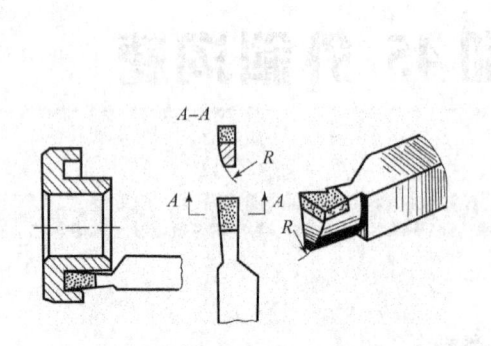

图4-20 平面车槽刀的几何形状

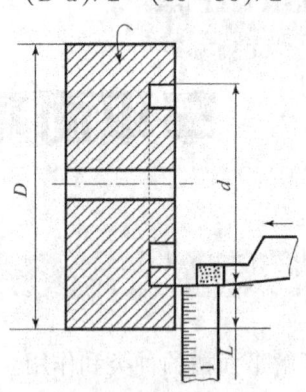

图4-21 壁厚控制示意图

2）车矩形槽的方法

在平面上车精度不高、宽度较小、较浅的沟槽时，通常采用等宽刀直进法一次进给车出。如果沟槽精度较高，通常用先粗车（槽壁两侧留精车余量）后精车的方法进行。

车较宽的平面沟槽，可采用多次直进法切割，如图4-22（a）所示，然后精车至尺寸要求。如果平面沟槽深度较大，一般采用小圆头刀或尖头刀横向进给切削，如图4-22（b）所示，然后用车槽刀成正、反偏刀精车至尺寸要求。

3）平面槽的检查和测量

精度要求低的平面沟槽，其宽度一般采用卡钳测量，如图4-23（a）所示，沟槽内圈直径用外卡钳测量，沟槽外圈直径用内卡钳测量。精度要求较高的平面沟槽，其宽度可采用样板、卡板和游标卡尺等检查测量，如图4-23（b）所示。

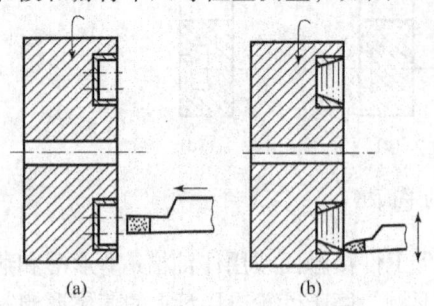

图4-22 平面车宽槽的方法

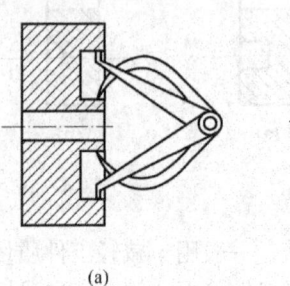

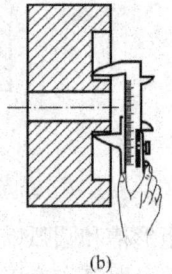

图4-23 平面槽的测量

4. 车45°外斜沟槽

45°外斜沟槽有直沟槽、圆弧沟槽和端面沟槽3种。

1）车直沟槽 [见图4-24（a）]

直沟槽车刀和一般端面沟槽车刀相同，但刀尖 a 处的副后面应该磨成相应的圆弧。车削时，可把小滑板转过45°，用小滑板进刀车削成形。

2）车圆弧沟槽 [见图4-24（b）]

圆弧沟槽车刀可根据沟槽圆弧的大小相应磨成圆弧刀头，在切削端面的一段圆弧刀刃下也必须磨有相应的圆弧后面，车削方法与车直沟槽相同。

3）车端面沟槽 [见图4-24（c）]

端面沟槽车刀的形状比较特殊，它的前端磨成外圆切槽刀形式，侧面刃磨成端面切槽刀形式。车削时，也可采用纵横进给法车削成形。由于这种切槽刀刀头强度很差，切削用量应取得小一些，在切削一般材料时，这种车刀可用高速钢制造，当切削硬度高的工件时，车刀也可用YT15硬质合金刀片，但必须注意，为了保证刀片下面的支撑强度，刀片不宜太厚。

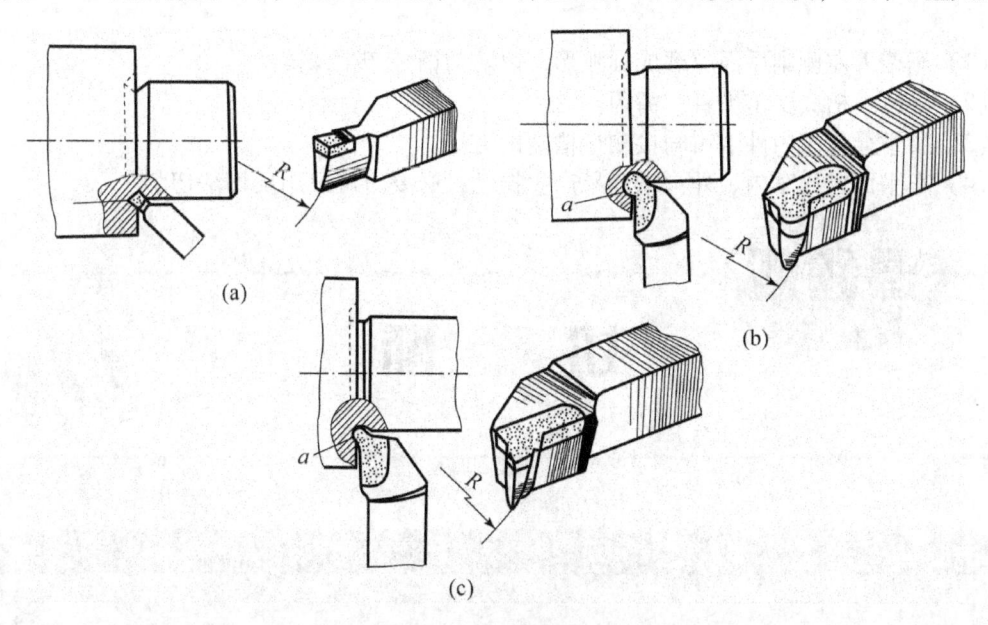

图4-24 45°外斜沟槽及其车刀

（a）直沟槽及其车刀；（b）圆弧沟槽及其车刀；（c）端面沟槽及其车刀

三、技能训练

车平面槽，如图4-25所示。

加工步骤如下：

（1）夹住工件外圆，找正平面后夹紧。

（2）车平面槽，宽6 mm，深8 mm，并控制 $\phi 57$、内圈 $\phi 44$ 至尺寸要求。

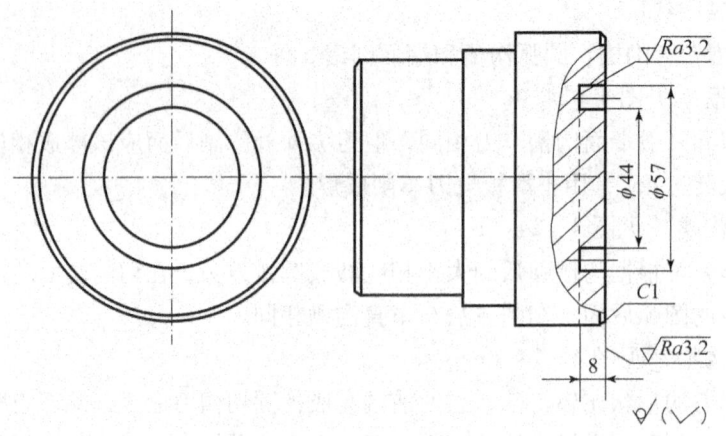

图4-25 车平面槽练习件

四、注意事项

（1）车槽刀左侧副后面应磨成圆弧形，以防与槽壁产生摩擦。
（2）槽侧、槽底要求平直，清角。
（3）要学会使用内外卡钳间接测量槽宽的方法。
（4）车平面槽比车内、外沟槽容易产生振动，必要时可采用反切法切削。

课题四　切　断

一、实习教学要求

（1）掌握直进法和左右借刀法切断工件。
（2）巩固切断刀的刃磨和修正方法。
（3）对于不同材料的工件，能选用不同角度的车刀进行切断，并要求切断面平直光洁。

二、相关工艺知识

1. 切断刀的装夹

切断刀装夹是否正确，与切断工件能否顺利进行、切断的工件平面是否平直有直接关系，所以对切断刀的装夹要求较严。

（1）切断实心工件时，切断刀的主刀刃必须严格对准工件旋转中心，刀头中心线与轴心线垂直。

(2) 为了增强切断刀的刚性，刀杆不宜伸出过长，以防振动。

2. 切断方法

1) 直进法

直进法指垂直于工件轴线方向进给切断工件的方法（见图4-26）。直进法切断的效率高，但对车床、切断刀的刃磨和装夹都有较高的要求，否则容易造成切断刀折断。

2) 左右借刀法

左右借刀法指切断刀在轴线方向反复地往返移动，随之两侧径向进给，直至工件被切断的方法（见图4-27）。左右借刀法常在工艺系统（刀具、工件、车床）刚度不足的情况下用来对工件进行切断。

3) 反切法

反切法指车床主轴和工件反转，车刀反向装夹进给切削的方法（见图4-28）。反切法适用于较大直径工件的切断。

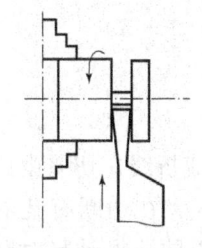

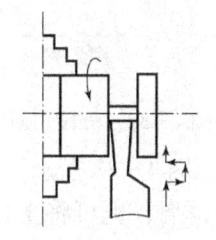

图4-26 直进法切断　　图4-27 左右借刀法切断　　图4-28 反切法切断

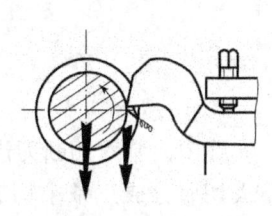

3. 切断时应注意的几点

(1) 尺寸控制（确定切断的位置）。把钢尺贴在刀具的侧边上并摇动大滑板，直到钢尺上要求的刻线与工件端面对齐，同时结合试车削式测量法来控制尺寸，图4-29所示。

(2) 工件的切断处应距卡盘近些，避免在顶尖安装的工件上切断，如图4-30所示。

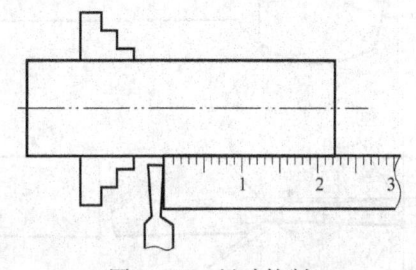

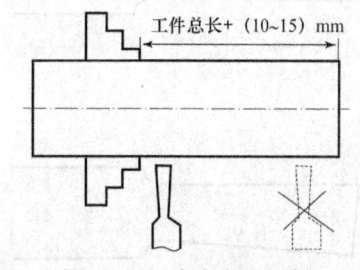

图4-29 尺寸控制　　图4-30 在卡盘上切断

(3) 切断刀刀尖必须与工件中心等高。若车刀安装过低，则不易切削，切断处将剩有凸台；若车刀安装过高，则刀具后刀面将顶住工件，且刀头也容易损坏（见图4-31）。

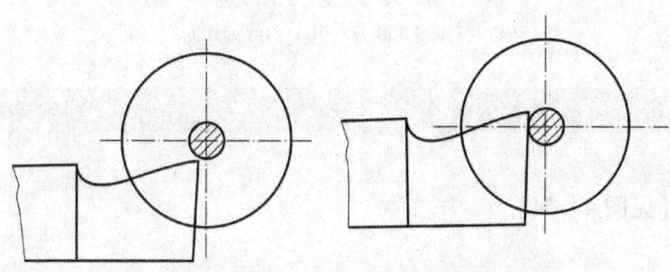

图4-31 切断刀刀尖必须与工件中心等高

(4) 切断刀伸出刀架的长度不要过长，进给要缓慢均匀，将要切断时，必须放慢进给速度，以免刀头折断。对于不易切断的工件可采用分段切断法，即操作时可两个位置交替切进，如图4-32所示。此时，切断刀减少了一个摩擦面，加大了槽宽，有利于排屑、散热和减少切削时的振动。

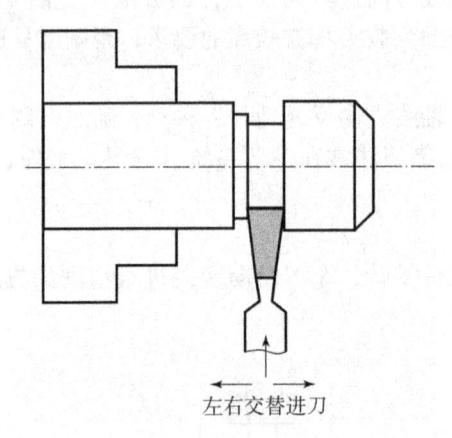

图4-32 分段切断

实践中，常对切断刀进行改进，如图4-33所示。将主切削刃磨成折线，切屑由原来的一条大切屑分成三条小切屑，有利于排屑；也可将主切削刃磨成斜线，在切断有孔的工件时，可使切断面较为平整。把切断刀的主后角磨得很小（3°~5°），以防止振动且对断刀有一定的效果。

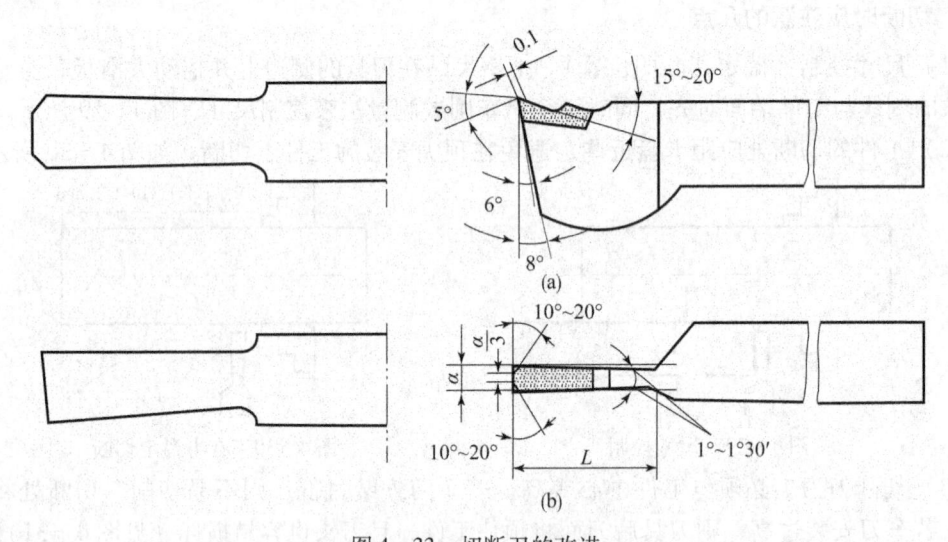

图4-33 切断刀的改进
（a）折线型切断刀；（b）斜线型切断刀

三、技能训练

1. 切断练习（见图4-34）

加工步骤如下：

(1) 夹住外圆找正，夹紧。
(2) 切断，保证尺寸 25 mm。
(3) 调头装夹，保证尺寸 15 mm。

2. 切割薄片（见图 4-35）

加工步骤如下：
(1) 夹住工件外圆，车 $\phi 28$ 至尺寸要求。
(2) 切割薄片厚（3±0.2）mm。

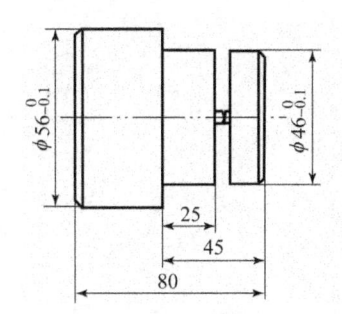

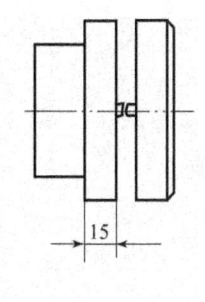

图 4-34 切断练习件
材料：HT150（平面沟槽练习件）

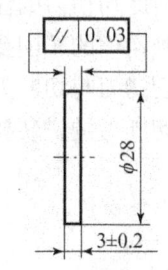

图 4-35 切割薄片练习件
材料：45 号钢（棒料） 数量：10 件

四、注意事项

(1) 被切断工件的平面产生凹凸不平的原因。
① 两侧的刀尖刃磨或磨损不一致，造成切断中让刀，使工件平面产生凹凸。
② 窄切断刀的主切削刃与轴心线有较大的夹角，左侧刀尖有磨损现象，进给时在侧向切削力的作用下，刀头易产生偏斜，势必造成工件平面内凹，如图 4-36 所示。
③ 主轴轴向窜动。
④ 车刀安装歪斜时，副刀刃没有磨直。
(2) 切断时产生振动的原因。
① 主轴和轴承之间间隙太大。
② 切断的棒料太长，在离心力的作用下产生振动。
③ 切断刀远离工件支撑点。
④ 工件细长，切断刀刃口太宽。
⑤ 切断时转速过高，进给量过小。
⑥ 切断刀伸出过长。

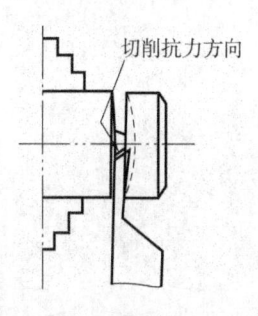

图 4-36 刀尖偏斜使工件平面内凹

(3) 切断刀折断的主要原因。
① 工件装夹不牢固，切割点远离卡盘，在切削力的作用下，工件抬起，造成刀头折断。
② 切断时排屑不良，切屑堵塞，造成刀头载荷增大，使刀头折断。
③ 切断刀的副偏角、副后角磨得太大，削弱了刀头强度，使刀头折断。
④ 切断刀装夹跟工件轴心线不垂直，主刀刃与轴心有夹角。
⑤ 进给量过大，切断刀前角过大。

⑥ 床鞍中小滑板松动，切削时产生"扎刀"，致使切断刀折断。

（4）一夹一顶方法装夹工件进给切断时，在工件即将切断前，应卸下工件后再敲断，不允许用两顶尖装夹工件进行切断，以防切断瞬间工件飞出伤人，酿成事故。

（5）用高速钢切断刀切断工件时，应浇注切削液；用硬质合金车刀切断时，中途不准停车，以免刀刃碎裂。

习　题

1. 简述刃磨切槽刀的注意事项。
2. 简述外沟槽的车削要求。
3. 简述切槽刀与切断刀的区别。
4. 简述切断刀的安装要求及注意事项。

第五单元
车内圆柱面

课题一 麻花钻的刃磨

一、实习教学要求

(1) 掌握麻花钻切削部分的刃磨方法。
(2) 熟记麻花钻刃磨时的注意事项。

二、相关工艺知识

1. 麻花钻的组成

用钻头在实体材料上加工孔的方法叫钻孔。钻孔属于粗加工,其尺寸精度一般为IT12~IT11,表面粗糙度 Ra 为 12.5~25 μm,麻花钻是钻孔最常用的刀具,钻头一般用高速钢制成。麻花钻的组成部分如图 5-1 所示。

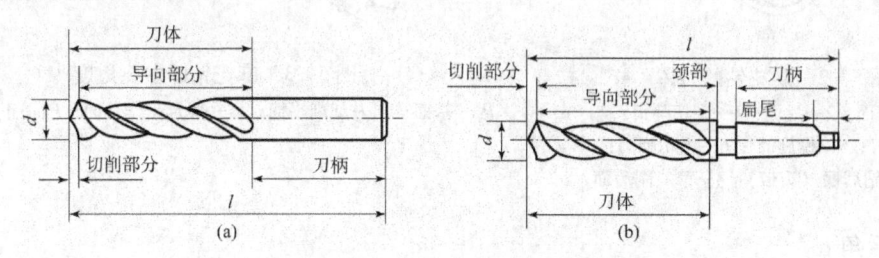

图 5-1 麻花钻的组成
(a) 锥柄麻花钻;(b) 直柄麻花钻

1) 柄部

钻头夹持部分,装夹时起定心作用,切削时起传递转矩作用。麻花钻的柄部有锥柄[见图 5-1 (a)]和直柄[见图 5-1 (b)]两种。

2) 颈部

颈部较大的钻头可在颈部标注商标、钻头直径和材料牌号等。

3) 工作部分

钻头的主要部分，由切削部分和导向部分组成，起切削和导向作用。

2. 麻花钻的几何形状

1) 顶角 2φ

图 5-2 所示为麻花钻的刀体，其两主切削刃在与它们平行的轴平面上投影的夹角称为顶角。顶角的大小会影响钻头尖端强度、前角和轴向抗力。顶角大，钻头尖端强度大，并可加大前角，但钻削时的轴向抗力大，标注麻花钻的顶角 $2\varphi = 118°\pm 2°$。

2) 前角 γ_0

在正交平面 P_0 内测量的前面与基面 P_r 的夹角，如图 5-3 所示。前角的大小影响切削的形状和主切削刃的强度，决定切削的难易程度。前角越大，切削越省力，但刃口强度降低。麻花钻主切削刃各点处的前角大小不同，钻头外缘处的前角最大，约为 30°。越接近中心前角越小，靠近横刃处的前角约为 -30°。

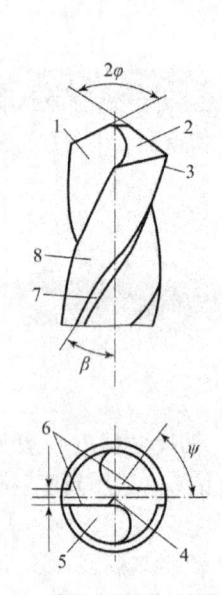

图 5-2 麻花钻的刀体
1—前面；2—后面；3—副切削刃；
4—横刃；5—螺旋槽；6—主切削刃；
7—第一副后面（刃带）；8—第二副后面

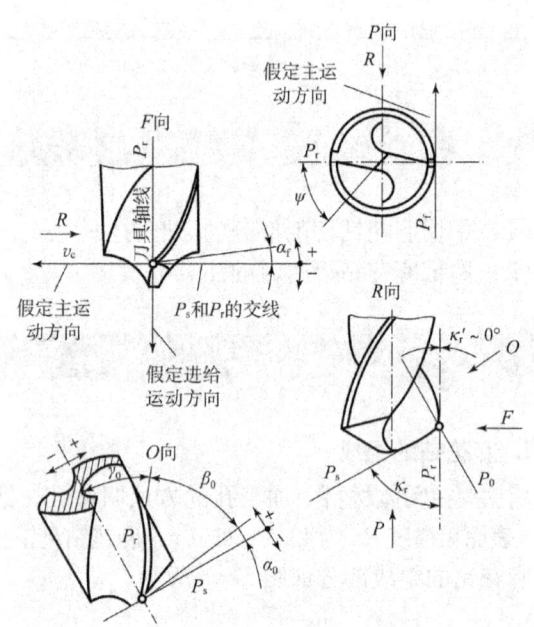

图 5-3 麻花钻的主要角度
P_r—基面；P_s—切削平面；P_f—假定工作平面；P_0—正交平面

3) 后角 α_0

在正交平面 P_0 内测量的后面与切削平面 P_s 的夹角。

4) 侧后角 α_f

在假定工作平面 P_f 内测量的后面与切削平面 P_s 的夹角。钻削中实际起作用的是侧后角 α_f，其大小影响后面的摩擦和主切削刃的强度。侧后角越大，麻花钻后面与工件已加工面的摩擦越小，但刃口强度降低。麻花钻主切削刃上各点处的侧后角大小也不同，在钻头外缘处的侧后角最小，约为 8°~25°。

5）横刃斜角 ψ

横刃与主切削刃在端面上投影线之间的夹角。横刃斜角的大小与后角的刃磨有关，其用来判断钻头处的后角是否刃磨正确。当钻头处后角较大时，横刃斜角就较小，横刃长度相应增长，钻头的定心作用因此变差，轴向抗力增大。横刃斜角一般取 ψ = 5°~55°。

3. 麻花钻的刃磨要求

麻花钻的刃磨质量直接关系到钻孔的尺寸精度、表面粗糙度和钻削效率。

图 5-4 所示为用刃磨正确的麻花钻钻孔的情况，图 5-5 所示为用刃磨不正确的麻花钻钻孔的情况。

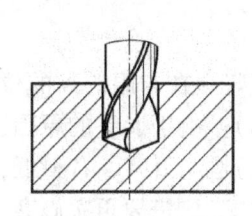

图 5-4 用刃磨正确的麻花钻钻孔

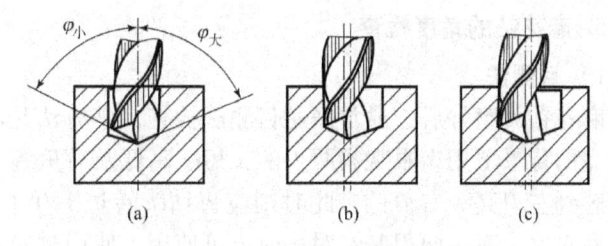

图 5-5 用刃磨不正确的麻花钻钻孔
(a) 顶角不对称；(b) 主切削刃长度不等；(c) 顶角和刃磨长度不对称

麻花钻一般只刃磨两个主后面，并同时磨出顶角、后角及横刃斜角，刃磨技术要求高，是车工必须掌握的基本功。

麻花钻的刃磨要求有以下几点：

(1) 根据加工材料刃磨出正确的顶角 2φ，钻削一般中等硬度的钢和铸铁时，2φ = 116°~118°。

(2) 两条主切削刃必须对称，即主切削刃的长度应相等，它们与轴线的夹角也应相等，主切削刃应成直线。

(3) 后角应适当，以获得正确的横刃斜角 ψ。一般 ψ = 50°~55°。

(4) 主要切削刃、刃尖和横刃应锋利，不允许有钝口、崩刃。

4. 麻花钻的刃磨方法

(1) 刃磨前，应先检查砂轮表面是否平整，如砂轮表面不平或有跳动现象，则必须先对砂轮进行修正。

(2) 用右手握住钻头前端作为支点，左手握住钻头柄部；将钻头的主切削刃放平，并置于砂轮中心平面上，使钻头轴线与砂轮圆周素线的夹角为顶角的 1/2 左右，即 φ = 59°，同时钻尾向下倾斜（见图 5-6）。

(3) 刃磨时，以钻头前端支点为圆心，右手捏刀柄缓慢上下摆动并略做转动，同时磨出主切削刃和后面（见图 5-7），注意摆动与转动的范围不能过大，以免磨出负后面或将另一条主切削刃磨坏。

(4) 将钻头转过 180°，用相同的方法刃磨另一条主切削刃和后面，两切削刃经常交替刃磨，边刃磨边检查，直至达到要求为止。

(5) 按需要修磨横刃，也就是将横刃磨短、钻心处前角磨大，通常 5 mm 以上的横刃均需要修磨，修磨后的横刃长度为原长的 1/5~1/3。

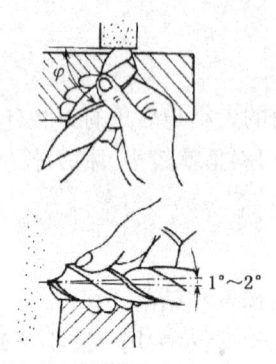

图5-6 麻花钻的刃磨位置

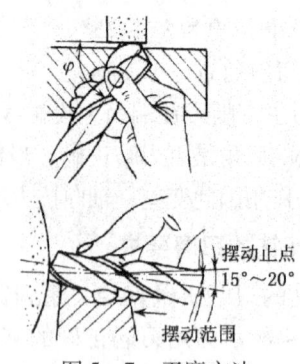

图5-7 刃磨方法

5. 麻花钻的角度检查

1) 目测法

麻花钻刃磨好后，通常采用目测法检查，其方法是将钻头垂直竖立在与眼等高的位置，在明亮的背景下用肉眼观察两刃的长短、高低及后角等（见图5-8）。由于误差的原因，往往会感到左刃高、右刃低，此时则应将钻头转过180°再观察是否仍是左刃高、右刃低，反复观察对比，直至两刃基本对称时方可使用。使用时如发现仍有偏差，则需要再次修磨。

2) 使用角度尺检查

将角度尺的一边贴在麻花钻横边上，另一边搁在麻花钻的刃口上，测量其刃长和角度（见图5-9），然后将麻花钻转过180°，用同样的方法检查另一主切削刃。

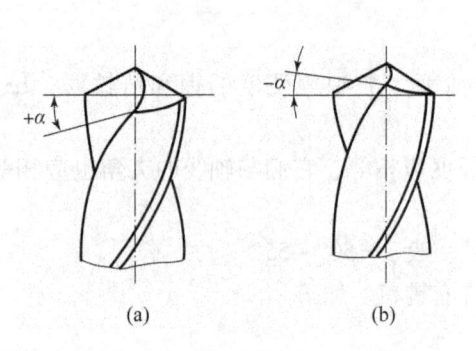

图5-8 目测法检查
（a）刃磨正确；（b）刃磨错误

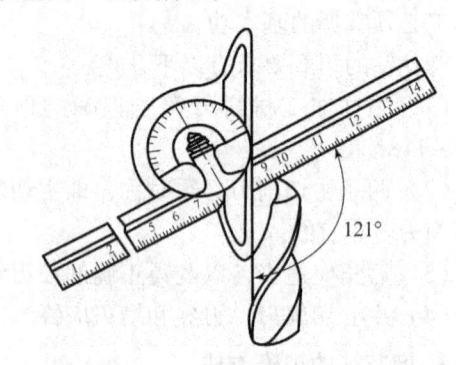

图5-9 使用角度尺检查

三、技能训练

练习刃磨麻花钻，如图5-10所示。

四、注意事项

（1）刃磨钻头时，钻尾向上摆动，不得高出水平线，以防磨出负后角，钻尾向下摆动亦不能太多，以防磨掉另一条主刀刃。

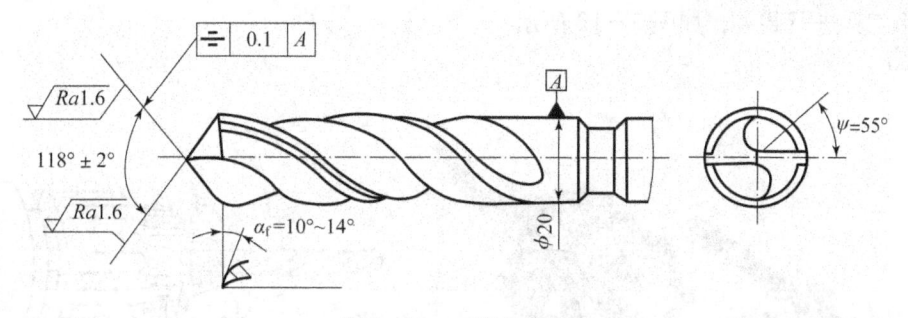

图 5 - 10　刃磨麻花钻
材料：高速钢麻花钻 ϕ20，1 件

(2) 随时检查两主切削刃的长度是否合适及其与钻头轴心线的夹角是否对称。
(3) 刃磨时应随时冷却，以防钻头刃口发热退火，降低硬度。
(4) 初次学习刃磨时，应注意防止外缘边出现后角。
(5) 建议先用废旧麻花钻练习刃磨。

课题二　钻　孔

一、实习教学要求

(1) 了解钻头的装卸方法和钻孔方法。
(2) 懂得切削用量的选择和切削液的使用。
(3) 了解钻孔容易产生废品的原因及防止方法。
(4) 钻孔精度要求达到 IT12 级，径向跳动在 0.33 mm 之内。

二、相关工艺知识

1. 麻花钻的选用

对于精度要求不高的内孔，可用麻花钻直接钻出；对于精度要求较高的内孔，钻孔时还要再经过车孔或扩孔、铰孔等加工才能完成，在选用麻花钻直径时，应根据后继工序要求，留出加工余量。选用麻花钻的长度时，一般应使得导向部分略长于孔深。麻花钻过长则刚度低，麻花钻过短则排屑困难，也不宜钻通孔。

2. 麻花钻的装夹

直柄麻花钻用钻夹头装夹，再将钻夹头的锥柄插入尾座套筒的锥孔中（见图 5 - 11）。锥柄麻花钻可直接或用莫氏锥套插入尾座套筒锥孔中（见图 5 - 11）。有时，锥柄麻花钻也使用专用工具进行装夹，如图 5-12 所示。

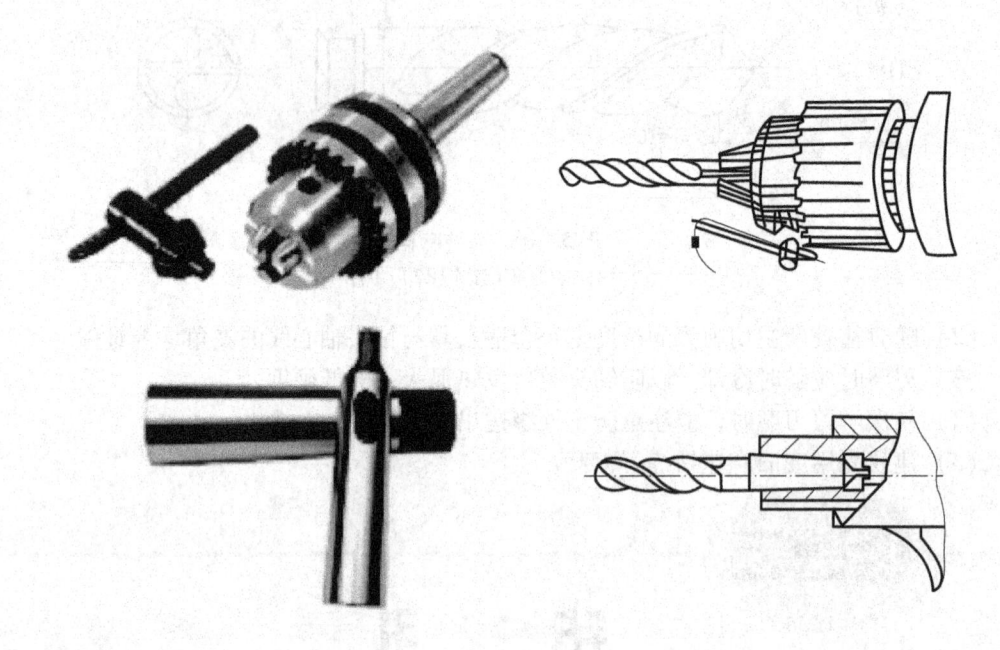

图 5-11　麻花钻安装

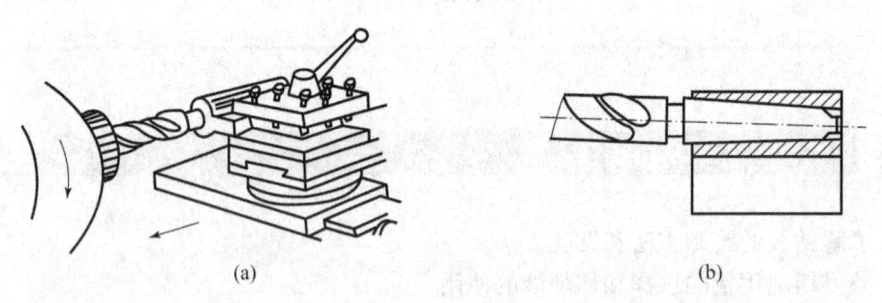

(a)　　　　　　　　　　　　　(b)

图 5-12　麻花钻专用工具装夹

3. 切削用量的选择

1）切削深度 a_p

钻孔时的切削深度随钻头直径大小而改变。因此，钻孔时的切削深度是钻头直径的一半（见图 5-13）。

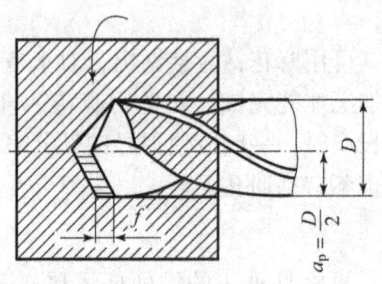

图 5-13　钻孔时切削深度

2) 切削速度 v_c

钻削的切削速度指钻头主切削刃外缘处的线速度，与钻头直径 D 和车床主轴每分钟转速 n 有关。钻钢件时，切削速度一般选 15~30 m/min，钻铸件时，选 75~90 m/min，扩孔时，切削速度可以高一些。

3) 进给量 f

在使用尾座套筒进给时，一般是通过转动尾座手轮来实现钻削进给的。钻钢件时，一般选 $f=(0.01~0.02)D$，钻铸件时进给量略大些。

钻孔时选择切削用量的基本原则：条件允许范围内，尽量选择较大的 f，当 f 受到表面粗糙度和钻头刚度的限制时，再考虑选择较大的 v_c。

4. 钻孔的方法

（1）钻孔前，先将工件平面车平，中心孔处不允许留有凸台，以利于钻头正确定心。

（2）找正尾座，使钻头中心对准工件回转中心，否则可能会将孔径钻大、钻偏甚至折断钻头。

（3）用细长麻花钻钻孔时，为防止钻头晃动，可在刀架上夹一挡铁（见图 5-14），钻头钻入工件平面后，缓慢摇动中滑板，移动挡铁，逐渐接近钻头前端，使钻头中心稳定地落在工件回转中心的位置上，然后继续钻削即可，当钻头已正确定心时，挡铁即可退出。

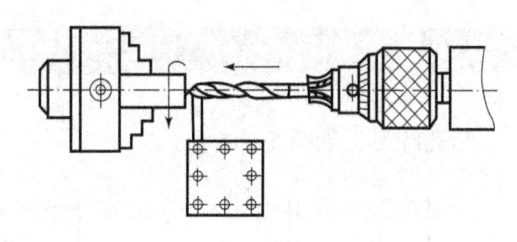

图 5-14 用挡铁支顶钻头

（4）用小麻花钻钻孔时，一般先用中心钻定心，再用钻头钻孔，其同轴度较好。

（5）在实体材料上钻孔，孔径不大时可以用钻头一次钻出，若孔径较大（超过 30 mm），则应分两次钻出，即先用小直径钻头钻出底孔，其直径为所要求孔径的 0.5~0.7 倍。

（6）钻孔后需铰孔的工件，由于所需留铰削的余量较少，因此钻孔时，当钻头钻进工件 1~2 mm 后，应将钻头退出，停车检查孔径，防止因孔径大没有铰削余量而报废。

（7）钻不通孔。钻不通孔与钻通孔方法基本相同，不同的是钻不通孔需要控制孔的深度，常用的控制方法有以下几点：

①利用尾座套筒刻度进行控制（见图 5-15）。

②利用尾座手轮进行控制，CA6140 型卧式车床尾座手轮每转一圈，尾座套筒移动 5 mm（见图 5-16）。

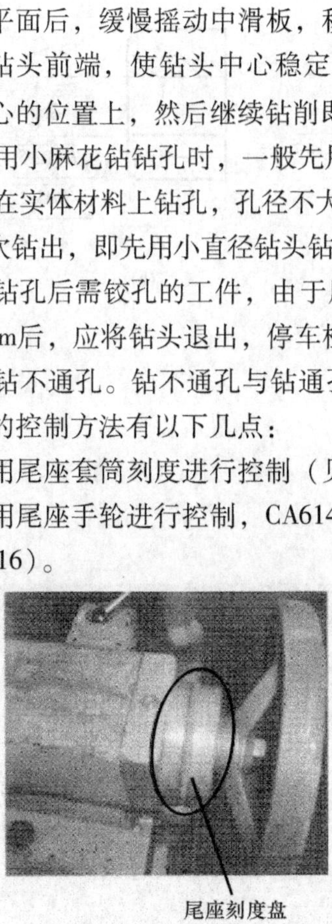

尾座刻度盘

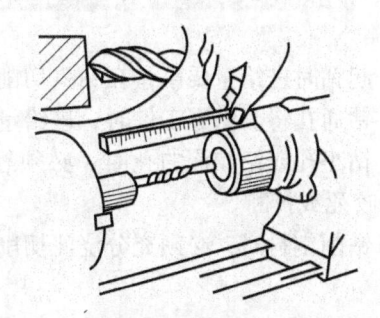

图 5-15 用尾座套筒刻度控制孔深 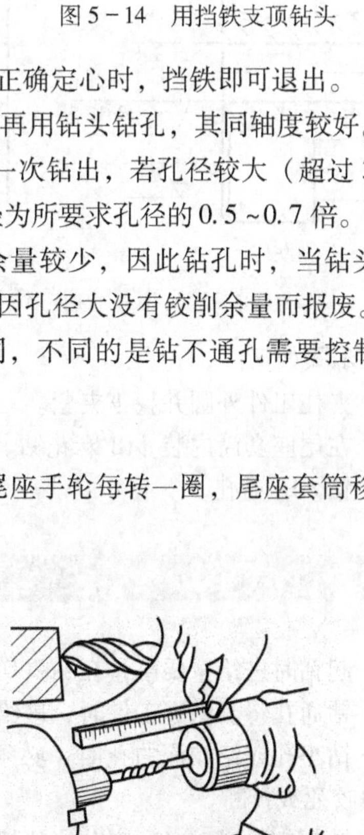　　图 5-16 控制尾座手轮圈数来控制孔深

③在尾座套筒上作记号（或刻度）来控制（见图5-17）。

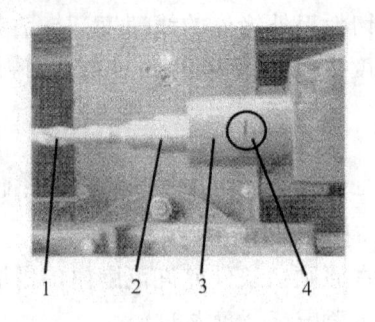

图5-17 在尾座套筒上做记号（或刻度）来控制孔深
1—麻花钻；2—过渡套；3—套筒；4—记号

三、技能训练

钻孔练习，如图5-18所示。

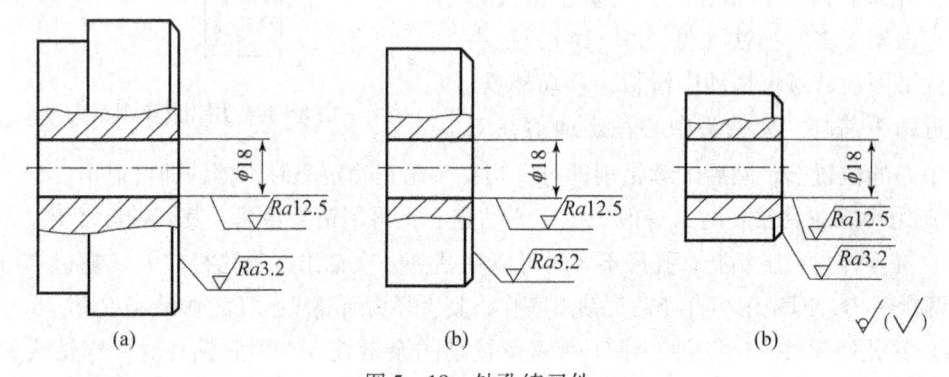

图5-18 钻孔练习件

加工步骤如下：
（1）夹住工件外圆并找正夹紧。
（2）在尾座套筒内装 $\phi 18$ 麻花钻。
（3）钻 $\phi 18$ 通孔。

四、注意事项

（1）起钻时进给量要小，在钻头切削部分全部进入工件后方可正常钻削。
（2）钻通孔将要钻穿工件时，进给量要小，以防钻头折断。
（3）钻小孔或钻较深的孔时，必须经常退出钻头，清除切屑，以防止因切屑堵住而造成钻头被咬死或折断。
（4）钻削钢料时，必须充分浇注切削液冷却钻头，以防钻头发热退火。

课题三 车直孔

一、实习教学要求

（1）懂得内孔车刀的正确装夹及粗车切削用量的选择。
（2）掌握内孔的加工方法和测量方法。

二、相关工艺知识

用车削方法扩大工件的孔或加工空心工件内表面为车孔。车孔是车削加工的主要内容之一，可用作孔的半径精加工和精加工。车孔的加工精度一般可达 IT8～IT7，表面粗糙度 Ra 值为 3.2～1.6 μm，精细车削时 Ra 值可达 0.8 μm。

1. 车孔刀的种类及几何角度

1）通孔车刀

通孔车刀切削部分的几何形状基本上与外圆车刀相似（见图 5-19）。为减小径向切削力，防止振动，主偏角应取得大些，一般 $k_r = 60° \sim 75°$，副偏角一般取 15°～30°。为防止车孔刀后面和孔壁的摩擦又不使后角磨得太大，一般磨成两个后角，如图 5-19 中的旋转部件，其中 α_{01} 取 6°～12°，α_{02} 取 30°左右。

2）盲孔车刀

盲孔车刀用于车削盲孔或台阶孔，其切削部分的几何形状基本上与偏刀相似（见图 5-20）。盲孔车刀的主偏角大于 90°，一般 $k_r = 92° \sim 95°$。后角要求与通孔车刀相同，盲孔车刀刀尖到刀柄外侧的距离 a 应小于孔的半径 R，否则无法车平孔的底面。

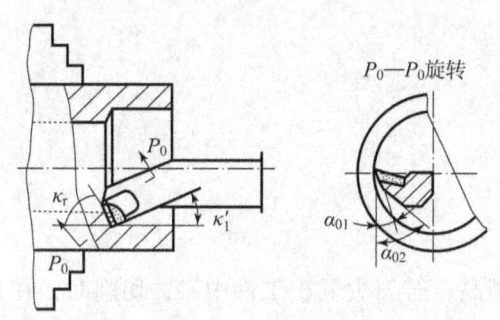

图 5-19 通孔车刀

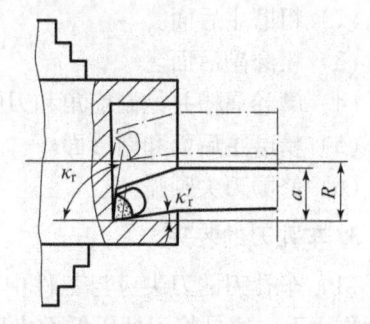

图 5-20 盲孔车刀

3）车孔刀

车孔刀可以制成整体式，如图 5-21 所示，也可以把高速钢或硬质合金做成较小的刀头，安装在由碳素钢或合金结构钢制成的刀柄前端的方孔中，并在顶端或上面用螺钉固定（见图5-22），以达到节省刀具材料增加刀柄强度的目的。

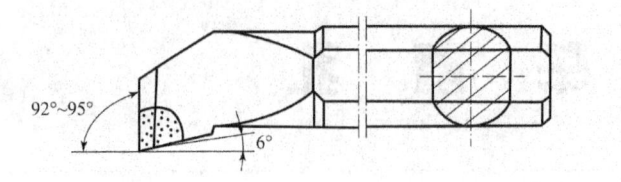

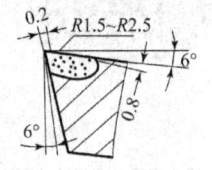

图5-21 整体式车孔刀

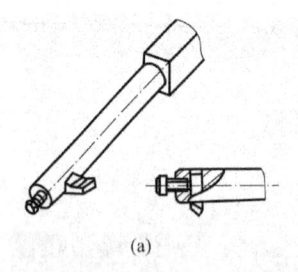

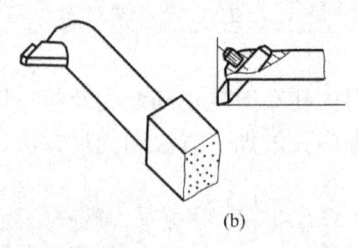

图5-22 机械夹固式车孔刀
（a）通孔车刀；（b）盲孔车刀

2. 车孔刀的刃磨

车孔刀刀坯如图5-23所示。

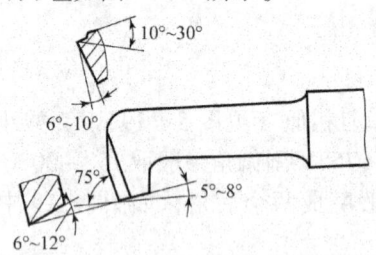

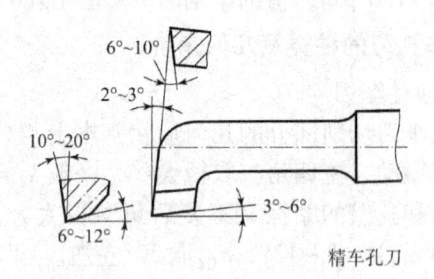

图5-23 车孔刀刀坯
材料：高速钢、硬质合金刀坯各1件

刃磨步骤如下：
（1）粗磨前面。
（2）粗磨主后面。
（3）粗磨副后面。
（4）磨卷屑槽并控制前角和刃倾角。
（5）精磨主后面和副后面。
（6）修磨刀尖圆弧。

3. 车孔刀的装夹

（1）车孔刀的刀尖应与工件中心等高或稍高，若刀尖低于工件中心，切削时，在切削抗力作用下，容易将刀柄压低而出现扎刀现象，并使孔径扩大。

（2）刀柄伸出刀架不宜过长，一般比被加工孔长5～10 mm即可。

（3）车孔刀的刀柄与工件轴线应基本平行，否则在车削一定深度时，刀柄后半部容易碰到工件的孔口。

4. 车通孔的方法

（1）直通孔的车削基本上与车外圆相同，只是进刀与退刀的方向相反。

（2）半粗车或精车也要进行试切削，其横向进给量为径向余量的1/2。当车刀纵向进给切削 2 mm 长时快速退出车刀（横向应保持不动），然后停车测试，如果尺寸未达到要求，则需微调横向进给，不断切削、测试，直至符合孔径精度要求为止。

（3）车孔时的切削用量应比车外圆时小一些，尤其是车小孔或深孔时，其切削用量应更小。

5. 孔径的测量

孔径尺寸的测量应根据工件孔径尺寸的大小、精度以及工件数量，采用相应的量具进行。当孔的精度要求较低时，可采用钢直尺或游标卡尺测量，当孔的精度要求较高时，可采用下列方法测量。

1）用塞规检测

塞规由通端、止端和手柄组成（见图 5-24），测量方便，效率高，主要用在成批生产中。塞规的通端尺寸等于孔的最小极限尺寸，止端尺寸等于孔的最大极限尺寸。测量时，通端能塞入孔内，止端不能塞入孔内，则说明孔径尺寸合格（见图 5-25）。

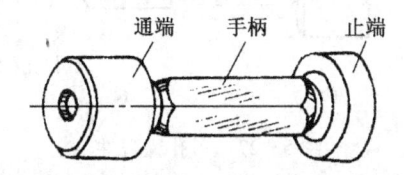

图 5-24 塞规

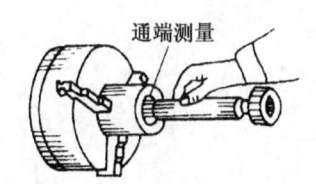

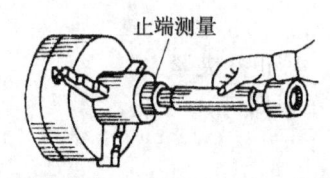

图 5-25 测量方法

塞规通端的长度比止端的长度长，一方面便于修磨通端以延长塞规使用寿命，另一方面则利于区分通端和止端。

测量盲孔用的塞规在通端和止端的圆柱面上沿轴向检测时，塞规轴线应与孔轴线一致，不可歪斜，不允许将塞规强行塞入孔内，不准敲击塞规。

不要在工件还未冷却到室温时，用塞规检测。塞规是精密的界限量规，只能用来判断孔径是否合格，不能测量孔的实际尺寸。

2）用内测千分尺测量

内测千分尺是内径千分尺的一种特殊形式，其量爪方向与外径千分尺量爪相反，内测千分尺的测量范围为 5～10 mm 和 25～50 mm，其分度值为 0.01 mm。内测千分尺的使用方法与Ⅲ型游标卡尺的内、外测量爪测量内径尺寸的使用方法相同（见图 5-26）。

三、技能训练

车孔练习，如图 5-27 所示。

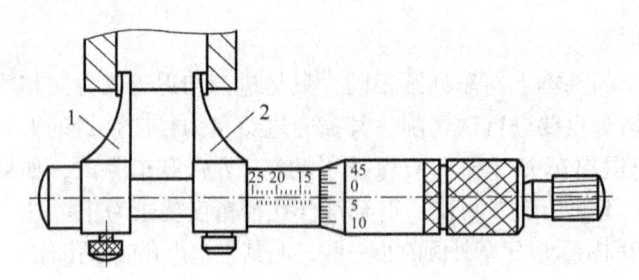

图 5-26　内测千分尺及其使用

1—固定量爪；2—活动量爪

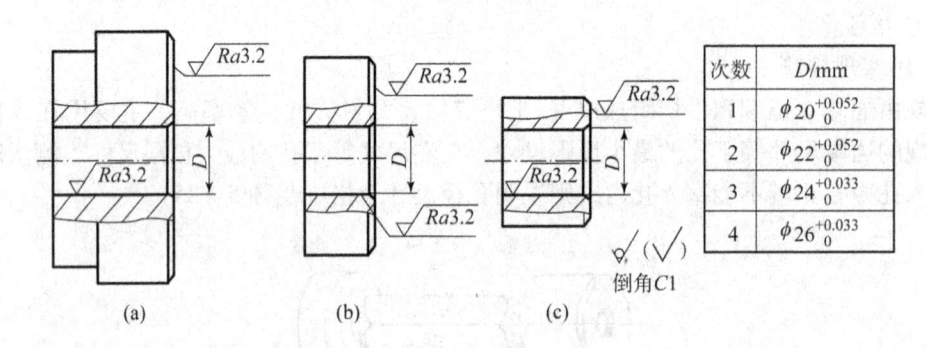

次数	D/mm
1	$\phi 20^{+0.052}_{0}$
2	$\phi 22^{+0.052}_{0}$
3	$\phi 24^{+0.033}_{0}$
4	$\phi 26^{+0.033}_{0}$

倒角 C1

图 5-27　车孔练习件

材料：HT150（车孔练习件，若经扩张练习，则从第 2 次要求开始）

操作步骤如下：
(1) 夹持外圆，校正并夹紧。
(2) 车端面（车平即可）。
(3) 钻孔 $\phi 18$。
(4) 粗、精车孔径尺寸至要求（粗车时，留精车余量 0.3 mm）。
(5) 孔口倒角 C1。
(6) 检查合格后取下工件。

四、注意事项

(1) 注意中滑板进退方向和车外圆相反。
(2) 在孔内取出塞规时，应注意安全，防止与内孔车刀碰撞。
(3) 用塞规检查孔径时，塞规不能倾斜，以防造成孔小的错觉而把孔径车大，相反，在孔径小的时候，不能用塞规硬塞，更不能用力敲击。
(4) 车削铸铁内孔至接近孔径尺寸时，不要用手去抚摸，以防增加车削困难。
(5) 精车内孔时，应保持刀刃锋利，否则容易将孔车成锥形。

课题四 车台阶孔、平底孔

一、实习教学要求

（1）了解台阶孔的作用和技术要求。
（2）掌握车台阶孔的步骤和方法。
（3）能使用内径百分表测量孔径。
（4）能分析车孔时产生废品的原因及防止方法。

二、相关工艺知识

1. 内孔车刀的装夹

车孔刀的装夹应使刀尖与工件中心等高或稍高，刀柄伸出长度应尽可能短些。除此以外，车孔刀的主刀刃应与平面成 $3°\sim5°$ 夹角，如图 5-28 所示，在车台阶内平面时，横向应有足够的退刀余地，而车削平底孔时必须满足 $a<R$ 的条件，否则无法车完平面，且刀尖应与工件中心严格对准。

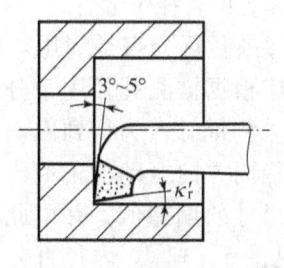

图 5-28 车孔刀的装夹

2. 车台阶孔的方法

（1）车削直径较小的台阶孔时，由于观察困难，尺寸精度不易控制，所以常采用先粗、精车小孔，再粗、精车大孔的顺序进给加工。

（2）车大的台阶孔时，在便于测量小孔尺寸且视线不受影响的情况下，一般先粗车大孔和小孔，再精车大孔和小孔。

（3）车大、小孔径相差较大的台阶孔时，最好先使用主偏角略小于 90°（一般 $\kappa_r = 85°\sim88°$）的车刀进行粗车，然后用盲孔车刀（即内偏刀）精车至要求，如果直接用内偏刀车削，切削深度不可太大，否则刀尖容易损坏，其原因是刀尖处于刀刃的最前端，切削时刀尖先切入工件，因此承受切削抗力最大，加上刀尖本身强度较差，所以容易碎裂；其次由于刀柄细长，在轴向抗力作用下，切削深度大，容易产生振动和扎刀。

（4）车孔深度的控制。
粗车时常采用的方法：
① 在刀柄上刻线痕做记号（见图 5-29）；
② 装夹车孔刀时安放限位铜片（见图 5-30）；

③ 利用床鞍刻度盘的线控制。

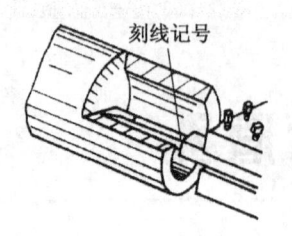

图5-29 在刀柄上刻线痕控制孔深 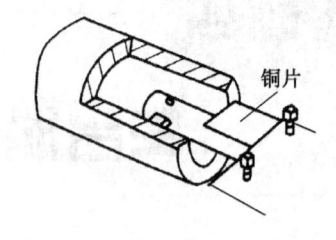　　图5-30 用限位铜片控制孔深

精车时常采用的方法：
① 利用小滑板刻度盘的刻线控制；
② 用深度游标卡尺测量控制。

3. 内径百分表的测量方法

内径百分表结构如图5-31所示，百分表装夹在测架1上，触头（活动测量头）6通过摆动块7、杆3将测量值1∶1传递给百分表。测量头5可根据被测孔径大小更换，定心器4用于使触头自动位于被测孔的直径位置。

内径百分表是利用对比法测量孔径的，测量前应根据被测孔径用千分尺将内径百分表对准零位。测量时，为得到准确的尺寸，活动测量头应在径向方向摆动找正最小值，这个值即为孔径基本尺寸的偏差值，并由此计算出孔径的实际尺寸（见图5-32）。内径百分表主要用于测量精度要求较高且较深的孔。

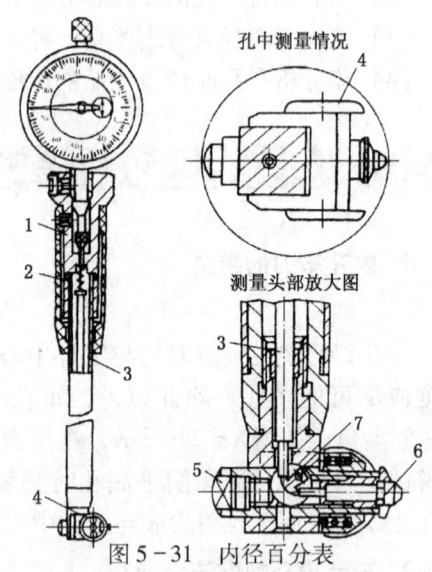

图5-31 内径百分表
1—测架；2—弹簧；3—杆；4—定心器；
5—测量头；6—触头；7—摆动块

三、技能训练

1. 车台阶孔（见图5-32）

加工步骤如下：
（1）夹持外圆，校正并夹紧。
（2）车端面。
（3）粗车两孔成形，孔径留精车余量0.3~0.5 mm，孔深车至要求。
（4）精车小孔和大孔及孔深至尺寸要求。
（5）倒角$C0.5$。

2. 车平底孔（见图5-33）

加工步骤如下：
（1）夹持外圆，校正并夹紧。

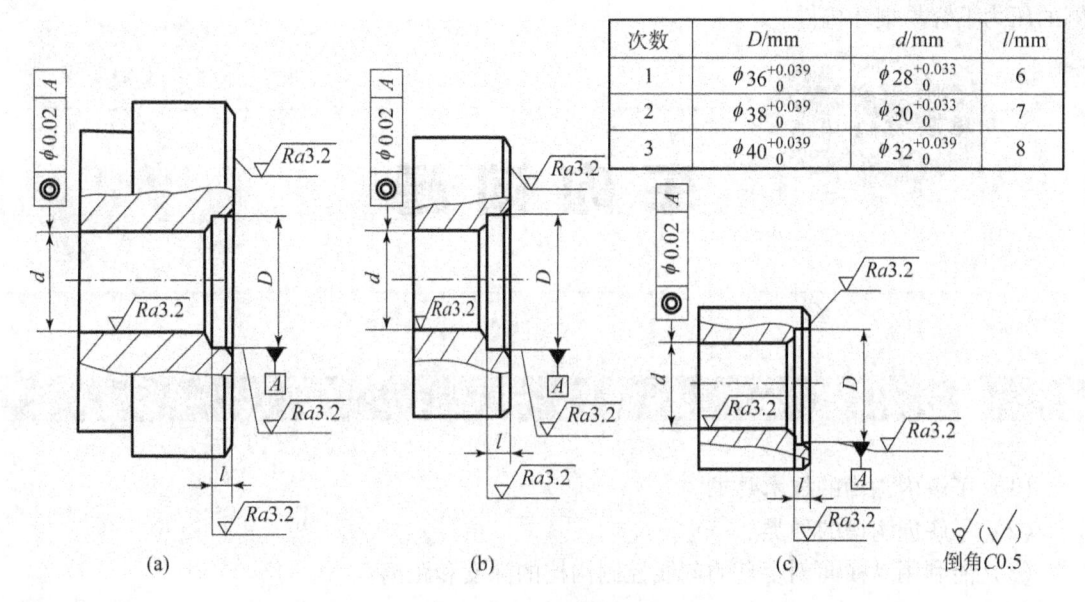

次数	D/mm	d/mm	l/mm
1	$\phi36^{+0.039}_{0}$	$\phi28^{+0.033}_{0}$	6
2	$\phi38^{+0.039}_{0}$	$\phi30^{+0.033}_{0}$	7
3	$\phi40^{+0.039}_{0}$	$\phi32^{+0.039}_{0}$	8

(a)　　　　　(b)　　　　　(c)　　　倒角C0.5

图 5-32　车台阶孔练习件

材料：HT150（车通孔练习件）、45 号钢（棒料）

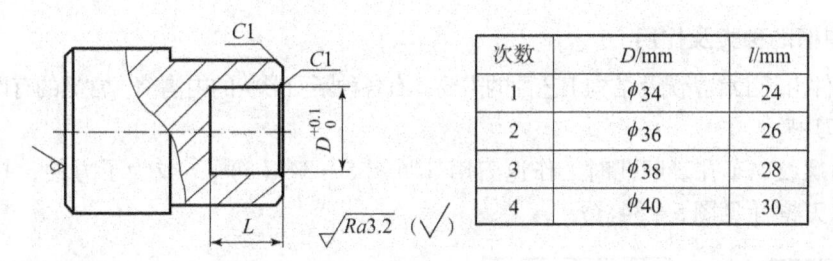

次数	D/mm	l/mm
1	$\phi34$	24
2	$\phi36$	26
3	$\phi38$	28
4	$\phi40$	30

图 5-33　车平底孔练习件

材料：HT150　1 件

（2）车端面，钻孔 $\phi30$、深 23 mm（包括钻尖在内）。
（3）用扩孔钻扩孔至 $\phi33.5$、深 23.5 mm。
（4）精车端面、内孔及底面至尺寸要求。
（5）孔口倒角 C1。
（6）检查合格后放下工件。

四、注意事项

（1）要求内平面平直，孔壁与内平面相交处清角，并防止出现凹坑和小台阶。
（2）孔径应防止出现喇叭口和试刀痕迹。
（3）用内径百分表测量前，应首先检查整个测量装置是否正常，如固定测量头有无松动、百分表是否灵活、指针转动后是否能回到原来的位置、指针对准的零位是否走动等。
（4）用内径百分表测量时，不能超过其弹性极限，强迫把表放入较小的内孔中，在旁侧的压力下容易损坏机件。

课题五　车内沟槽

一、实习教学要求

（1）了解内沟槽的技术要求。
（2）了解内沟槽的种类。
（3）能利用纵横向刻度盘的刻线控制沟槽的深度和距离。

二、相关工艺知识

1. 内沟槽的种类及作用

机械零件由于工作情况及结构工艺性的需要，有各种断面形状的内沟槽，常见的有以下几种。

1）退刀槽

在车内螺纹、车孔、磨孔时，作退刀用［见图5-34（a）］，或为了方便，拉油槽在两端加工有退刀槽［见图5-34（b）］。

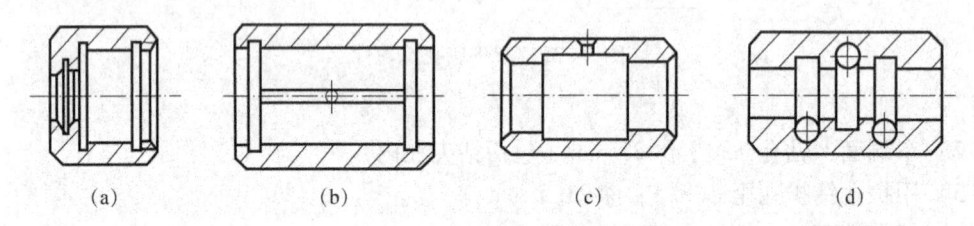

　　　(a)　　　　　(b)　　　　　(c)　　　　　(d)

图5-34　内沟槽的种类
(a) 梯形内沟槽和退刀槽；(b) 油槽内沟槽；(c) 较长的内沟槽；(d) 阀中的内沟槽

2）密封槽

其内梯形槽内嵌入油毛毡，防止轴上润滑剂溢出和防尘（见图5-34）。

3）轴向定位槽

在内孔中适当位置的内沟槽中嵌入弹性挡圈，以实现相关零件的轴向定位。

4）储油槽

用作通过和储存润滑油［见图5-34（c）］。这种较长的内沟槽利于轴套内孔的加工和良好的定位。

5）油气通道槽

在液压或动滑阀中加工的内沟槽，用于通油或通气［见图5-34（d）］。

2. 内沟槽车刀

内沟槽车刀与切断刀的几何形状相似，但装夹方向相反，加工小孔中的内沟槽，车刀做成整体式，而在大直径内孔中车内沟槽的车刀常为机械夹固定式车刀，如图5-35所示。

内沟槽车刀的刀度如图5-36所示。

图5-35 内沟槽车刀
(a) 整体式；(b) 机械夹固式

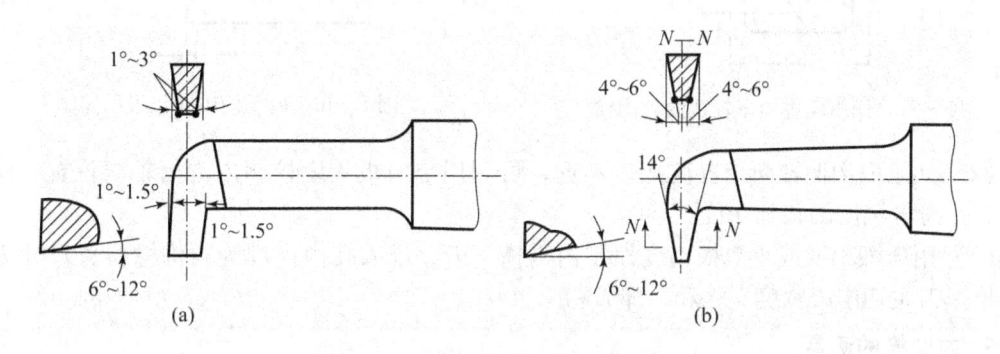

图5-36 内沟槽车刀的几何角度
(a) 内沟槽车刀；(b) 梯形内沟槽车刀

由于内沟槽通常与孔轴线垂直，因此，要求内沟槽车刀的刀体与刀柄轴线垂直。装夹内沟槽车刀时，应使主切削刃与内孔中心等高或略高，两侧副偏角必须对称。

3. 车内沟槽的方法

宽度较小和要求不高的内沟槽，可用主切削刃宽度等于槽宽的内沟槽车刀采用直进法一次车出，如图5-37所示。

要求较高或较宽的内沟槽，可采用直进法分几次车出，粗车时，槽壁和槽底应留精车余量，然后根据槽宽、槽深要求进行粗车，如图5-38所示。

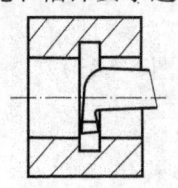

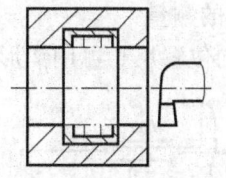

图5-37 用直进法车内沟槽　　图5-38 用多次直进法车较宽的内沟槽

深度较大、宽度很大的内沟槽，可用车孔刀先车出凹槽（见图5-39），再用内沟槽车刀车沟槽两端垂直面。

4. 内沟槽深度和位置控制

1) 内沟槽深度尺寸的控制方法

（1）摇动床鞍与中滑板，将内沟槽车刀伸入孔口，并使主切削刃与孔壁接触，此时中滑板手柄刻度盘为0。

（2）根据内沟槽深度计算出中滑板刻度的进给格数，并在进给终止相应刻度位置用记号笔做出标记或记下刻度值。

（3）使内沟槽车刀主切削刃退离孔壁0.3~0.5 mm，在中滑板刻度盘上做出退刀位置标记。

2）内沟槽轴向位置尺寸控制方法

（1）移动床鞍和中滑板，使内沟槽车刀的副切削刃与工件端面轻轻接触，如图5-40所示，此时床鞍大手轮刻度盘刻度为0位。

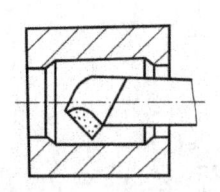

图5-39 用纵向进给车较宽的内沟槽

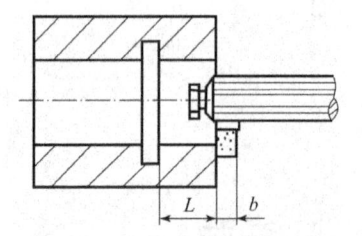

图5-40 内沟槽轴向位置的控制

（2）如果内沟槽轴向位置离孔口不远，可利用小滑板刻度控制内沟槽轴向位置，同时应先将小滑板刻度调整到0位。

（3）用床鞍刻度或小滑板刻度控制内沟槽车刀，进入孔内深度为内沟槽位置尺寸 L 和内沟槽车刀主切削刃宽度 b 之和，即 $L+b$。

5. 内沟槽的测量

1）深度的测量

内沟槽深度用弹簧内卡钳配合游标卡尺或千分尺（见图5-41）测量时，先将弹簧内卡钳收缩并放入内沟槽，然后调节卡钳螺母，使卡脚与槽底经表面接触并松紧适度，将内卡钳收缩取出，恢复到原来尺寸，最后用游标卡尺或外径千分尺测出卡钳张开距离。

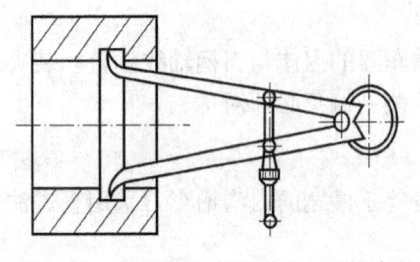

图5-41 用弹簧内卡钳测量内沟槽直径

直径较大的内沟槽可用弯脚游标卡尺测量，如图5-42所示。

2）轴向尺寸的测量

内沟槽的轴向位置尺寸可用钩形深度游标卡尺测量（见图5-43）。

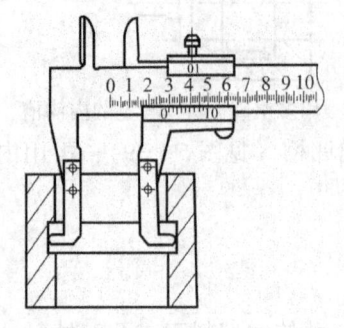

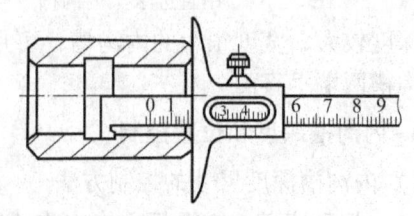

图5-42 用弯脚游标卡尺测量内沟槽直径　　图5-43 用钩形深度游标卡尺测量内沟槽的轴向位置尺寸

3) 宽度的测量

内沟槽宽度可用样板测量（见图 5-44）。当孔径较大时，可用游标卡尺测量（见图 5-45）。

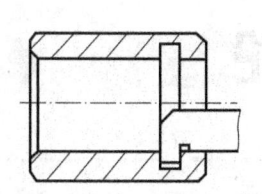

图 5-44　用样板测量内沟槽宽度

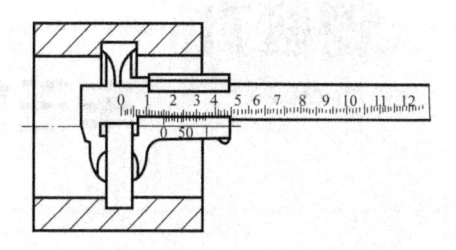

图 5-45　用游标卡尺测量内沟槽宽度

三、技能训练

车内沟槽，如图 5-46 所示。

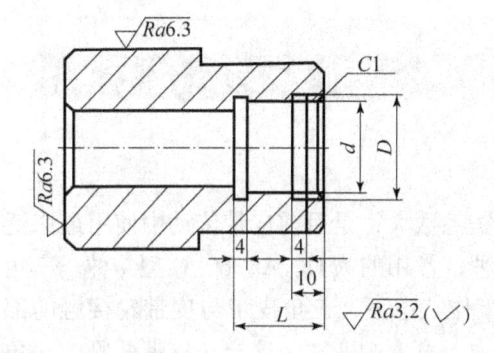

次数	d/mm	D/mm	L/mm
1	$\phi 36^{+0.039}_{\ 0}$	$\phi 38$	24
2	$\phi 39^{+0.039}_{\ 0}$	$\phi 41$	26
3	$\phi 42^{+0.039}_{\ 0}$	$\phi 45$	28
4	$\phi 46^{+0.039}_{\ 0}$	$\phi 50$	30

图 5-46　车内沟槽练习件

材料：HT150（铰孔训练件）

加工步骤如下：

(1) 夹持小端外圆，车端面，车大端外圆，倒角 $C1$。
(2) 调头夹持大端外圆，车端面。
(3) 车内孔 $\phi 36^{+0.039}_{\ 0}$ 至尺寸。
(4) 车两条内沟槽 $\phi 38$ 宽 4 mm 至要求。
(5) 孔口倒角 $C1$。
(6) 检查合格后取下工件。

四、注意事项

(1) 刀尖应严格对准工件旋转中心，否则底平面无法车平。
(2) 车刀纵向切削至接近底平面时，应停止自动走刀，用手动代替，以防碰撞。
(3) 控制沟槽之间的距离时，要选定统一的测量基准。
(4) 切底槽时，注意使其与底平面平滑连接。

(5) 应利用中拖板刻度盘的读数控制沟槽的深度和退刀的距离。

课题六 车三角皮带轮

一、实习教学要求

(1) 了解三角皮带轮的用途和技术要求。
(2) 掌握车削三角皮带轮的步骤和方法。
(3) 懂得测量梯形槽的方法。

二、相关工艺知识

1. 三角皮带的种类和角度

三角皮带是通过三角皮带来传递动力的,其摩擦系数大,是目前皮带传动中使用最广泛的一种。三角皮带有O、A、B、C、D、E、F型7种,常用的为O、A、B、C型4种。三角皮带在自由状态下,其断面形状为40°梯形,但在工作状态下,三角皮带与皮带轮接触的部分,皮带外圈受拉伸力,宽度则变窄,内圈受压缩力,宽度则变宽,这样,皮带两侧的夹角则变小。在同一根三角皮带传动下,由于皮带直径不够,所以在皮带轮上标注的梯形槽角度也不同。

2. 三角皮带轮的技术要求

(1) 梯形外沟槽应与孔轴心线同轴,否则皮带轮传动时三角皮带会产生时松时紧、噪声和动力传递不均匀等现象。

(2) 相同的几条梯形沟槽要求宽度一致,否则容易在三角皮带传动时出现一条皮带松、一条皮带紧的现象,也容易损坏三角皮带和造成传递动力不足。

(3) 沟槽的夹角应垂直于轴心线。

3. 三角皮带的车削方法

(1) 粗车成形,即外圆、内孔和端面先粗车,留有一定的精车余量,然后在外圆表面上划线,控制槽距位置。

(2) 车削梯形沟槽通常有两种车削方法。

① 较大的梯形沟槽,一般先切直槽[见图5-47 (a)],再用成形刀修整[见图5-47 (b)]。

② 较小的梯形沟槽,一般用成形刀一次车削成形,用这种方法加工的沟槽,切削力较大,最好用活顶尖支顶后进行,否则容易使工件走动。为此精加工时,一般应先车沟槽,然

后再精车其余各部，否则会影响工件同轴度。

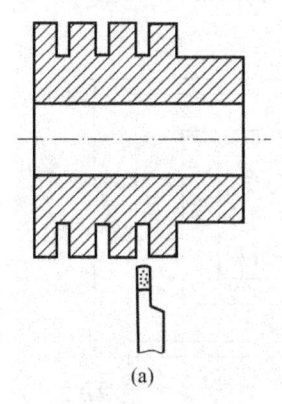

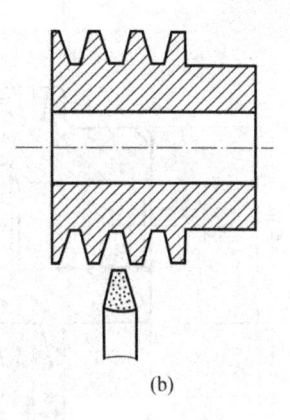

图 5-47 车三角皮带槽
(a) 切直槽；(b) 用成形刀修整

4. 测量三角皮带轮沟槽的方法

(1) 用样板进行测量，如图 5-48（a）所示。
(2) 用量角器测量皮带轮沟槽的半角，如图 5-48（b）所示。

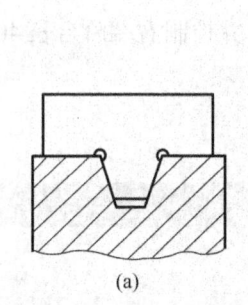

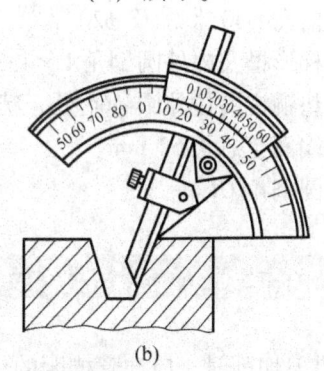

图 5-48 测量三角形皮带轮沟槽
(c) 用样板测量；(b) 用量角器测量沟槽半角

三、技能训练

三角皮带轮车削练习，如图 5-49 所示。
加工步骤如下：
(1) 夹住外圆长 30 mm 左右，校正夹紧。
(2) 粗车端面及外圆 $\phi46$ 长 22mm 至 $\phi47$ 长 21 mm。
(3) 调头，夹紧外圆 $\phi47$ 处。
(4) 粗车端面，保持阶台长 42 mm，总长 63 mm。
(5) 粗车外圆 $\phi66_{-0.2}^{0}$。
(6) 钻通孔 $\phi18$，扩孔 $\phi29 \times 24$ mm。
(7) 在 $\phi66_{-0.2}^{0}$ 外圆上涂色划线，控制槽距。

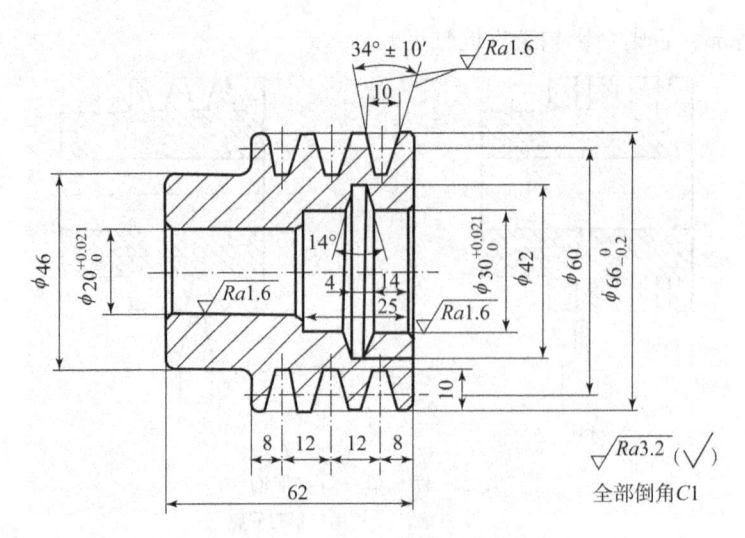

图 5-49 三角皮带轮车削练习件

(8) 用切槽刀、成形刀切梯形沟槽至图样要求。
(9) 精车端面及外圆 $\phi 66_{-0.2}^{0}$。
(10) 精镗内孔 $\phi 30_{0}^{+0.021}$ 及 $\phi 20_{0}^{+0.021}$ 至尺寸。
(11) 切内梯形槽及内外圆倒角 $1\times 45°$。
(12) 调头垫铜皮夹住外圆 $\phi 66$ 处，精车 $\phi 46$ 外圆，并控制右端阶台长 40 mm。
(13) 精车端面至总长 62 mm。
(14) 内外圆倒角 $C1$。

四、注意事项

(1) 左右借刀切削时，应注意槽距的位置偏差。
(2) 安装梯形沟槽车刀时，刀尖角应垂直于轴心线。
(3) 用样板测量梯形槽时，必须通过工件中心。

课题七 铰 孔

一、实习教学要求

(1) 了解铰刀的种类规格。
(2) 懂得铰刀的选择、安装和铰削方法。

(3) 合理选择铰削用量和切削液的使用。
(4) 能分析铰孔时产生废品的原因及其防止方法。

二、相关工艺知识

铰刀可以从工件孔壁上切除微量金属层,以提高尺寸精度和减少其表面粗糙度值,其主要应用于普通孔的精加工。铰刀加工孔的尺寸精度可达 IT9~IT7,表面粗糙度 Ra 值可达 1.6~0.4 μm。

1. 铰刀

铰刀是尺寸精确、刚性好的多刃刀具,铰刀由工作部分、颈部和柄部组成(见图 5-50)。

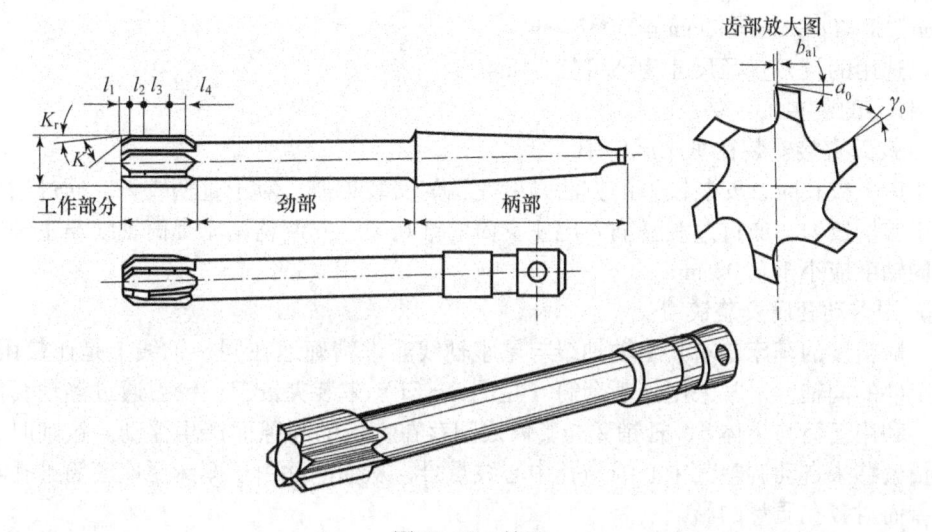

图 5-50 铰刀

1) 铰刀的几何形状

(1) 柄部。铰刀的柄部有柱形、圆锥形和圆柄方榫三种形状,柄部的作用是装夹和传递转矩。

(2) 工作部分由导向部分(l_1)、切削部分(l_2)、修光部分(l_3)和倒锥(l_4)组成。

① 导向部分是铰刀开始进入孔内时的导向部分,其导向角一般为 45°。

② 切削部分担负主要切削工作,其切削锥角较小,因此铰削时定心好、切屑薄。铰刀切削部分的主要角度有前角、后角、主偏角和刃倾角。铰刀的前角 γ_0 一般为 0°,粗铰钢料时可取 γ_0 为 5°~10°;后角一般取 α_0 = 6°~8°;主偏角一般取 κ_r = 3°~15°。

③ 修光部分是带有棱边的圆柱形刀齿,在切削中起定向、修光孔壁的作用。

④ 倒锥部分可减小铰刀与孔壁之间的摩擦,还可防止产生喇叭形孔口和孔径扩大。

铰刀的齿数一般为 4~8 齿,为了便于测量铰刀直径和在切削中使切削力对称,并使铰出的孔有较高的圆度,一般都将铰刀做成偶数齿。

2) 铰刀的种类

(1) 铰刀按用途分机用铰刀和手用铰刀。机用铰刀的柄有直柄和锥柄两种。铰孔时由车床尾座定向,因此机用铰刀工作部分较短,主偏角较大,标准机用铰刀的主偏角 $\kappa_r = 15°$。手用铰刀的柄部做成方榫形,以方便手用铰刀在铰孔时的定向和减少进给力,手用铰刀的工作部分较长,主偏角较小,一般为 $\kappa_r = 40' \sim 4°$。

(2) 铰刀按切削部分材料不同分为高速钢铰刀和硬质合金铰刀。

3) 铰刀尺寸的选择

铰孔的精度主要决定于铰刀的尺寸精度,其基本尺寸与孔基本尺寸相同。铰刀直径应包含被铰孔直径及其公差、铰孔时的孔径扩张量或收缩量和铰刀的磨损公差及制造公差等诸多因素。

由于铰孔后孔径会扩张或缩小,目前对孔的扩张或缩小量尚无统一规定,故铰刀的直径多采用经验数值:铰基准孔时铰刀的制造公差约为孔公差 T_H 的 1/3,其中上偏差 $ES = (2/3)T_H$,下偏差 $EI = (1/3)T_H$。

例如:铰削 $\phi 20H7({}^{+0.021}_{0})$ 的孔,则选用铰刀的基本尺寸 $= \phi 20$ mm,$ES = 2/3 \times 0.021$ mm $= 0.014$ mm,$EI = 1/3 \times 0.021$ mm $= 0.007$ mm

所以选用的铰刀直径尺寸为 $\phi 20^{+0.014}_{+0.007}$ mm。

4) 铰刀的装夹

(1) 铰刀直接安装在车床尾座中。

在车床上铰孔时,安装铰刀的方法与麻花钻的安装类似,对于直柄铰刀,通过钻夹头安装,对于锥柄铰刀,通过过渡套插入尾座套筒的锥孔中,并调整尾座套筒轴线与主轴轴线相重合,同轴度应小于 0.02 mm。

(2) 用浮动套筒安装铰刀。

对一般精度的车床要求其主轴轴线与尾座轴线非常精确地在同一轴线上是比较困难的,为保证工件的同轴度,常采用浮动套筒(见图 5-51)来装夹铰刀。铰刀通过浮动套筒 1 插入孔中,利用套筒与主体 3、轴销 2 与套筒之间存在一定的间隙而产生浮动。铰削时,铰刀通过微量偏移来自动调整其中心线与孔中心线重合,从而消除由于车床尾座套筒锥孔与主轴同轴误差而对铰孔质量的影响。

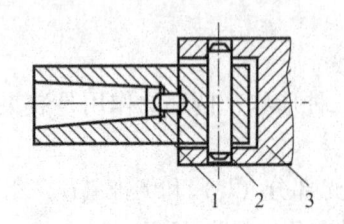

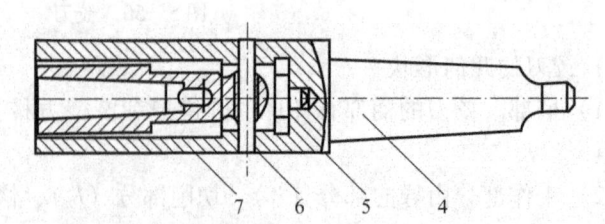

图 5-51 浮动套筒
1,7—套筒;2,6—轴销;3,4—主体;5—支撑块

2. 铰孔方法

1) 铰孔余量的确定

铰孔前,一般先经过钻孔、扩孔或车孔等半精加工,并留有适当的铰削余量,且余量的大小直接影响到铰孔的质量。铰孔余量一般为 0.08~0.20 mm,用高速钢铰刀铰削余量取小值,用硬质合金铰刀铰削余量取大值。

2) 铰削时切削用量选择

(1) 铰削时的 a_p 为铰削余量的一半。

(2) 铰削时,采用较低的切削速度以避免产生积屑瘤;切削速度越低,表面粗糙度值越小、铰削钢件时一般小于 5 m/min，铰削铸件时，一般小于 8 m/min。

(3) 铰削时，由于切屑少且铰刀上有修光部分，故进给量可取大些，进给量的取值与被加工孔径有关，孔径越大，进给量取值越大，一般可取 0.2~1 mm/r。

3) 铰孔方法

(1) 准备工作。

① 找正尾座套筒中心，铰刀中心线必须与车床主轴轴线重合，若尾座中心偏离主轴轴线，则会使铰出的孔尺寸扩大或孔口形成喇叭口。

② 尾座应固定在床鞍上的适当位置，使铰孔时尾座套筒的伸出长度在 50~60 mm 范围内，为此，可移动尾座，使铰刀离工件端面为 5~10 mm 处，然后锁紧尾座。

③ 选好铰刀，铰孔的尺寸精度和表面粗糙度在很大程度上取决于铰刀的质量，所以铰孔前应检查铰刀刃口是否锋利和完好无损，以及铰刀尺寸公差是否适宜。

(2) 铰孔方法。

① 铰通孔。

a. 摇动尾座手轮，使铰刀的引导部分轻轻进入孔口，深度为 1~2 mm。

b. 启动车床，加注充分的切削液，双手均匀摇动尾座手轮，进给量约 0.5 mm/r，均匀地进给至铰刀切削部分的 3/4 超出孔末端时，即反向摇动尾座手轮，将铰刀从孔内退出［见图 5-52 (a)］，此时工件应继续做主运动。

c. 将内孔擦净后，检查孔径尺寸。

② 铰盲孔。

a. 开启机床，加切削液，摇动尾座手轮进行铰孔，铰刀端部与孔底接触后会对铰刀产生轴向切削抗力，手动进给当感觉到轴向切削抗力明显增加时，表明铰刀端部已到孔底，应立即将铰刀退出。

b. 铰较深的不通孔时，切屑排出比较困难，通常中途应退刀数次，用切削液和刷子清除切屑后再继续铰孔［见图 5-52 (b)］。

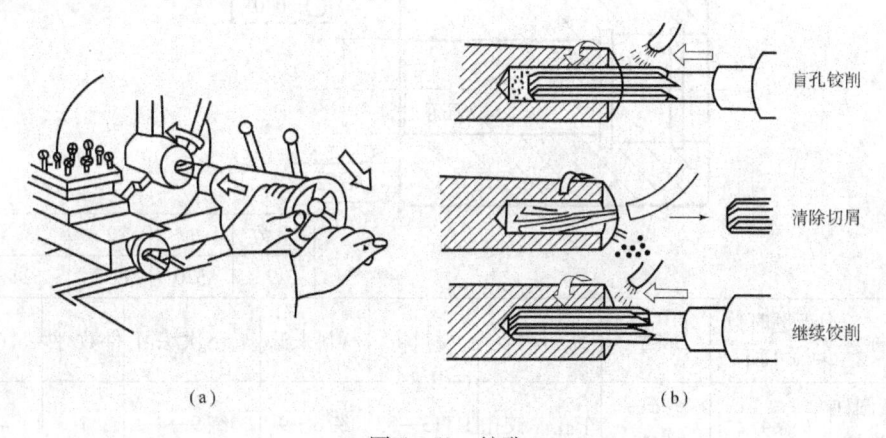

图 5-52 铰孔
(a) 铰通孔；(b) 铰不通孔

(3) 铰孔时切削液的选用。

铰孔时必须用适当的切削液进行冷却、润滑和清洗，以防止产生积屑瘤并减少切屑在铰刀和孔壁上的粘附。一般用新铰刀铰钢件时，可用 10%~15% 的乳化液作切削液，以不致使孔径扩大，旧铰刀则用油类作切削液，可使孔稍微扩大一点；铰铸件时，新铰刀一般用煤油，以减小表面粗糙度值，铰削钢件时用硫化乳化油，铰削青铜式铝合金时用 2 号锭子油和煤油。

三、技能训练

1. 钻、扩、铰孔练习（见图5-53）

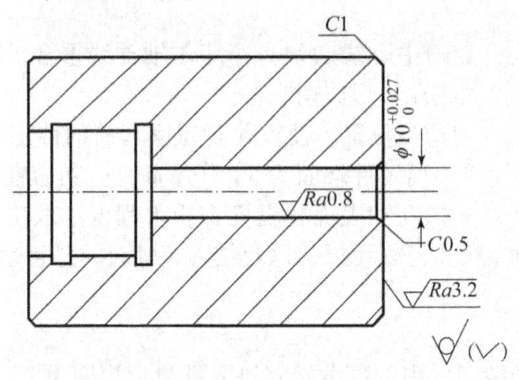

图5-53 钻、扩、铰孔练习件

加工步骤如下：

（1）夹住外圆车端面。

（2）用中心钻钻定位孔。

（3）用 $\phi 9.5$ 麻花钻钻通孔，用 $\phi 9.8$ 麻花钻扩孔。

（4）用 $\phi 10$ 机用铰刀铰孔至尺寸要求。

2. 车、铰孔练习（见图5-54）

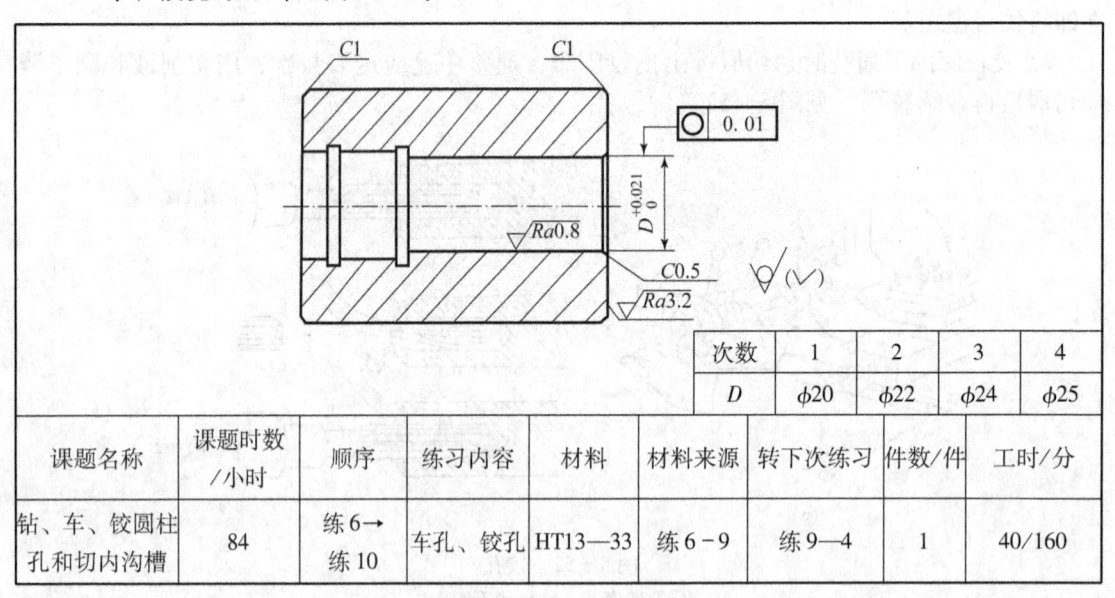

次数	1	2	3	4
D	$\phi 20$	$\phi 22$	$\phi 24$	$\phi 25$

课题名称	课题时数/小时	顺序	练习内容	材料	材料来源	转下次练习	件数/件	工时/分
钻、车、铰圆柱孔和切内沟槽	84	练6→练10	车孔、铰孔	HT13—33	练6-9	练9—4	1	40/160

图5-54 车、铰孔练习件

加工步骤如下：

（1）夹住外加圆，校正夹紧。

（2）扩孔、车孔。

（3）用机用铰刀铰孔至尺寸。

四、注意事项

（1）切削液不能间断，浇注位置应在切削区域。
（2）注意铰刀保养，以防敲毛碰伤。
（3）铰削钢件时，应防止产生刀瘤，否则容易把孔拉毛或铰坏。
（4）要保证铰刀中心与工件中心一致，以免铰孔产生锥形或把孔径铰大。
（5）应先试铰，以免造成废品。

课题八 复合作业综合技能训练

一、实习教学要求

（1）通过复合作业的练习，要求进一步巩固和熟练掌握车内外圆、阶台、沟槽的操作技能。

操作内容要包括在三、四爪卡盘和一夹一顶、两顶尖上安装工件，车削无阶台与有阶台的外圆和端面，切直形、圆弧形槽和钻中心孔以及车套、齿轮坯等零件。

（2）达到进行一定数量的轴类零件加工的要求。
① 能较快地调整尾座来校正锥度。
② 了解车削轴类零件产生废品的原因和防止方法。
③ 了解同轴度的意义和掌握达到同轴度要求的加工方法。
④ 掌握检查轴类零件同轴度的方法。
⑤ 掌握利用大滑板刻度控制阶台长度的方法。

（3）进行一定数量套、齿轮坯零件加工。
① 能较熟练地掌握车内孔，并达到所要求的尺寸精度和表面粗糙度。
② 掌握达到内孔与外圆的同轴度、内孔与端面的垂直度、两端面平行度的测量加工方法。
③ 掌握检查套类、齿轮坯零件的同轴度、垂直度和平行度的测量方法。
④ 能自制简单工艺心轴进行加工。
⑤ 了解套类、齿轮坯工件加工产生废品的原因和防止方法。
⑥ 能根据零件精度的不同要求，正确选择和使用不同量具。
⑦ 能较合理地选择切削用量。

二、技能训练

1. 固定套加工练习（见图5-55）

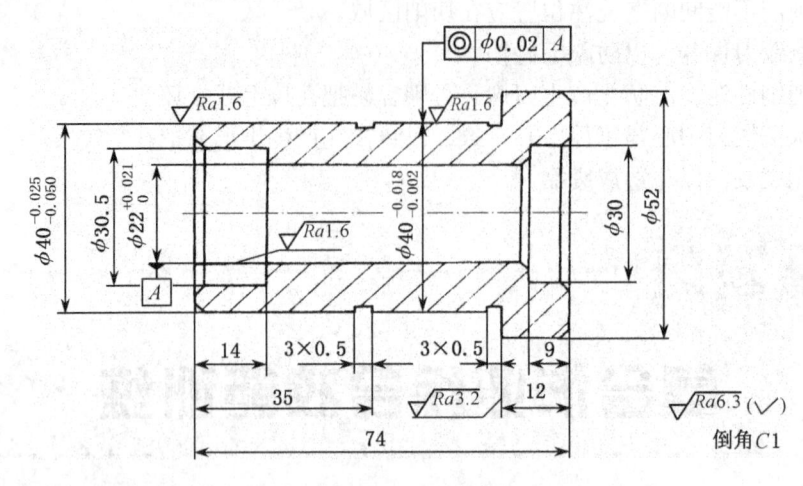

图 5-55 固定套
材料：HT200 铸件 1件

工艺分析如下：

(1) $\phi 40k6$ ($^{+0.018}_{+0.002}$) 外圆柱面的轴线对基准孔 $\phi 22H7$ ($^{+0.021}_{0}$) 的轴线同轴度误差要求为 $\phi 0.02$。因此，加圆与内孔应在一次装夹中加工至要求。

(2) 内孔 $\phi 22H7$ ($^{+0.021}_{0}$) 的精加工可以采用精车或铰削的方法保证，因其是单件生产，本例采用精车方案。如生产为批量生产，则可选择铰削，以提高生产效率，铰前车孔留余量为 0.10~0.15 mm。

(3) 精车外圆时，可用回转顶尖轻轻顶住孔口，以防止发生振动。

加工步骤如下：

(1) 用三爪自定心卡盘夹持 $\phi 52$ 毛坯外圆，校正并夹紧。

(2) 粗车小端面，车平即可，粗车台阶外圆 $\phi 42$ 长 63 mm。

(3) 钻通孔 $\phi 20$。

(4) 车台阶平底至 $\phi 28$ 深 14 mm，孔口倒角 C1。

(5) 工件调头，夹持 $\phi 42$ 外圆，校正并夹紧。

(6) 粗、精车端面，保持总长 74.5 mm，粗、精车大外圆 $\phi 52$ 全部至要求。

(7) 车台阶孔 $\phi 30$ 深 9 mm，外孔口和外圆倒角 C1，小孔口倒角 C2。

(8) 工件调头，夹持 $\phi 52$ 外圆，校正并夹紧。

(9) 精车小端面平面，保持总长 74 mm 至要求。

(10) 车台阶平底孔 $\phi 30.5$ 深 14 mm 至要求，小孔口去毛刺，外孔口倒角 C1。

(11) 车孔 $\phi 22^{+0.021}_{0}$ 至要求。

(12) 车退刀槽 3 mm×0.5 mm，割中间槽 3 mm×0.5 mm，保证尺寸 35 mm。

(13) 精车台阶外圆 $\phi 40^{-0.025}_{-0.050}$ 和 $\phi 40^{+0.018}_{+0.002}$ 至要求。

(14) 外圆倒角 C1，大外圆去锐角。

(15) 检查。

2. 滑移齿轮加工练习（见图 5-56）

工艺分析如下：

(1) 滑移齿轮为重要零件，毛坯采用 45 号钢锻造以提高其力学性能，训练时允许用棒料。

(2) 滑移齿轮需经调质处理，粗车时，应留余量，用于纠正热处理变形。

(3) 滑移齿轮的大端面，拨叉槽两侧对基准孔轴线的端面圆跳动，可采用以下方法保证。

① 单件生产时，齿轮顶圆、大端端面和内孔在一次装夹中车出，拨叉槽加工时以齿顶圆和大端端面为基准，用软卡爪装夹，软卡爪应按 φ76×10 mm 在车床上车出。

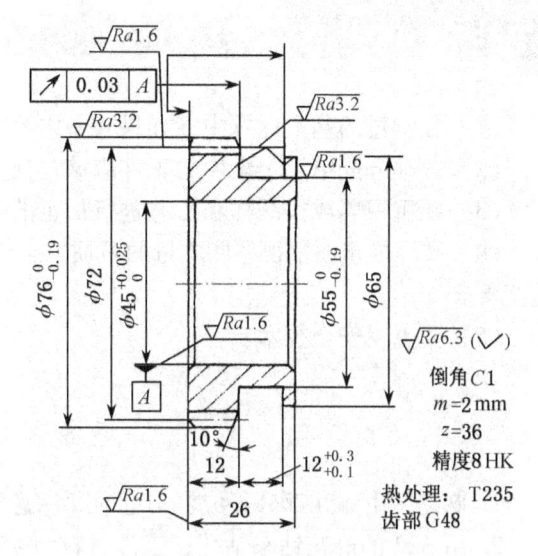

② 批量生产时，可用专用心轴以 $\phi 45^{+0.025}_{0}$ 孔定位进行车削。

加工步骤如下：

(1) 用三爪自定心卡盘夹持毛坯外圆，校正并夹紧。

(2) 车平面，车平即可。

(3) 粗车外圆至 φ78.5 长度 15 mm。

(4) 钻通孔 φ30。

(5) 车孔至 φ42，各处锐边倒角。

(6) 调头夹持 φ78.5 处，校正并夹紧。

(7) 车端平面，保持总长 28.5 mm。

(8) 粗车台阶外圆至 φ67.5，长 14 mm，各处锐边倒圆。

调质后车削步骤如下：

(1) 用三爪自定心卡盘夹持 φ67.5 处，校正并夹紧。

(2) 精车大端平面，车平即可。

(3) 精车齿顶外圆 $\phi 76^{0}_{-0.19}$，至要求。

(4) 精车通孔 $\phi 45^{+0.025}_{0}$，至要求。

(5) 外圆倒角 C1，孔口倒角 C1。

(6) 工件调头用软卡爪夹持，校正并夹紧。

(7) 车小端平面，保持总长 26 mm。

(8) 精车台阶外圆 φ6，保证轮齿厚度 12 mm。

(9) 车拨叉槽宽 $12^{+0.3}_{+0.1}$ mm，底径 $55^{0}_{-0.19}$ 至要求，槽宽、槽底应平直。

(10) 齿轮外圆倒角 10°，深 4.5 mm（径向）。

(11) 孔口倒角 C1，槽口及小端外圆去锐角。

(12) 检查。

图 5-56 滑移齿轮

材料：45 号钢　φ80 长 30 mm（锻件）　1 件

倒角 C1
$m=2$ mm
$z=36$
精度 8 HK
热处理：T235
齿部 G48

三、注意事项

（1）在学过的基本课题中，如果某一内容未达到教学要求，可进行补缺。
（2）教师分配给每个学生的工件应该包括实习教学要求的各项内容。
（3）要重视养成按图样和工艺进行加工的习惯。
（4）要养成全面重视零件质量的习惯，工件不仅要达到尺寸精度要求，还要达到表面粗糙度要求。
（5）要重视安全技术。

习　题

1. 麻花钻由哪几部分组成？刃磨时要注意哪些问题？
2. 用 $\phi 22$ 的麻花钻来钻孔，工件材料为 45 钢，若选用的车床主轴转速为400 r/min，求切削深度和切削速度？
3. 车孔的关键技术是什么？如何改善车孔刀的刚性？
4. 加工盲孔时所用的车刀为什么主偏角要大于 90°？请简述出原因。
5. 车削内沟槽要注意哪些问题？

第六单元
车内、外圆锥面

在机械制造中，因锥面配合紧密，拆装方便，多次拆装后仍能保持精确的对中性，因此被广泛应用于要求定位准确、能传递一定转矩和经常拆卸的配合件上，如车床主轴锥孔与顶尖的配合、车床尾座锥孔与麻花钻锥柄的配合等，如图6-1所示。常见的圆锥零件有圆锥齿轮、锥形主轴、带锥孔的齿轮和锥形手柄等，如图6-2所示。

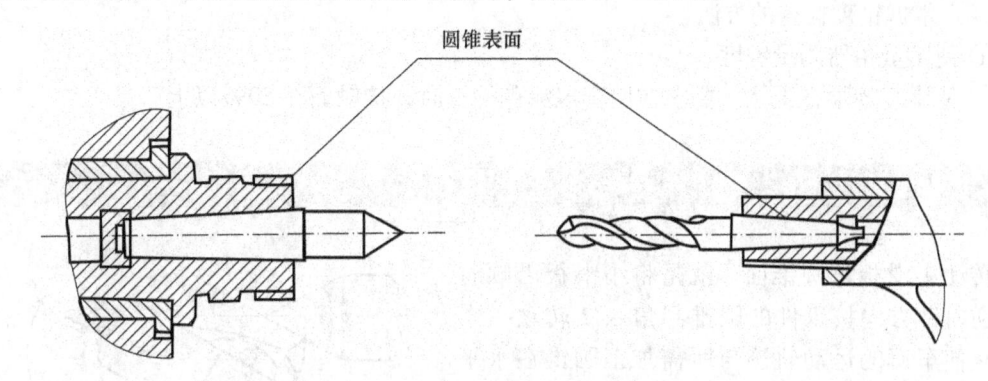

图6-1 圆锥面零件配合实例

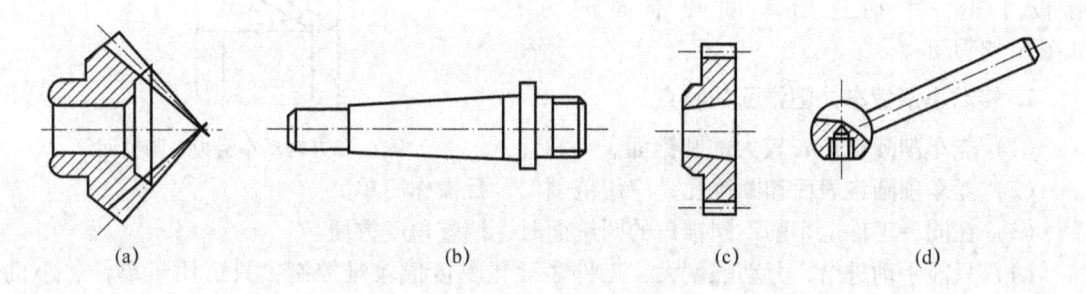

(a) (b) (c) (d)

图6-2 常见圆锥面的零件
(a) 圆锥齿轮；(b) 锥形主轴；(c) 带锥孔齿轮；(d) 锥形手柄

圆锥面配合的主要特点是：当圆锥角较小（在3°以下）时可以传递很大的转矩，圆锥面配合的同轴度较高，能做到无间隙配合。加工圆锥面时，除了对尺寸精度、形位精度和表面粗糙度具有较高要求外，对角度（或锥度）也有较高的精度要求。

课题一 转动小滑板车外圆锥面

一、实习教学要求

（1）了解圆锥体的作用和技术要求。
（2）掌握转动小滑板车圆锥面的方法。
（3）根据工件的锥度，会计算小滑板的转动角度。
（4）掌握锥度检查的方法。
① 使用量角器测量锥度。
② 使用套规检查锥体。要求在用套规涂色检查时，接触面在50%以上。

二、相关工艺知识

转动小滑板车圆锥面，就是将小滑板沿顺时针或逆时针方向按工件的圆锥半角 α/2 转动一个角度，使车刀的运动轨迹与所需加工圆锥在水平面内的素线平行，用双手配合均匀不间断转动小滑板手柄，手动进给车削圆锥面的方法如图6-3所示。

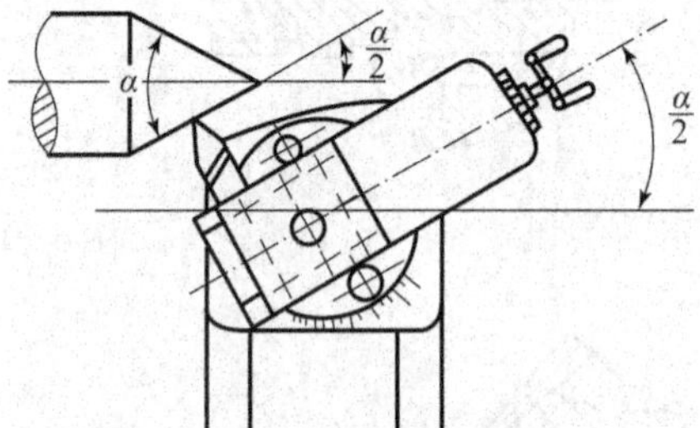

1. 转动小滑板车外圆锥面的特点

（1）能车削圆锥角 α 较大的圆锥面。
（2）能车削圆锥表面和圆锥孔，应用范围广，且操作简单。

图6-3 转动小滑板车圆锥面

（3）在同一工件上车削不同锥角的圆锥面时，调整角度方便。
（4）只能手动进给，劳动强度大，工件表面粗糙度值较难控制，只适用于单件、小批量生产。
（5）受小滑板行程的限制，只能加工长度不长的圆锥面。

2. 小滑板转动角度的计算

小滑板的转动角度，根据被加工工件的已知条件，可由下面公式计算求得：

$$\tan\alpha/2 = (1/2)C = (D-d)/2L$$

式中　α/2——圆锥半角（即小滑板转动角度）；

　　　C——锥度，圆锥大、小端直径之差与长度之比，即 $C = \dfrac{D-d}{L}$；

　　　D——圆锥大端直径，mm；

d——圆锥小端直径,mm;

L——圆锥大端直径与小端直径处的轴向距离,mm。

圆锥有四个基本参数：圆锥半角 $\alpha/2$ 或锥度 C、最大圆锥直径 D、最小圆锥直径 d、圆锥长度 L。在四个参数中，只要知道任意三个，另外一个未知参数就可以求出。在图样上一般都注明 D、d、L 这三个量，但是在车削圆锥时，往往需要转动小滑板的角度，所以必须计算出圆锥半角 $\alpha/2$。当圆锥半角 $\alpha/2 < 6°$ 时，可用近似公式计算：

$$\alpha/2 \approx 28.7° \times (D-d)/L \approx 28.7° \times C$$

例1 如图6-4所示，已知圆锥大端直径 $D = 20$，锥面长 $L = 15$，锥度 $C = 1/5$，试计算圆锥小端直径 d 及小滑板转动角度 $\alpha/2$，试用近似法计算圆锥半角 $\alpha/2$。

解 根据公式：

$$d = D - C \times L = 20 - (1/5) \times 15 = 17$$

小滑板转动角度：

$$\frac{\alpha}{2} = \arctan \frac{C}{2} = \arctan \frac{1}{10} = 57°$$

近似法计算圆锥半角：

$$\frac{\alpha}{2} = 28.7° \times \frac{D-d}{L} = 28.7° \times \frac{20-17}{15} = 5.74°$$

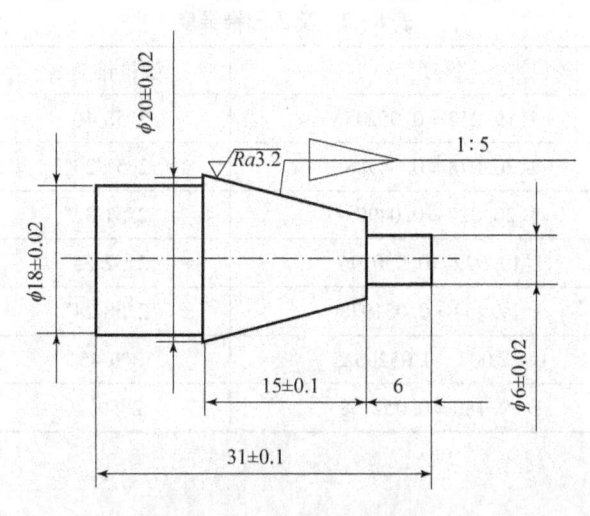

图6-4 圆锥尺寸计算

车削常用标准锥度（一般用途和特殊用途）的圆锥时，转动小滑板角度见表6-1。

表6-1 车削一般用途圆锥时小滑板转动角度

基本值	锥度 C	小滑板转动角度	基本值	锥度 C	小滑板转动角度
120°	1:0.289	60°	1:8	—	3°34′35″
90°	1:0.500	45°	1:10	—	2°51′45″
75°	1:0.652	37°30′	1:12	—	2°23′09″
60°	1:0.866	30°	1:15	—	1°54′33″

续表

基本值	锥度 C	小滑板转动角度	基本值	锥度 C	小滑板转动角度
45°	1:1.207	22°30′	1:20	—	1°25′56′
30°	1:1.866	15°	1:30	—	0°57′17″
1:3	—	9°27′44″	1:50	—	0°34′23″
1:5	—	5°42′38″	1:100	—	0°17′11″
1:7	—	4°05′08″	1:200	—	0°08′36″

3. 标准圆锥和常用标准锥度

为了制造和使用方便，常用的工具、刀具上的圆锥都已标准化，具有互换性，使用时只要号码相同，就能相互配合，常用的标准圆锥有莫氏圆锥和米制圆锥两种。

1）莫氏圆锥

莫氏圆锥是机器制造业中应用最广泛的一种圆锥，如车床主轴锥孔、钻头柄、回转顶尖等都是莫氏锥度。莫氏圆锥分7个号码，即0、1、2、3、4、5、6号，最小的为0号，最大的为6号。莫氏圆锥是从英制换算过来的，当号数不同时，圆锥半角也不同，莫氏圆锥的锥度见表6-2。

表6-2 莫氏圆锥锥度

号数	锥度	圆锥锥角 α	圆锥半角 α/2
0	1:19.212 = 0.05205	2°58′46″	1°29′23″
1	1:20.048 = 0.04988	2°51′20″	1°25′40″
2	1:20.020 = 0.04995	2°51′32″	1°25′46″
3	1:19.922 = 0.050196	2°52′25″	1°26′12″
4	1:19.254 = 0.051938	2°58′24″	1°29′12″
5	1:19.002 = 0.0526625	3°0′45″	1°30′22″
6	1:19.180 = 0.052138	2°59′4″	1°29′32″

2）米制圆锥

米制圆锥有8个号码，即4、6、80、100、120、140、160和200号（其中140号尽可能不采用）。米制圆锥的号码是指大端的直径，锥度固定不变，即 $C=1:20, \alpha/2=1°25′56″$。

3）其他专用的标准锥度

除了常用标准工具的圆锥外，还经常会遇到各种其他专用的标准锥度，见表6-3。

表6-3 专用的标准锥度

锥度 C	圆锥锥角 α	应用实例
1:4	14°15′	车床主轴法兰及轴头
1:5	11°25′16″	易于拆卸的连接，砂轮主轴与砂轮法兰的结合，锥形摩擦离合器等

续表

锥度 C	圆锥锥角 α	应用实例
1:7	8°10′16″	管件的开关塞、阀等
1:12	4°46′19″	部分滚动轴承内环锥孔
1:15	3°49′6″	主轴与齿轮的配合部分
1:16	3°34′47″	圆锥管螺纹
1:20	2°51′51″	米制工具圆锥、锥形主轴颈
1:30	1°54′35″	装柄的铰刀和扩孔钻与柄的配合
1:50	1°8′45″	圆锥定位销及锥铰刀
7:24	16°35′39″	铣床主轴孔及刀杆的锥体
7:64	6°15′38″	刨齿机工作台的心轴孔

4. 转动小滑板法车外圆锥面的操作方法和步骤

（1）装夹工件和车刀。工件旋转中心必须与主轴旋转中心重合，车刀刀尖必须严格对准工件的旋转中心，否则车出的圆锥素线将不是直线，而是双曲线。

（2）确定小滑板转动角度。根据工件图样选择相应的公式计算出圆锥半角 $\alpha/2$，圆锥半角 $\alpha/2$ 是小滑板应转动的角度。

（3）按工件上外圆锥面的倒、顺方向确定小滑板的转动方向。

车削正外圆锥（又称顺锥）面，即圆锥大端靠近主轴，小端靠近尾座方向，小滑板应逆时针方向转动。车削反外圆锥（又称倒锥）面，小滑板则应顺时针方向转动。

（4）用扳手将小滑板下面转盘上的两个螺母松开转动小滑板，使小滑板基准零线与圆锥半角 $\alpha/2$ 刻线对齐，然后锁紧转盘上的螺母。注意：在松开或锁紧螺母时，要防止扳手打滑伤手。

（5）圆锥半角的校正。

① 试车削、试测量。当圆锥半角 $\alpha/2$ 不是整数值时，其小数部分用目测的方法估计，大致对准后再通过试车削逐步找正，转动小滑板时，可以使小滑板转角略大于圆锥半角 $\alpha/2$，但不能小于 $\alpha/2$，转角偏小会使圆锥素线车长而难以修正圆锥长度尺寸，如图6-5所示。转动小滑板试车到加工长度为锥长的 1/2～2/3，凭经验摆动锥度量规或采用涂色法检测，多次调整小滑板半锥角，多次试车，多次检验，直到调准为止。

$\beta>\alpha/2$ 圆锥大端直径 D 会被车大　　$\beta<\alpha/2$ 圆锥大端直径 D 会被车小

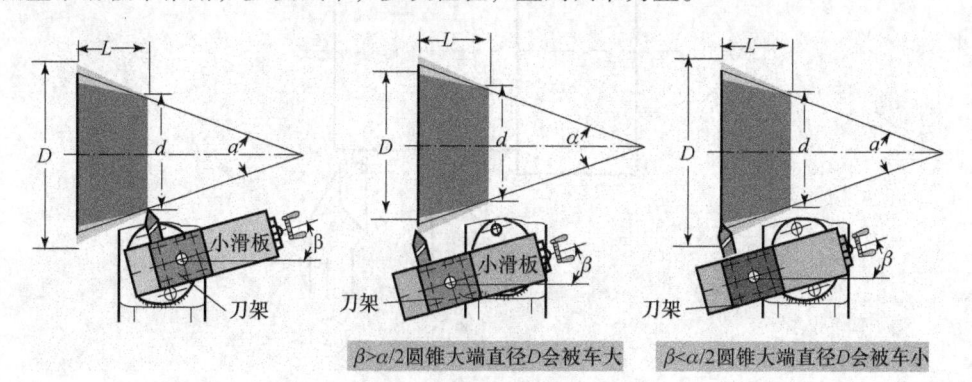

图6-5　试车削校正圆锥半角

② 百分表验锥度法。

利用百分表也可直接在已车削外圆上找正。如图6-6所示，装上工件，车好外圆，松开小滑板并转动小滑板约 $\alpha/2$，锁紧小滑板，根据工件锥度，计算出轴向移动的距离 L、小滑板移动的距离 S、圆锥半角 $\alpha/2$ 与百分表变化量 d 之间的关系，$[\sin\alpha/2 = (D-d)/2L_1]$。装好百分表，小滑板和百分表调零。用手转动小拖板刻度盘手柄来移动刀架，小滑板移动的距离 L_1，百分表的读数正好为 $(D-d)/2$ 时，说明锥度已找正，锁紧转盘，此种方法一般不需试切削，而且找正精度较高，注意：用该方法找正时，不可超出百分表测量杆的行程，以免百分表损坏。

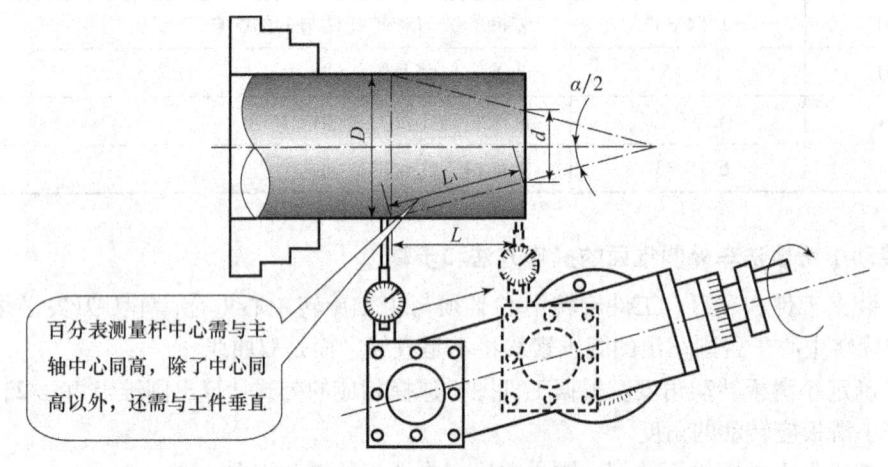

图6-6 百分表验锥度法

③ 空对刀找正锥度法。

如图6-7所示，装上工件，车好外圆。松开小滑板并转动小滑板约 $\alpha/2$，锁紧小滑板，小滑板调零，移动中滑板使90°车刀刀尖接触 A 点（见图6-7），记住 A 点中滑板的刻度，退中滑板。移动小滑板距离为 L_1，此时为 B 点，再移动中滑板对刀。若 B 点中滑板的刻度与 A 点的中滑板刻度相差 $(D-d)/2$，说明锥度已找正，锁紧转盘，此种方法一般不需试切削，找正精度一般。

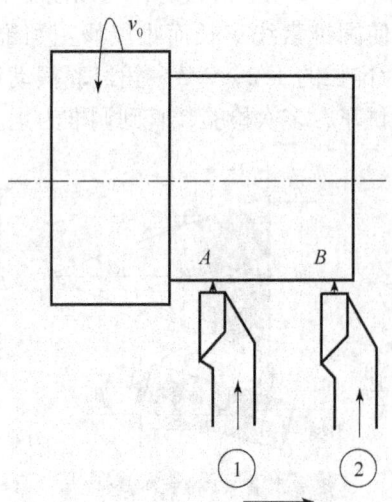

图6-7 空对刀找正锥度法

5. 圆锥尺寸的控制方法

按圆锥大端直径（增加 1 mm）和圆锥长度将圆锥部分先粗车成圆柱体。

（1）移动中、小滑板，使车刀刀尖与轴右端外圆面轻轻接触，如图 6-8（a）所示。然后，将小滑板向后退出，中滑板刻度调至零位，作为粗车外圆锥面的起始位置。

（2）按刻度移动中滑板向前进给，并调整切削深度，开动车床，双手交替转动小滑板手柄，手动进给速度应保持均匀一致，不能间断，如图 6-8（b）所示。当车至终端，将中滑板退出，小滑板快速后退复位。

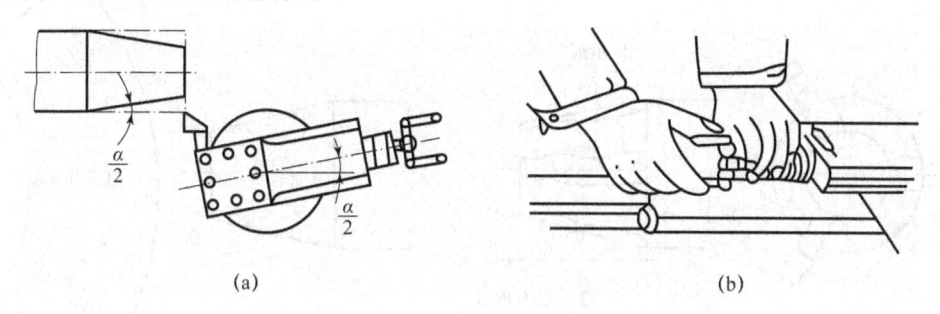

图 6-8 车削圆锥的步骤
（a）确定起始位置；（b）车外圆锥面

（3）重复上一步骤的操作，调整切削深度，手动进给车削外圆锥面。

☺ 车削外圆锥面前，应检查与调整小滑板导轨和镶条间的配合间隙。如调得过紧，手动进给时费力，移动不均匀；调得过松，造成小拖板间隙过大，而使零件表面粗糙并且母线不直。

（4）用套规、样板或万能角度尺检测圆锥角。

① 套规检测。

a. 用套规检查小溜板转过的角度是否正确。

将套规轻轻套在工件上，用手捏住套规左、右两端分别上下摆动，如图 6-9（a）所示，应均无间隙［若大端有间隙，如图 6-9（b）所示，说明圆锥锥角太小；若小端有间隙，如图 6-9（c）所示，则说明圆锥锥角太大］。这时可松开转盘螺母，按要求用铜锤轻轻敲动小滑板使其微量转动，然后拧紧螺母，试车后再检测，直至达到要求。

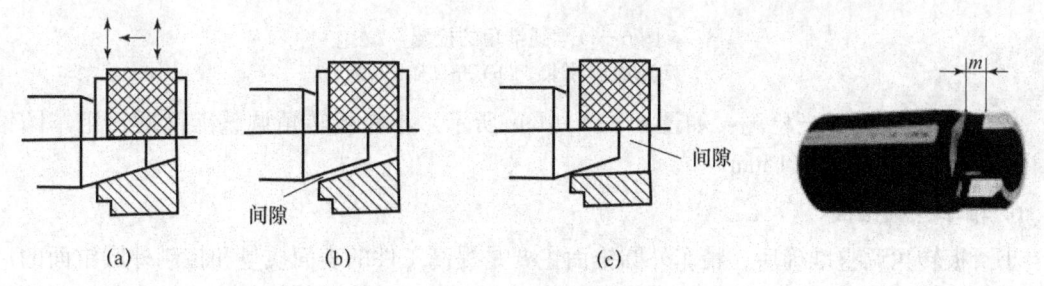

图 6-9 套规检测
（a）套规检测；（b）锥角小；（c）锥角大

b. 用套规检验成品。

在加工标准工具锥柄时，要使用对应的标准套规。当圆锥角度调好并精加工后，圆锥部分套上套规，工件圆锥小头恰在套规所示 m 的范围内，则说明合格。

c. 涂色法检验圆锥的配合性。

用标准套规或加工好的锥孔（要求内外圆锥表面粗糙度 Ra 小于 $3.2~\mu m$ 且无毛刺）检测时，首先在工件表面顺着圆锥素线薄而均匀地涂上周向均等的三条显示剂（印油、红丹粉、机油的调和物等），如图 6-10 (a) 所示。然后手握内锥体轻轻地套在工件上，稍加轴向推力并转动半圈。然后取下内锥体，观察工件表面显示剂擦去的情况。若三条显示剂全长擦痕均匀，表面圆锥接触良好，说明锥度正确。如图 6-10 (b) 所示，若小端擦去，大端未擦去，说明圆锥角小了；若大端擦去，小端未擦去，说明圆锥角大了。

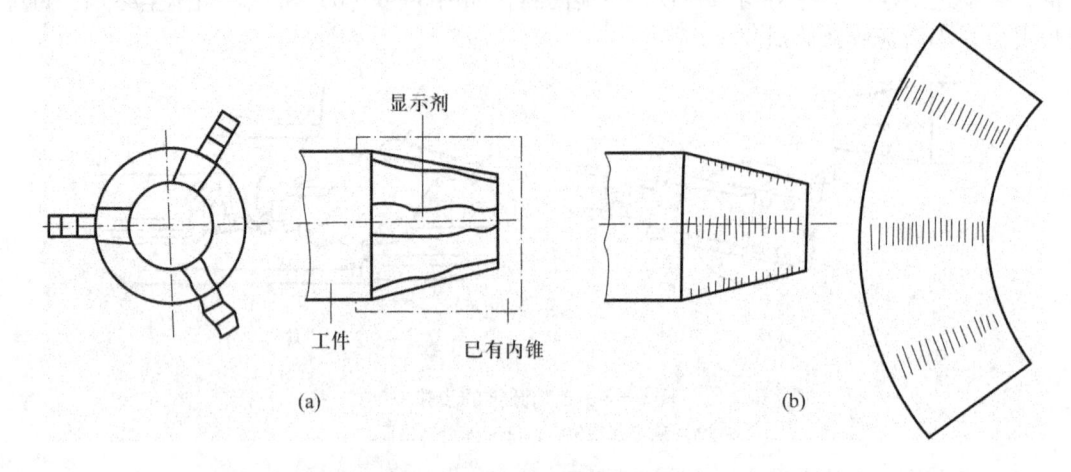

图 6-10 涂色法检验圆锥配合

② 万能角度尺检测：将万能角度尺调整到要测量角度，基尺通过工件中心靠在端面上，刀口尺靠在圆锥面上，用透光法检测，如图 6-11 所示。

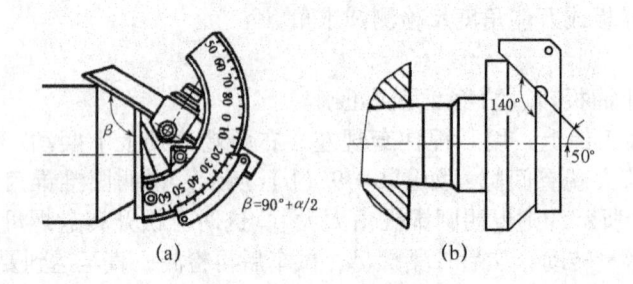

图 6-11 圆锥角的检测
(a) 万能角度尺检测；(b) 角度样板检测

③ 用角度样板透光检测：如图 6-11 (b) 所示，小滑板转角调整准确后，粗车圆锥面，并留精车余量 0.5～1 mm。

6. 精车外圆锥面

小滑板转角调整准确后，精车外圆锥面主要是提高工件的表面质量和控制外圆锥面的尺寸精度，因此，精车外圆锥面时，车刀必须锋利、耐磨，进给必须均匀、连续。其切削深度的控制方法有以下几种。

(1) 先测量出工件小端端面至套规过端界的距离 a（见图 6-12），用下式计算出切削深度 a_p：

$$a_p = a\tan\alpha/2 \text{ 或 } a_p = ac/2$$

然后移动中、小滑板，使刀尖轻轻接触工件圆锥小端外圆表面后，退出小滑板，中滑板

按 a_p 值进给切削，小滑板手动进给精车外圆面至尺寸，如图 6-13 所示。

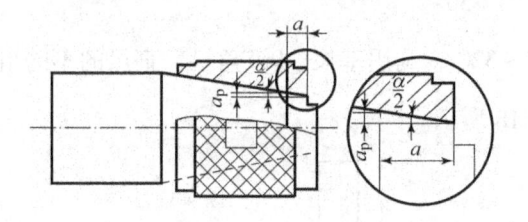

图 6-12 用套规测量

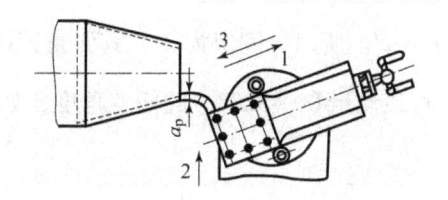

图 6-13 用中滑板调整精车切削深度 a_p

（2）根据量出距离法控制 a，用移动床鞍的方法控制切削深度 a_p，使车刀刀尖轻轻接触工件圆锥小端外圆锥面，向后退出小滑板使车刀沿轴向离开工件端面一个距离 a（小滑板沿导轨方向移动距离为 $a\sec\alpha$），调整前应先消除小滑板丝杠间隙，如图 6-14 所示。然后移动床鞍使车刀与工件端面接触（见图 6-15），此时，虽然没有移动中滑板，但车刀已经切入了一个所需的切削深度 a_p。

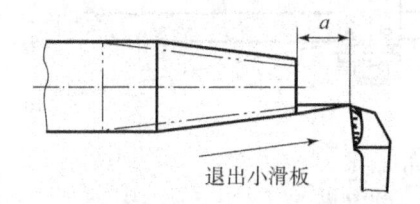

图 6-14 退出小滑板调整精车切削深度 a_p

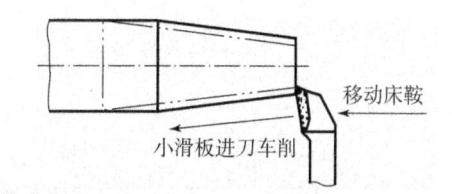

图 6-15 移动床鞍完成 a_p 调整

7. 转动小滑板车圆锥容易产生的问题及注意事项

（1）车刀必须对准工件旋转中心，避免产生双曲线误差（见图 6-16）。
（2）小滑板不宜过松，应两手握小滑板手柄并均匀移动小滑板，以防工件表面车削痕迹粗细不一。
（3）粗车时，进刀量不宜过大，应先找正锥度，一般稍大于圆锥半角（$\alpha/2$），然后逐步找正，以防工件车小而报废。
（4）防止扳手在扳小滑板紧固螺母时打滑而撞伤手。

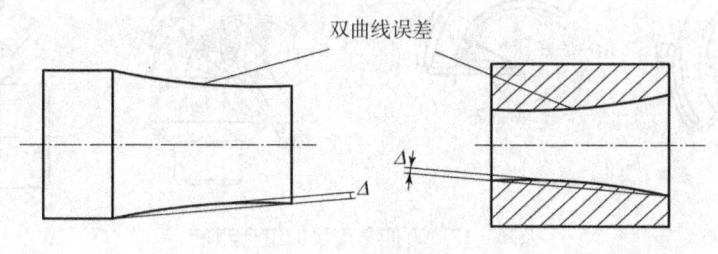

图 6-16 双曲线误差

三、万能角度尺使用

万能角度尺有 I 型和 II 型两种，使用最广泛的 I 型如图 6-17 所示。其测量和读数原理类似游标卡尺，分度值通常为 5′ 和 2′，故只能测中、低精度的角度。示值为 2′ 的万能角度尺在尺座上刻有120条刻线，每两条刻线间夹角是$(\frac{29}{30})°$，尺座与游标刻度间隔之差为：$1°-(\frac{29}{30})°=2'$。所以分度值为2′，其测量范围为0°~320°。利用基尺、90°角尺、直尺的不同组合，可以测量0°~320°中的任意角度，如图6-18所示。

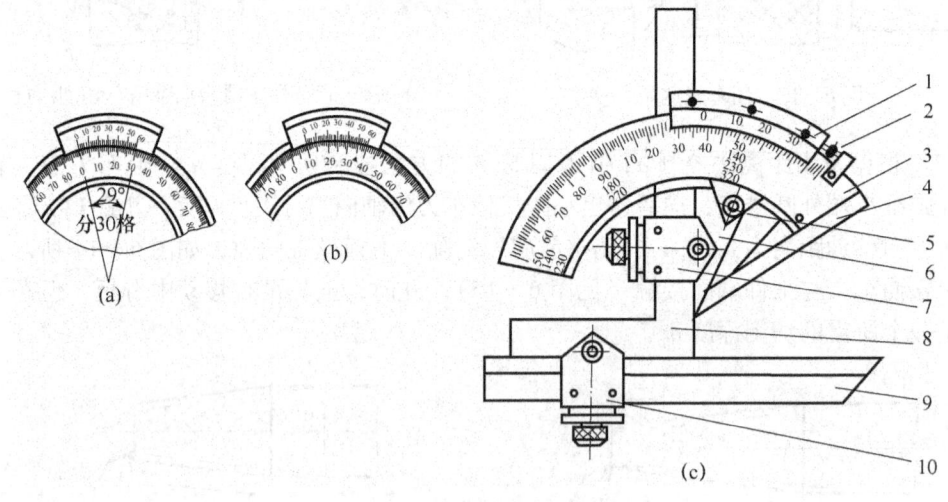

图6-17　Ⅰ型万能角度尺
（a）读数原则；（b）读法；（c）结构
1—游标；2—微动装置；3—尺座；4—基尺；5—制动头；
6—扇形板；7—卡块；8—角尺；9—直尺；10—卡块

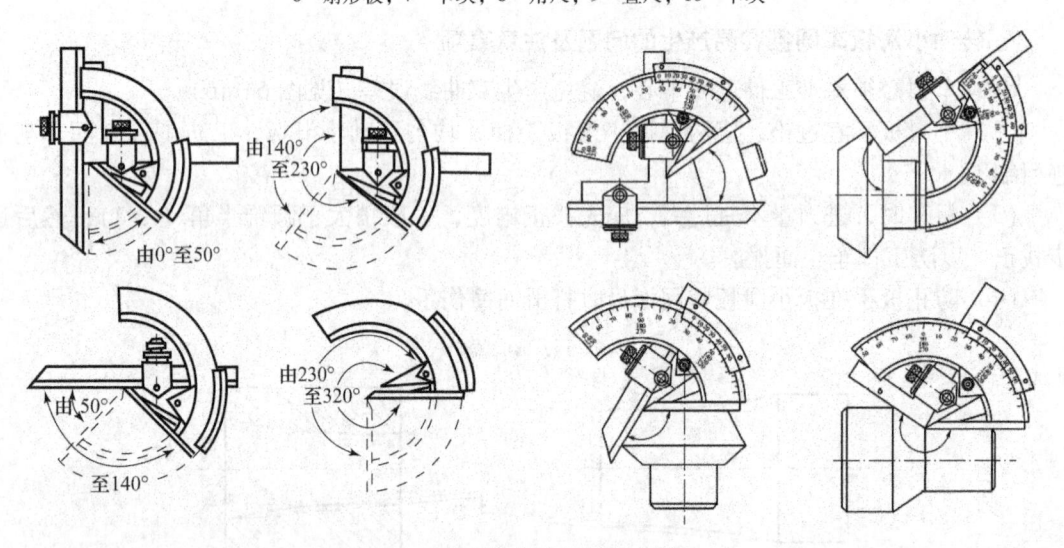

图6-18　万能角度尺的组合测量

四、技能训练

锥体加工如图6-19所示。
加工步骤如下：

(1) 用三爪自定心卡盘夹持毛坯外圆,伸出长度 25 mm 左右,校正并夹紧。

(2) 车端面 A；粗、精车外圆 $\phi 52_{-0.046}^{0}$,长 18 mm 至要求,倒角 C1。

(3) 调头。夹持 $\phi 52_{-0.046}^{0}$ 外圆,长 15 mm 左右,校正并夹紧。

(4) 车端面 B,保持总长 96 mm,粗、精车外圆 $\phi 60_{-0.19}^{0}$ 至要求。

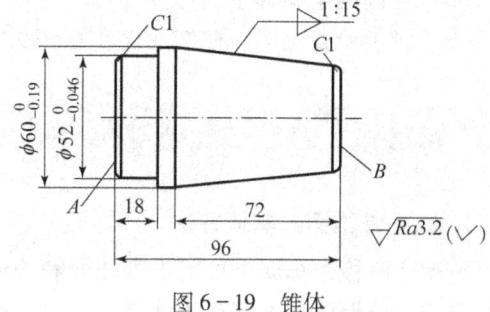

图 6-19 锥体
材料：HT150　$\phi 65 \times 100$　1 件

(5) 小滑板逆时针转动圆锥半角（$\alpha/2 = 1°54'33''$）,粗车外圆锥面。

(6) 用万能角度尺检测圆锥半角并调整小滑板转角。

(7) 精车圆锥面至尺寸要求。

(8) 倒角 C1 去毛刺。

(9) 检查各尺寸合格后卸下工件。

五、注意事项

(1) 车刀必须对准工件旋转中心,避免产生双曲线误差,可通过把车刀对准实习圆锥体零件端面中心来对刀。

(2) 单刀刀刃要始终保持锋利,工件表面一刀车出。

(3) 应两手握小滑板手柄,均匀移动小滑板。

(4) 防止扳手在扳小滑板紧固螺帽时打滑而撞伤手,粗车时,吃刀量不宜过长,应先校正锥度,以防工件车小而报废,一般留精余量 0.5 mm。

(5) 在转动小滑板时,应稍大于圆锥斜角 α,然后逐次校准,当小滑板角度调整到相差不多时,只需把紧固螺母稍松一些,用左手大拇指放在小滑板转盘和刻度之间,消除中滑板间隙,用铜棒轻轻敲击小滑板所需校准的方向,使手指感到转盘的转动量,这样可较快的校正锥度。

(6) 小滑板不宜过松,以防工件表面车削痕迹粗细不一。

课题二　偏移尾座车削圆锥面

一、实习教学要求

(1) 掌握用偏移尾座的方法加工圆锥面。

(2) 掌握尾座偏移量的计算。
(3) 涂色检查锥体，使接触面在60%左右。

二、相关工艺知识

1. 车圆锥锥面的其他方法

转动小滑板在车床上加工锥度较大和圆锥长度不太长的锥体时，为满足其他要求，可以采宽刀法、仿形法和偏移尾座法。

1) 宽刀法

利用倾角为 $\alpha/2$ 的宽刀刃直接将锥面加工出来，适用于短小圆锥件，如图6-20所示。

2) 仿形法

如图6-21所示，其原理是在车床床身后面安装一固定靠模板1，其斜角可以根据工件的圆锥半角 $\alpha/2$ 调整；取出中滑板丝杠，刀架3通过中滑板与滑块2刚性连接。当溜板箱纵向进给时，滑块沿着固定靠模板中的斜槽滑动，带动车刀做平行于靠模板斜面的运动，使车刀刀尖的运动轨迹平行于靠模板的斜面，这样就车出了外圆锥面。对于长度较长、精度要求较高、生产批量较大的锥体，一般都采用仿形法加工。

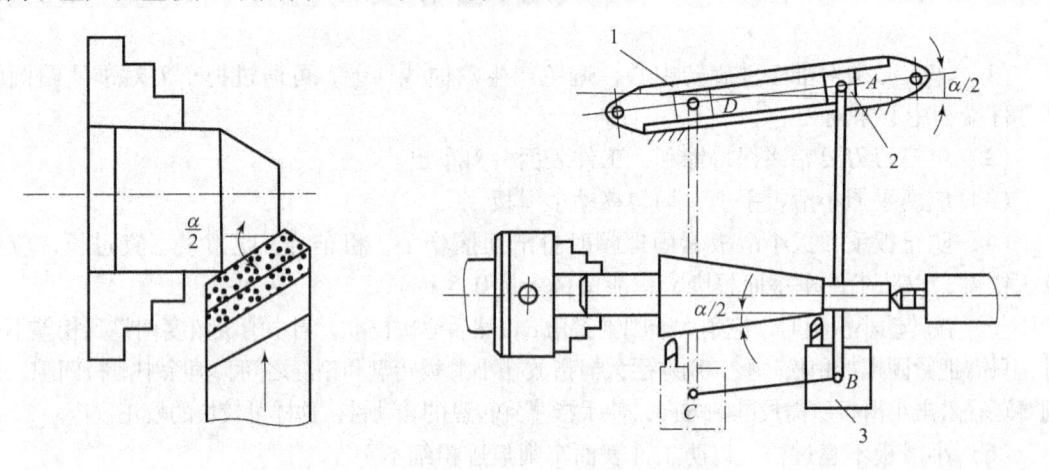

图6-20 宽刀法、仿形法加工圆锥面
1—固定靠模板；2—滑块；3—刀架

3) 偏移尾座法

偏移尾座法车削外圆锥面，就是将尾座上层滑板横向偏移一个距离 S，使尾座偏移后，前后两顶尖连线与车床主轴轴线相交成一个等于圆锥半角 $\alpha/2$ 的角度，当床鞍带着刀沿着平行于主轴轴线方向移动切削时，工件就车成一个圆锥体，如图6-21所示。

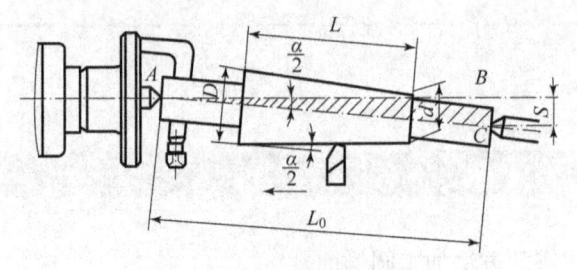

图6-21 偏移尾座车外圆锥面

2. 偏移尾座车外圆锥面的特点

（1）适于加工锥度小、精度不高、锥体较长的工件，因受尾座移动量的限制，不能加工锥度大的工件。

（2）可以用纵向自动进给，使加工表面刀纹均匀，表面粗糙度值小，表面质量较好。

（3）由于工件需用两顶尖装夹，因此不能加工整锥体或内圆锥。

（4）因顶尖在中心孔中是歪斜的，接触不良，易造成顶尖和中心孔的不均匀磨损，可以将后顶尖换成球头顶尖或 R 型中心孔（见图 6-22）。

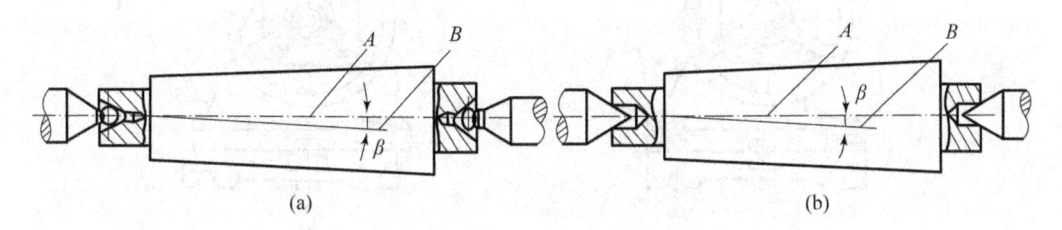

图 6-22 偏移尾座后改善顶尖接触状况的方法
(a) 球头顶尖；(b) 将圆柱口倒圆

当工件中心孔为 60°时，两端可采用球头顶尖支承［见图 6-22（a）］。

若顶尖为 60°锥体，则应将工件两端中心孔圆柱口倒圆，宽为 1 mm 左右（见图 6-22（b））。

这两种接触方式，基本能消除由于偏移尾座而造成的"憋劲"和旋转阻滞现象。两种方式中由于后者加工精度较低，故采用前者较多。使用时两顶尖应加注黄油润滑。

3. 尾座偏移量的计算

用偏移尾座法车削圆锥时，尾座的偏移量不仅与圆锥长度有关，而且还与两顶尖之间的距离有关，这段距离一般可近似地看做工件的全长 L_0，尾座偏移量可根据下列公式计算求得。

$$S = L_0 \tan \alpha/2 = D - d/2LL_0 \text{ 或 } S = C/2L_0$$

式中　S——尾座偏移量，mm；

　　　D——圆锥大端直径，mm；

　　　d——圆锥小端直径，mm；

　　　L——圆锥大端直径与小端直径处的轴向距离，mm；

　　　L_0——工件全长，mm；

　　　C——锥度。

先将前后两顶尖对齐，然后根据计算所得偏移量 S，采用以下几种方法偏移尾座上层。

1) 利用尾座刻度偏移

如图 6-23（a）所示，先松开尾座紧固螺母，然后用六角扳手转动尾座上层两侧螺钉 1、2 进行调整。车削正锥时，先松螺钉 1、紧螺钉 2，尾座上层根据刻度值向里移动距离 S，如图 6-23（b）所示；车削倒锥时则相反，然后拧紧尾座紧固螺母。这种方法简单方便，一般尾座上有刻度的车床都可以采用。

2) 利用中滑板刻度偏移

在刀架上夹持一端面平整的铜棒，摇动中滑板手柄使铜棒端面与尾座套筒接触，记下中滑板刻度值，根据偏移量 S 计算出中滑板丝杠的间隙影响，然后移动尾座上层，使尾座套筒与铜棒端面接触为止,如图6-24所示。

3)利用百分表偏移

将百分表固定在刀架上,使百分表的测量头与尾座套筒接触并调整百分表使其指针处于零处,然后按偏移量调整尾座,当百分表指针转动至 S 值时,把尾座固定,如图6-25所示。利用百分表能准确调整尾座偏移量。

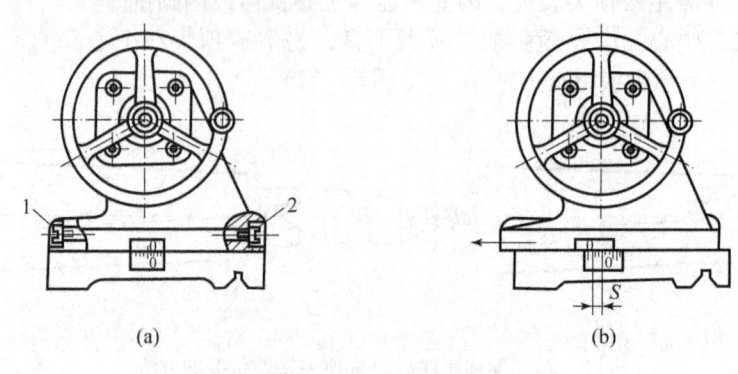

图6-23 用尾座刻度偏移尾座的方法
(a)零线对齐;(b)偏移距离 S
1,2—螺钉

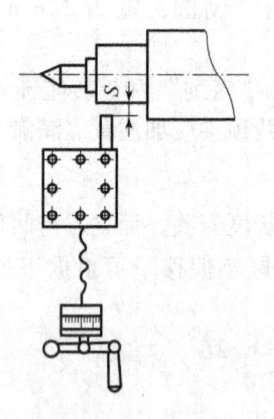

图6-24 用中滑板刻度偏移尾座的方法 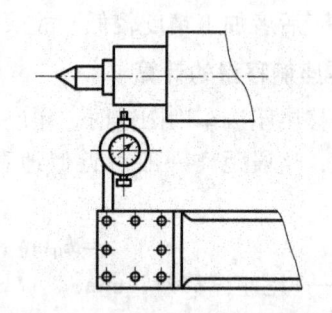　　图6-25 用百分表偏移尾座的方法

4)利用锥度量棒或样件偏移

先将锥度量棒安装在两顶尖之间,在刀架上固定一百分表,使百分表测量头与锥度量棒素线接触,然后偏移尾座纵向移动床鞍,使百分表在锥度量棒圆锥面两端的计数一致后,固定尾座,如图6-26所示。

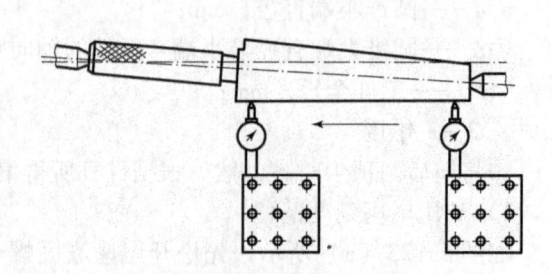

使用这种方法偏移尾座,必须选用与加工工件等长的锥度量棒或标准件,否则加工出的锥度是不正确的。

图6-26 用锥度量棒偏移尾座的方法

4. 工件的装夹

(1)调整尾座在车床上的位置,使前后两顶尖间的距离为工件总长,此时尾座套筒伸出尾座的长度应小于套筒总长的1/2。

(2) 工件两端中心孔内加黄油,装鸡心夹头,将工件装夹在两顶尖之间,松紧程度以手能轻轻拨转工件且工件无轴窜动为宜。

5. 外圆锥的车削方法

1) 粗车外圆锥面

由于工件采用两顶尖装夹,选择切削用量时应适当降低,粗车外圆锥面时,可以采用机动进给,粗车圆锥面长度达圆锥长度一半时,须进行锥度检查,检测圆锥角度是否正确,方法与转动小滑板法车外圆锥面的检测相同。若锥度 C 偏大,则反向偏移,微量调整尾座,即减少尾座偏移量 S;若锥度 C 偏小,则同向偏移,微量调整尾座,即增大了尾座偏移量 S,反复试车调整,直至圆锥角调整正确为止。然后粗车外圆锥面,留精车余量 $0.5\sim1.0$ mm。

2) 精车外圆锥面

① 用计算或移动床鞍法确定切削深度 a_p。

② 用机动进给精车外圆锥面至要求。

三、技能训练

莫氏4号锥棒加工,如图6-27所示。

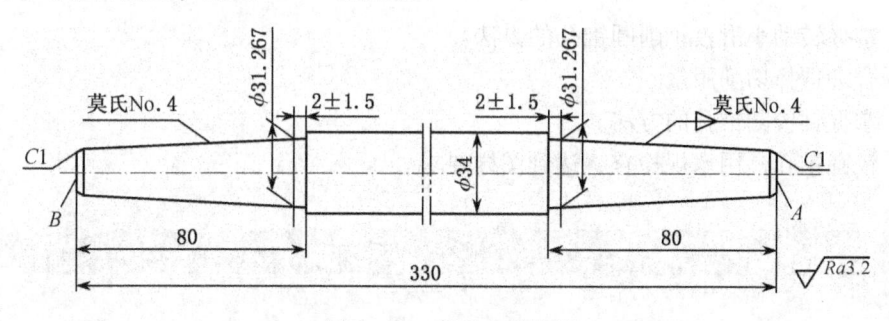

图6-27 莫氏4号锥棒

材料:45号钢 ϕ40 长335 mm 1件

加工步骤如下:

(1) 用三爪自定心卡盘夹持工件毛坯外圆,伸出长度30 mm左右,校正并夹紧,车平端面 A,钻中心孔,车外圆表面去黑皮即可。

(2) 以端平面 A 为基准,在工件上刻线截取总长330 mm。

(3) 用三爪自定心卡盘夹持工件毛坯外圆,使 B 端伸出长度30 mm左右,找正并夹紧,车端平面 B,保证总长330 mm,钻中心孔。

(4) 在两顶尖间装夹好工件,车外圆 ϕ34 至尺寸要求。

(5) 车两端外圆至尺寸 ϕ32,长80 mm。

(6) 根据尾座偏移量 S 向里偏移尾座,粗车修正偏移量,精车一端外圆锥面至尺寸要求,倒角 C1。

(7) 调头装夹,车另一端外圆锥面倒角 C1。

四、注意事项

(1) 车刀应对准工件中心以防母线不直。
(2) 粗车时，吃刀不宜过多，应校准锥度，以防工件车小而报废。
(3) 随时注意顶尖松紧和前顶尖的磨损情况，以防工件飞出伤人。
(4) 偏移尾座时，应熟练掌握偏移方向。
(5) 如果工件数量较多，其长度和中心孔的深浅必须一致。

课题三 车内锥孔

一、实习教学要求

(1) 掌握转动小滑板车削圆锥孔的方法。
(2) 合理选择切削用量。
(3) 掌握钻铰圆锥孔的方法。
(4) 铰圆锥孔，用塞规检查，达到图样要求。

二、相关工艺知识

车内圆锥面比车外圆锥面困难，因为车削时车刀在孔内切削不易观察和测量，为了便于加工和测量，装夹工件时应使锥孔大端直径的位置在外端，小端直径的位置则靠近车床主轴。

在车床上加工内圆锥面的方法有转动小滑板法和用锥形铰刀铰内圆锥法。

1. 转动小滑板法车内圆锥面

1) 车削方法

(1) 钻孔，车削内圆锥孔前，应先车平工件端面，然后选择比锥孔直径小 1～2 mm 的麻花钻钻孔。

(2) 锥孔车刀的选择和装夹，锥孔车刀刀柄尺寸受锥孔小端直径的限制，为增大刀柄刚度，宜选用圆锥形刀柄，且刀尖应与刀柄中心对称平面等高，车刀装夹时，应使刀尖严格对准工件回转中心。刀柄伸出的长度应保持其切削行程，刀柄与工件锥孔间应留有一定空隙。车刀装夹好后应在停车状态，全程检查是否产生碰撞。

车刀对中心的方法与车端平面时对中心方法相同，在工件端面上有预制孔时，可采用以下方法对中心：先初步调整车刀高低位置并夹紧，然后移动床鞍中滑板使车刀与工件端面轻轻接触，摇动中滑板使车刀刀尖在工件端面上轻轻划出一条刻线 AB，如图 6-28（a）所示。将卡盘扳转 180°左右，使刀尖从 A 点再划一条刻线 AC，若刻线 AC 与 AB 重合，说明刀尖对准工件回转中心，若 AC 在 AB 下方［见图 6-28（b）］，说明车刀装低了，若 AC 在 AB 上方［见图 6-28（c）］，说明车刀装高了。此时，可根据 BC 间距离的 1/4 左右增减车刀垫片，使刀尖对准工件回转中心。

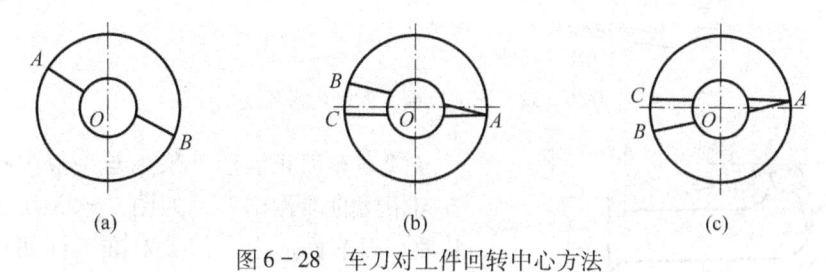

图 6-28 车刀对工件回转中心方法

（3）转动小滑板车内圆锥面。转动小滑板的方法与车削外圆锥面时相同，只是方向相反，应顺时针方向偏转 α/2 角。车削前也须调整好小滑板导轨镶条的配合间隙，并确定小滑板的行程。当粗车到圆锥塞规能塞进孔的 1/2 长度时，应检查和校正锥面，然后粗、精车内圆锥面至尺寸要求，如图 6-29 所示。

精车内外圆锥面控制尺寸的方法与精车外圆锥面控制尺寸的方法相同，也可以采用计算法或移动床鞍法确定切削深度 a_p，如图 6-30 和图 6-31 所示。

图 6-29 转动小滑板车内圆锥面

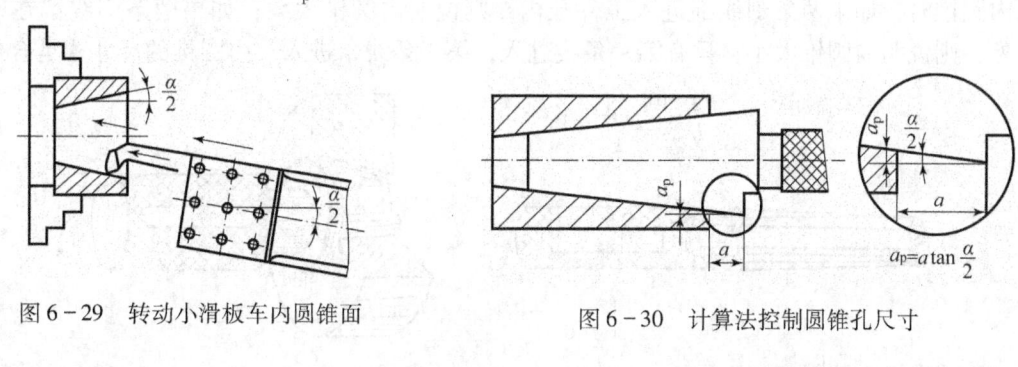

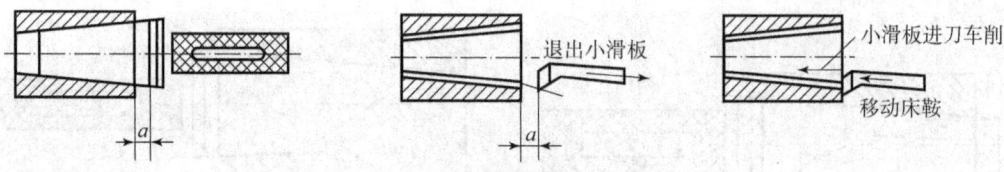

图 6-30 计算法控制圆锥孔尺寸

$a_p = a\tan\dfrac{\alpha}{2}$

图 6-31 移动床鞍法控制圆锥孔尺寸

2）车削用量的选择
（1）粗车进给切削速度应比车外圆锥面时低 10%~20%，精车时采用低速精车。
（2）手动进给应始终保持均匀，不能出现停顿或快慢不均匀现象，最后一刀的精车切削深度 a_p 一般为 0.1~0.2 mm。
（3）精车钢件时，可以加注切削液，以减小表面粗糙度值，提高表面质量。
3）车削内外圆锥配合的方法
（1）车刀反装法。将锥孔车刀反装，使车刀前面向下，刀尖应对准工件回转中心，车床主轴仍正转，然后车内圆锥面，如图 6-32 所示。

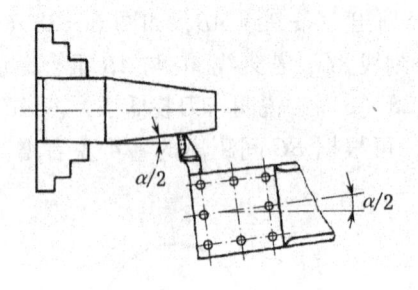

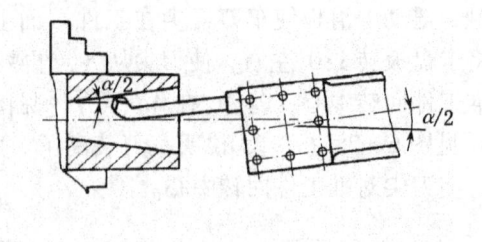

图 6-32 车刀反装车配套内圆锥面

（2）车刀正装法。采用与一般内孔车刀弯头方向相反的锥孔车刀，如图 6-33 所示。车刀正装使车刀前面向上，刀尖对准工件回转中心。车床主轴应反转然后车内圆锥面。车刀相对工件的切削位置与车刀反装法的切削位置相同。

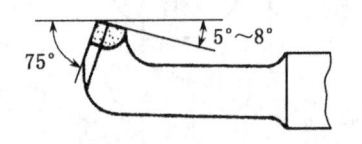

图 6-33 弯头方向相反的锥孔车刀

4）圆锥孔的检查
(1) 用游标卡尺测量锥孔直径。
(2) 用锥度塞规涂色检查接触面积，并控制尺寸。

当圆锥的尺寸合格时，圆锥端面应处于台阶内或两条刻线之间，如图 6-34 所示。在测内圆锥时，如果两条刻线都进入工件孔内，则说明内圆锥太大；如果两条刻线都在工件孔外，则说明内圆锥太小；只有第一条线进入，第二条线未进入，内圆锥的尺寸才是合格的。

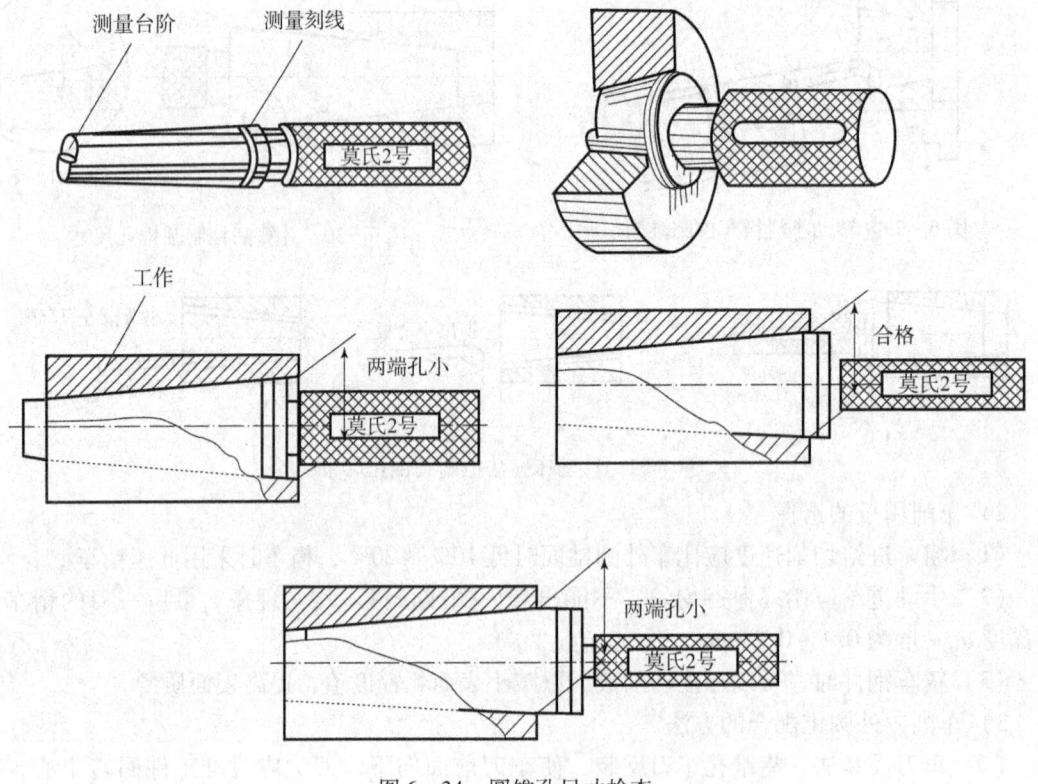

图 6-34 圆锥孔尺寸检查

2. 用锥形铰刀铰内圆锥面

用锥形铰刀铰削直径较小和精度要求较高的内圆锥面，可以克服因车刀刀柄刚度低，难以达到较高的精度和获得较小的表面粗糙度值的缺点。用铰削方法加工的内圆锥面，精度比车削加工的高，表面粗糙度 Ra 值可达 $1.6 \sim 0.8$ μm。

1）锥形铰刀

锥形铰刀一般分粗铰刀和精铰刀（见图 6-35）两种。粗铰刀的槽数比精铰刀少，容屑空间大，对排屑有利，粗铰刀的切削刃上开有一条右螺旋分屑槽，将原来很长的切削刃分割成若干个段的短切削刃，因而在铰削时把切屑分成几段，使切屑容易排出。精铰刀一般做成锥度很准确的直线刀齿，并留有很小的棱边以保证内圆锥的质量。

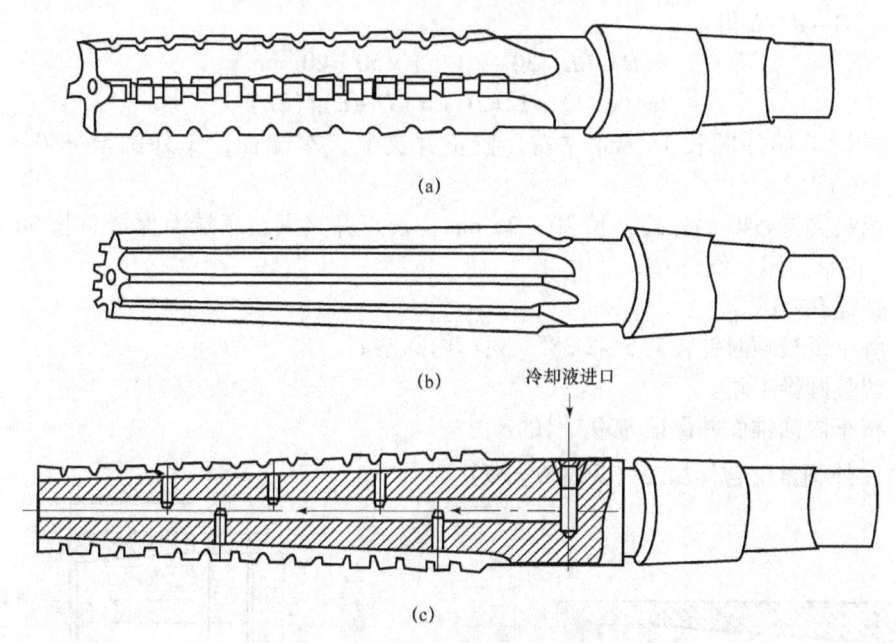

图 6-35 锥形铰刀
(a) 锥形粗铰刀；(b) 锥形精铰刀；(c) 锥形铰刀局部剖视图

2）铰削方法

在车床上铰削内圆锥面，将铰刀装夹在尾座套筒内，铰削前必须把尾座套筒轴线调整到与车床主轴线同轴位置，否则铰出的锥孔不正确，表面用精铰刀铰削至要求。根据锥孔孔径大小、锥度大小以及精度的高低不同，有以下三种：

（1）钻、车、铰圆锥孔。当锥孔的直径和锥度较大，且有较高的位置精度时，可先钻底孔，然后粗车锥孔，最后用精铰刀进行铰削。

（2）钻、铰圆锥孔。当锥孔的直径和锥度都较小时，可先钻孔，然后用粗铰刀铰锥孔，最后用精铰刀铰到所需尺寸。

（3）钻、扩、铰圆锥孔。当锥孔的长度较长、余量较大，并有一定位置精度要求的情况下，可先钻底孔，然后用扩孔钻扩孔，最后用粗铰刀、精铰刀铰孔。

3）切削用量

铰削内圆锥面时，参加切削的切削刃长，切削面积大，排屑较困难，所以切削用量应选择得小些。切削速度 v_c 一般选 5 m/min 以下，进给均匀；进给量 f 的大小根据锥度大小选取，锥度大时进给量小些，反之，锥度小则可取大些。铰削锥度 $a \leqslant 3°$ 的锥孔，钢件进给量一般选 0.15～0.30 mm/r，铸铁件进给量一般选 0.3～0.5 mm/r。

铰削内圆锥面时，必须充分灌注切削液，以减小表面粗糙度值。铰削钢件时可使用乳化液或切削液油，铰削合金钢或低碳钢可使用植物油，铰削铸铁件时，使用煤油或柴油。

三、技能训练

1. 锥套加工练习（见图 6-36）

加工步骤如下：

计算锥孔小端直径 d 和圆锥半角 $\alpha/2$。

由 $C = (D-d)/L$ 得：

$$d = D - CL = 30 - (1/5) \times 50 = 20 \text{(mm)}$$
$$\tan(\alpha/2) = 1/(2C) = (D-d)/(2L)$$

（1）夹持毛坯外圆长 15 mm 左右，校正并夹紧，车端面，车外圆至 $\phi40$，长 30～50 mm，倒角 $C1.2$。

（2）调头夹持 $\phi40$ 的外圆，长 30～25 mm，校正并夹紧，车端面保持总长 50 mm，车外圆 $\phi40$，接平外圆，倒角 $C1.5$。

（3）钻通孔 $\phi18$。

（4）将小滑板顺时针转动 $5°42'38''$，粗车内圆锥面。

（5）调整圆锥半角。

（6）精车内圆锥面并保证 $\phi30^{+0.1}_{0}$ 的尺寸。

2. 内、外圆锥配合件加工（见图 6-37）

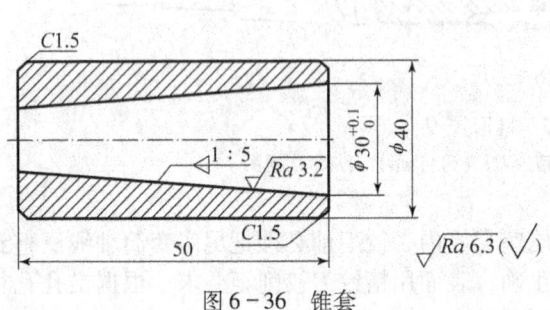

图 6-36 锥套
材料：HT150 $\phi45$ 长 55 mm 1 件

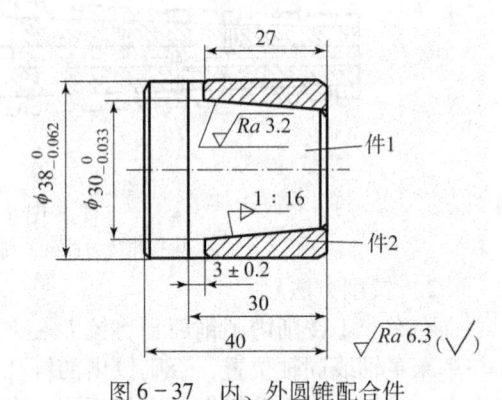

图 6-37 内、外圆锥配合件
材料：45 号钢 $\phi42$ 长 100 mm 1 件

件 1 加工步骤：

（1）用三爪自定心卡盘夹持毛坯棒料外圆，伸出长度 50 mm，校正并夹紧。

（2）车端面，车平即可。

（3）粗、精车外圆 $\phi30^{0}_{-0.033}$ 长 30 mm 至要求，并车平台阶平面。

（4）粗、精车外圆 $\phi38^{0}_{-0.062}$ 长大于 10 mm 至要求。

（5）调整小滑板转角，粗车外圆锥面。

（6）精车外圆锥面，锥面大端离台阶端面距离应不大于 1.5 mm。

（7）倒角 $C1$ 去毛刺。

（8）控制工件总长 41 mm，切断。

(9) 调头垫铜皮,校正并夹紧。
(10) 车端面,保证总长 40 mm,倒角 C1。

件 2 加工步骤:

(1) 用三爪自定心卡盘夹持毛坯棒料外圆,伸出长度 30~40 mm,校正并夹紧。
(2) 车端面,车平即可。
(3) 粗、精车外圆 $\phi 30_{-0.062}^{0}$ 长 30 mm 至要求,倒角 C1。
(4) 钻 $\phi 23$ 孔,深 30 mm。
(5) 控制总长 28 mm,切断。
(6) 调头垫铜皮,校正并夹紧。
(7) 车端面,保证总长 27 mm,倒角 C1。
(8) 粗、精车内圆锥面,控制配合间隙 (3±0.2) mm。

3. 铰内锥面(如图 6-38 所示)

(1) 安装工件、车刀。

① 用三爪自定心卡盘夹持毛坯外圆,伸出长度大于 60 mm,校正并夹紧。

② 安装车刀时刀尖对准工件中心。

(2) 车端面、外圆,粗、精车 $\phi 48 \times 62$ mm。用切断刀将工件切断,长度大于 60 mm。

(3) 车端面、钻孔,夹持 $\phi 48$ 外圆,车端面,保证工件总长 60 mm。钻孔 $\phi 25$ mm。

(4) 车内孔,车孔至工件小端直径尺寸,并留铰削余量。

(5) 粗、精铰锥孔至尺寸要求。

车圆锥时,可能产生废品的原因及预防措施见表 6-4。

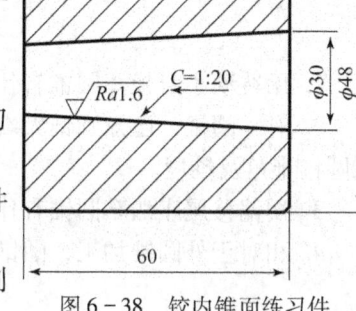

图 6-38 铰内锥面练习件

表 6-4 车圆锥时产生废品的原因及预防措施

废品种类	产生原因	预防措施
锥度不正确	1. 用小拖板车削 (1) 小拖板角度转得不对 (2) 小拖板移动时松紧不均匀 2. 用偏移尾座法车削 (1) 尾座偏移位置不正确 (2) 工件长度不一致或中心孔大小不一 3. 铰锥孔时 (1) 铰刀锥度不正确 (2) 铰刀安装轴线与工件旋转轴线不同轴	(1) 仔细计算小滑板应转的角度 (2) 调整镶条松紧,使小滑板移动均匀 (3) 重新计算和调整尾座偏移量 (4) 如果工件数量较多,各工件的长度和中心孔大小必须一致 (5) 修磨铰刀 (6) 用百分表和试棒调整尾座中心
大小端面尺寸不正确	没有经常测量大小端直径,吃刀不小心	经常测量大小端直径,并按计算控制切削深度
圆锥母线不直	(1) 车刀没有对准中心 (2) 砂布抛光不均匀	(1) 车刀必须严格对准工件中心 (2) 抛光时均匀地按顺序进行

续表

废品种类	产生原因	预防措施
表面粗糙度值达不到要求	(1) 切削用量选择不当 (2) 车刀角度不正确，刀尖不锋利 (3) 没有留足抛光或铰削余量	(1) 正确选择切削用量 (2) 车刀要锋利，角度要正确 (3) 要留适当的抛光或铰削余量

四、注意事项

（1）车圆锥时，一定要使车刀刀尖严格对准工件的回转中心。

（2）车刀在中途经刃磨后再装刀时，必须调整垫片厚度，重新对中心。

习　题

1. 用转动小滑板车圆锥有什么优缺点？

2. 有一圆锥，已知圆锥大端直径为 100 mm，小端直径为 80 mm，圆锥长度为 100 mm，求圆锥半角及锥度。

3. 用偏移尾座法车圆锥有什么优缺点？

4. 相对于外圆锥加工，圆锥孔难加工的原因是什么？

第七单元
车成形面和表面修饰

课题一
滚花及滚花前的车削尺寸

一、实习教学要求

(1) 了解滚花的种类及作用。
(2) 掌握滚花前的车削尺寸。
(3) 掌握滚花刀在工件上的挤压方法及挤压要求。
(4) 能分析滚花时的乱纹原因及其防止方法。
(5) 能合理选用切削液。

二、相关工艺知识

某些工具和机床零件的把手部位，为了增加摩擦力和使零件表面美观，往往在零件表面上滚各种不同的花纹。这些花纹一般是在车床上用滚花刀滚压而成的。

1. 滚花国家标准介绍（GB/T 6403.3—2008）

(1) 滚花的花纹形式有直纹、斜花纹和网纹三种，如图 7-1 所示。花纹有粗细之分，并用模数 m 区分，模数越大，花纹越粗。

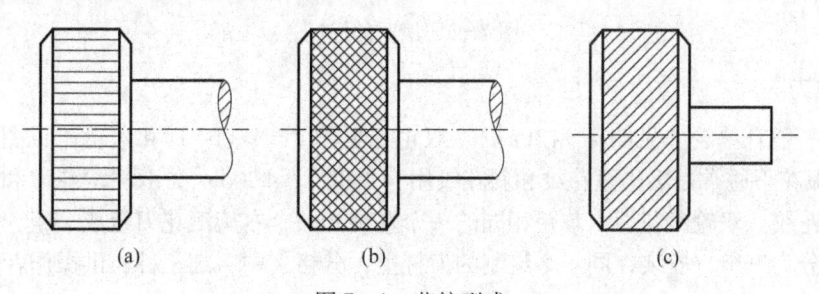

图 7-1 花纹型式
(a) 直纹花纹；(b) 网纹花纹；(c) 斜花纹

（2）滚花花纹的形状是假定工件直径无穷大时花纹的垂直截面，如图7-2所示。

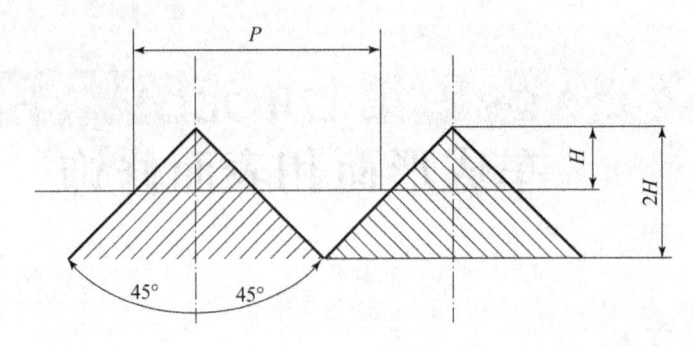

图7-2 花纹的形状

P—节距；r—圆角半径；H—花纹深度

（3）滚花的尺寸规格（见表7-1）。

表7-1 滚花花纹的各部分尺寸　　　　　　　　　　　mm

m	r	H	$P = \pi m$
0.2	0.132	0.06	0.628
0.3	0.198	0.09	0.942
0.4	0.246	0.12	1.257
0.5	0.326	0.16	1.571

注：$h = 0.785m - 0.414r$。

（4）滚花的标记。

① 模数 $m = 0.3$ mm 的直纹滚花标记为：直纹 m0.3 GB/T 6403.3—2008。

② 模数 $m = 0.4$ mm 的网纹滚花标记为：网纹 m0.4 GB/T 6403.3—2008（见图7-3）。

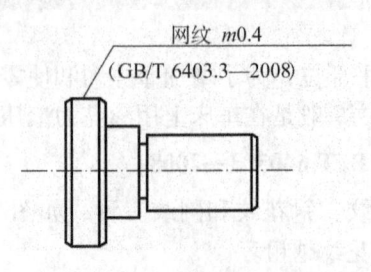

图7-3 滚花的标记

2. 滚花刀

滚花刀一般有单轮［见图7-4（a）］、双轮［见图7-4（b）］和六轮［见图7-4（c）］3种。单轮滚花刀通常是滚压直花纹和斜花纹用［见图7-4（d）］，双轮滚花刀和六轮滚花刀用于滚压网花纹。双轮滚花刀由节距相同的一个左旋和一个右旋滚花刀组成一组，六轮滚花刀以节距大小分为三组，安装在同一个特制的刀杆上，分粗、中、细三种，供操作者选用。

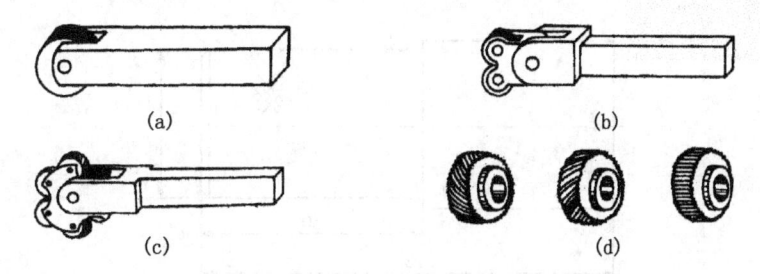

图 7-4 滚花刀

3. 滚花前的车削尺寸

由于滚花时工件表面产生塑性变形,所以在车削滚花外圆时,应根据工件材料的性质和滚花节距的大小,将滚花部位的外圆车小约$(0.2 \sim 0.5)P$ 或 $(0.8 \sim 1.6)m$,其中,P 为节距,m 为模数。

4. 滚花方法

滚花刀的装夹应与工件表面平行。开始挤压时,挤压力要大,使工件圆周上形成较深的花纹,这样就不容易产生乱纹。为了减少开始时的径向压力,可用滚花刀宽度的1/2或1/3进行挤压,或把滚花刀尾部装得略向左偏一些,使滚花刀与工件表面产生一个很小的夹角,如图7-5所示。这样滚花刀就容易切入工件表面。当停车检查花纹符合要求后即可纵向机动进给,这样滚压一至两次就可完成。

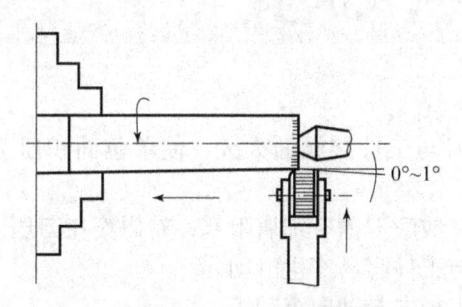

图 7-5 滚花刀的安装

滚花时,应取较慢的转速,并应浇注充分的切削液以防滚轮发热损坏。

由于滚花时径向压力较大,所以工件装夹必须牢固。尽管如此,滚花时出现工件移位现象仍是难免的,因此,在车削带有滚花的工件时,通常采用先滚花再找正工件然后再精车的方法进行。

5. 滚花后花纹检验

花纹检验没有什么特殊的方法,一般是采用目测、手感法来检验,此法简单、方便,不需要辅助工量具。

观察花纹:

(1) 花纹是否滚乱(俗称破头);
(2) 花纹是否明显、清晰;
(3) 花纹是否凸出、饱满。

三、技术训练

滚花练习,如图7-6所示。

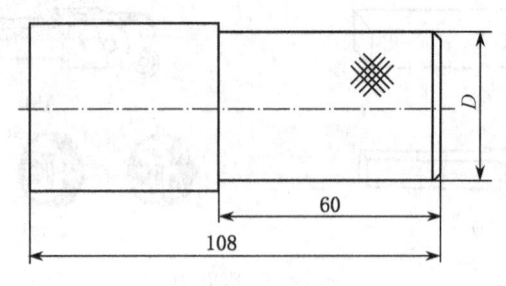

图 7-6　滚花练习

加工步骤如下：
(1) 夹住毛坯外圆，找正夹紧。
(2) 车平面和外圆 ϕ43，长 60 mm。
(3) 滚斜纹。
(4) 车外圆 ϕ41，长 60 mm。
(5) 滚直纹。
(6) 车外圆 ϕ39，长 60 mm。
(7) 滚网纹。

四、注意事项

(1) 滚花时产生乱纹的原因。
① 滚花开始时，滚花刀与工件接触面太大，使单位面积压力变小，易形成花纹微浅，出现乱纹。
② 滚花刀转动不灵活，或滚刀槽有细屑阻塞，有碍滚花刀压入加工。
③ 转速过高，滚花刀与工件容易产生滑动。
④ 滚轮间隙太大，产生径向与轴向窜动等。
(2) 滚直纹时，滚花刀的齿纹必须与工件轴心线平行，否则挤压的花纹不直。
(3) 在滚花进程中，不能用手和棉纱去接触工件滚花表面以防伤人。
(4) 细长工件滚花时，要防止顶弯工件，薄壁件要防止变形。
(5) 压力过大或进给量过慢，压花表面往往会滚出台阶形凹坑。

课题二 车成形面和表面修光

一、实习教学要求

(1) 了解圆球的作用和加工圆球时 L 的长度计算。

(2) 掌握车圆球的步骤和方法。
(3) 根据图样要求，用千分尺、半径规、样板和套环等对圆球进行测量检查。
(4) 掌握简单的表面修光方法。

二、相关工艺知识

1. 成形面

有些零件的轴向剖面呈曲线形，如图 7-7 所示的这几个零件，这些由曲线为母线所组成的表面称为成形面（也称特形面）。

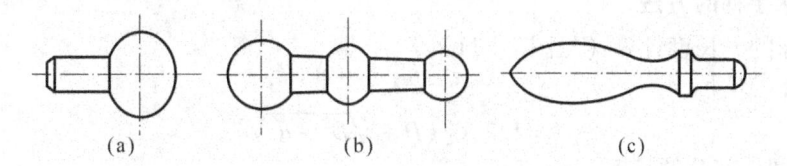

图 7-7 成形面零件
(a) 单球手柄；(b) 三球手柄；(c) 摇手柄

2. 成形面零件的加工方法

1) 用成形刀车成形面

所谓成形刀，是指刀具切削部分的形状和工件加工部分形状相似，这样的刀具就是成形刀。成形刀可按加工要求做成各种式样，如图 7-8 所示，其加工精度主要靠刀具保证，由于切削时接触面积较大，因此切削抗力也大，容易出现振动和工件移位，为此切削速度应取小些，工件装夹必须牢固。

2) 用仿形法车成形面

在车床上用仿形法车成形面的方法很多，如图 7-9，其车削原理基本上和仿形法车圆锥体的方法相似，只要事先做一个与工件形状相同的曲面仿形即可，当然也可用其他专用工具。

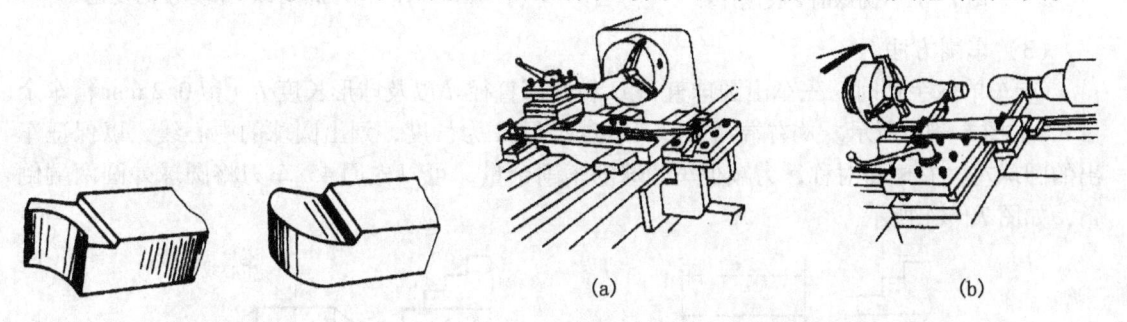

图 7-8 样板刀

图 7-9 用仿形法车削成形面
(a) 用仿形法车橄榄手柄；(b) 用尾座仿形法车手柄

3) 双手控制法车成形面（见图 7-10）

在单件加工时，通常用双手控制法车成形面，即可用双手同时摇动小滑板手柄和中滑板手柄，并通过双手协调的动作，使刀尖走过的轨迹与所要求的成形面曲线相仿，这样就能车出需要的成形面。双手控制法车成形面的特点是灵活方便，不需要其他辅助的工具，但需较高的技术水平。

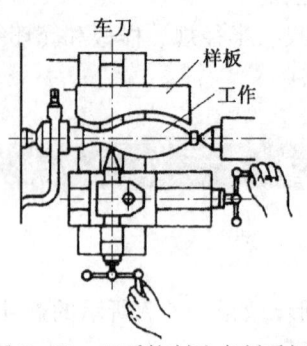

图 7-10 双手控制法车削手柄

3. 车单球手柄的方法

(1) 圆球的 L 长度计算（见图 7-11）。

其计算公式如下：

$$L = 1/2 \times [(D + \sqrt{D^2 - d^2})]$$

式中　L——圆球部分的长度，mm；
　　　D——圆球的直径，mm；
　　　d——柄部直径，mm。

(2) 车球面时，纵、横向进给的移动速度对比分析如图 7-12 所示，当车刀从 a 点出发，经过 b 点至 c 点，纵向进给的速度是快—中—慢，横向进给的速度是慢—中—快，即纵向进给是减速度，横向进给是加速度。

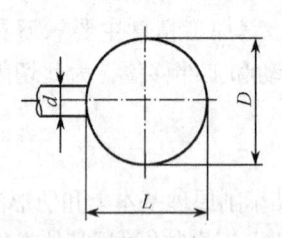

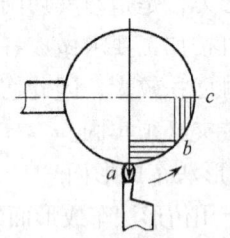

图 7-11　圆球的 L 长度计算　　　　图 7-12　车圆球时纵、横速度的变化

(3) 车削方法。

① 车单球手柄时，先车出圆球直径 D 和柄部直径 d 以及球形长度 L（留 0.2 mm 精车余量），如图 7-13 所示。从右端面算起，以球半径 R 为长度，划出圆球的中心线，以保证车出的圆球左、右球面对称，为减少车圆球的车削余量，可以先用 45°车刀将圆球外圆两端倒角，如图 7-14 所示。

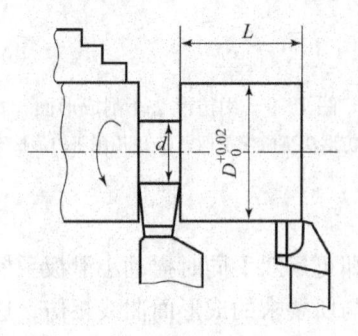

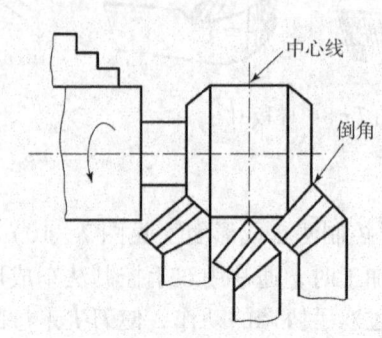

图 7-13　车单球手柄步骤　　　　图 7-14　确定中心线并倒角

② 用 R2 左右的小圆头车刀从 a 点向左右方向逐步把余量车去，并在 c 点处用切断刀修清角，如图 7-15 所示。

③ 修整。由于手动进给车削工件表面往往会留下高低不平的痕迹，因此必须用锉刀、砂布进行表面抛光。

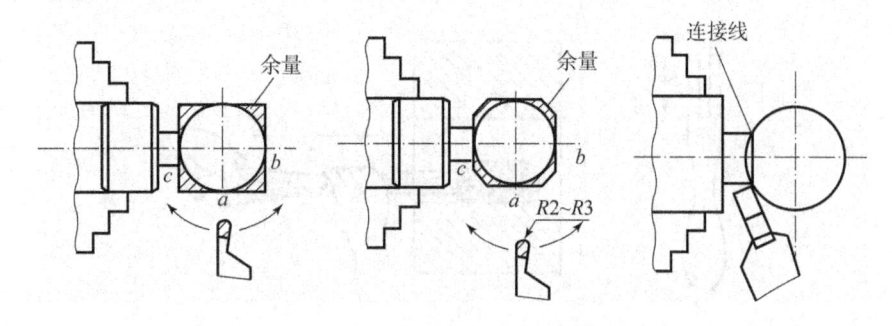

图 7-15 双手控制车圆球

a. 锉刀修光。在车床上用锉刀修光外圆时通常选用细纹板锉和精细纹板锉（油光锉）进行，其锉削余量一般在 0.03 mm 之内，在车床上锉削时，推锉速度需慢（一般为 40 次/min 左右），为了保证完全，最好用左手握柄，右手扶住锉刀前端锉削，以避免勾衣伤人，如图 7-16 所示。

b. 砂布抛光。工件经过锉削以后，其表面仍有细微痕迹，这时可用砂布抛光。砂布的型号和抛光方法：在车床上抛光用的砂布一般用金刚砂制成，常用砂布型号有 00 号、0 号、1 号、$1\frac{1}{2}$ 号和 2 号等。其号数越小，砂布越细，抛光后的表面粗糙度值越低。

使用砂布抛光工件时，移动速度需均匀，转速应取高些，抛光的工件质量一般是将砂布垫在锉刀下面进行，这样比较安全，而且抛光的工件质量也较好；也可用手直接捏住砂布进行抛光，成批抛光最好用抛光夹抛光，如图 7-17 所示，把砂布垫在木制抛光夹的圆弧中，再用手捏紧抛光夹进行抛光，也可在细砂布上加机油抛光。

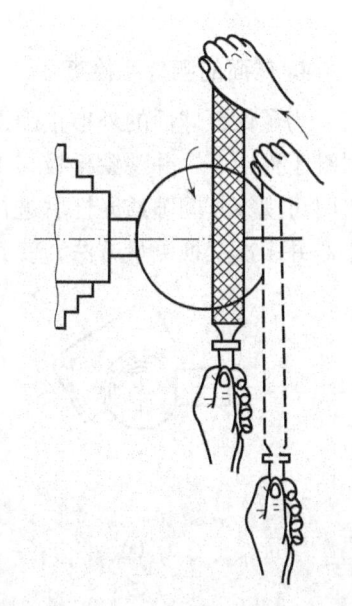

图 7-16 锉刀修光

图 7-17 用砂布抛光工件及用抛光夹抛光工件

用砂布抛光内孔的方法。经过精加工后的内孔表面如果不够光滑或孔径偏小，可用砂布抛光或修整，其方法是：选取一根比孔径小的木棒，一端开槽［见图7-18（a）］，并把其撕成条状的砂布，一头插进槽内，以顺时针方向把砂布绕在木棒上，然后放进孔内抛光，如图7-18（b）所示。其抛光方法与外圆抛光相同，孔径大的工件也可用手捏住砂布抛光。小孔绝不能把砂布绕在手指上去抛光，以防发生事故。

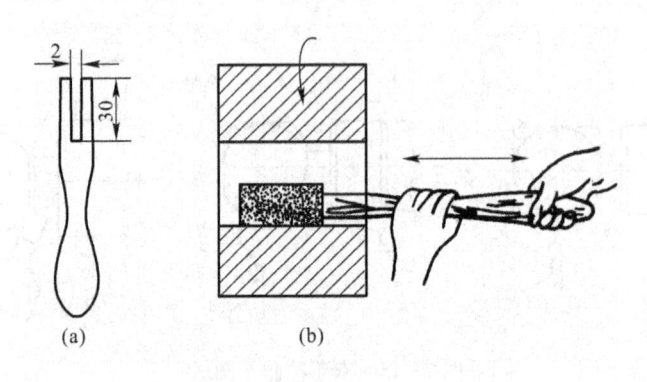

图7-18 用抛光棒抛光工件

4. 球面的测量和检查

为了保证球面的外形正确，通常采用样板、套环、千分尺等进行检查，用样板检查时应对准工件中心，并观察样板与工件之间的间隙大小修整球面［见图7-19（a）］；用套环检查时可观察其间隙透光性后进行修整［见图7-19（b）］；用千分尺检查球面时应通过工件中心并多次变换测量方法，使其测量精度在图样要求范围之内［图7-19（c）］。

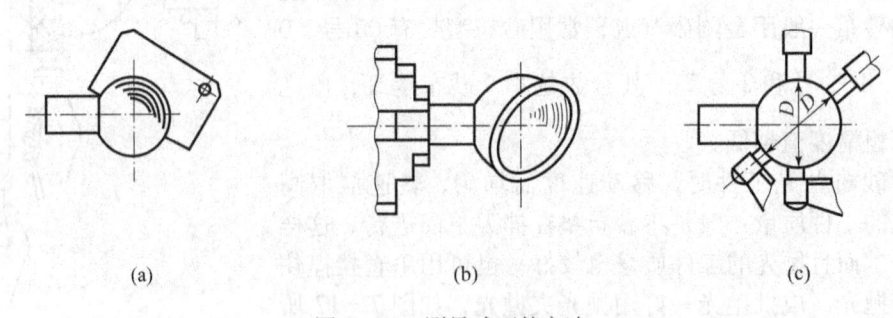

图7-19 测量球面的方法

三、技能训练

1. 车单球手柄（见图7-20）

加工步骤如下：

（1）夹住滚花外圆，车平面及外圆 $\phi45$ 长 49 mm。

（2）车槽 $\phi25$ 长 6 mm，并保持 L 长大于 40.4 mm。

（3）用圆头车刀粗、精车球面等尺寸要求。

（4）以后各项练习加工方法同上。

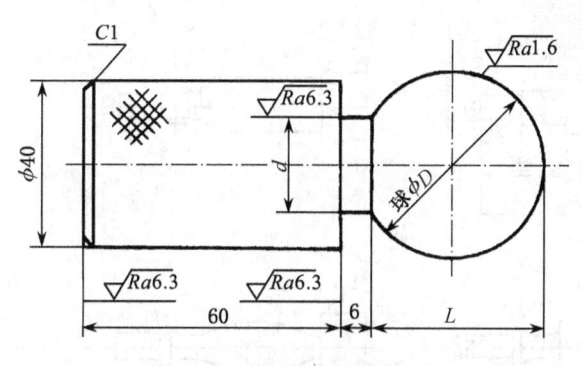

图 7-20 车单球手柄练习件

2. 车摇手柄（见图 7-21）

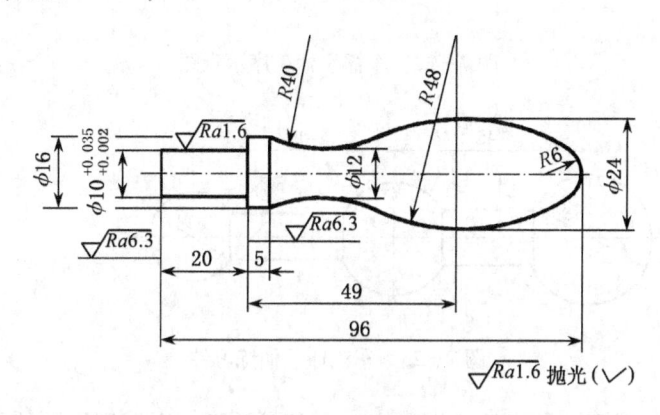

图 7-21 车摇手柄练习件

加工步骤如下：

(1) 夹住外圆车平面和钻中心孔。

(2) 工件伸出约长 110 mm 左右，一夹一顶，粗车外圆 φ24 长 100 mm，φ16 长 45 mm，φ10 长 20 mm，各留精车余量 0.1 mm 左右，如图 7-22 (a) 所示。

(3) 从 φ16 外圆的平面量起，长 17.5 mm 处为中心线，用小圆头刀车 φ12.5 的定位槽，如图 7-22 (b) 所示。

(4) 从 φ16 外圆的平面量起，长大于 5 mm 开始切削，向 12.5 mm 定位槽处移动车 R40 圆弧面，如图 7-22 (c) 所示。

(5) 从 φ16 外圆的平面量起，长 49 mm 处为中心线，在 φ24 外圆上向左、右方向车 R48 圆弧面，如图 7-22 (d) 所示。

(6) 精车 φ10 长 20 mm 至尺寸要求，并包括 φ16 外圆。

(7) 用锉刀、砂布修整抛光专用样板检查。

(8) 松去顶尖，用圆头车刀车 R6 并切下工件。

(9) 调头垫铜皮，夹住 φ24 外圆找正，用车刀或锉刀修整 R6 圆弧，并用砂布抛光，如图 7-22 (e) 所示。

3. 车三球手柄（见图 7-23）

加工步骤如下：

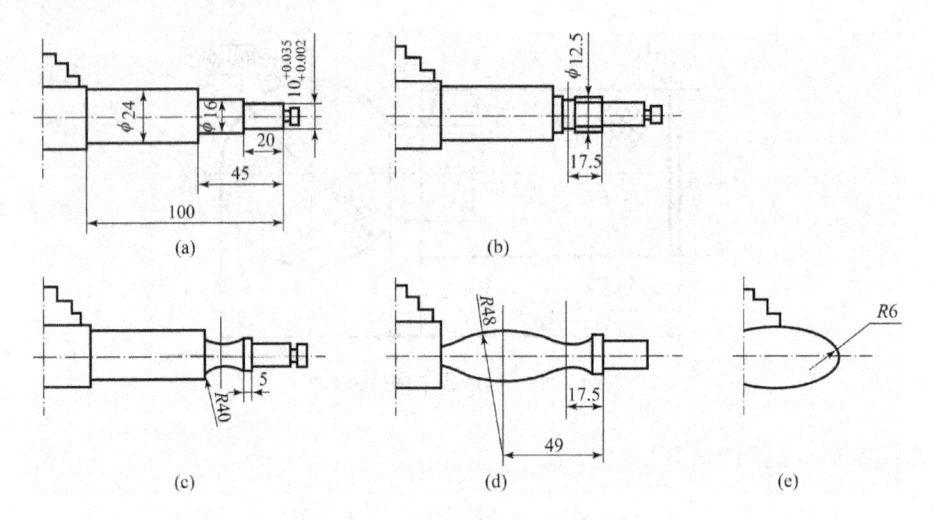

图 7-22 车摇手柄工序示意图

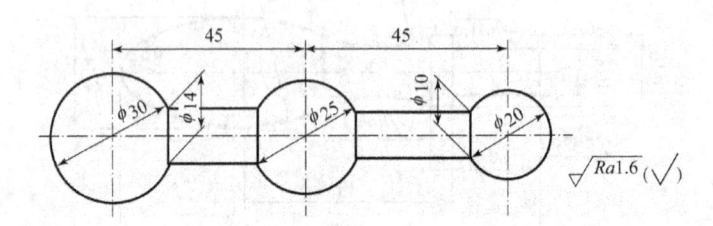

图 7-23 车三球手柄练习件

加工三球手柄一般有两种方法，即一夹一顶和两顶尖加工。现以两顶尖装夹为例，其加工方法如下：

（1）车平面，台阶 φ8 长 6 mm，并钻中心孔 φ3，如图 7-24（a）所示。

（2）调头车平面台阶 φ8 长 6 mm，并控制总长 115 mm，如图 7-24（b）所示。

（3）工件装夹在两顶尖上，粗车外圆 φ25，并控制左端大外圆长 28.5 mm，续车外圆 φ20，并控制左端台阶长 72 mm，如图 7-24（c）所示。

（4）车槽 φ13 长 24.8 mm，并控制小外圆长为 19 mm。车槽 φ14.5 长 20.5 mm，并控制外圆 φ25 长 22.2 mm，以及外圆长度为 28.5 mm，如图 7-24（d）所示。

（5）调头用两顶尖装夹，粗、精车外圆 $\phi 30^{+0.1}_{0}$，如图 7-24（e）所示。

（6）车 φ25 球面及 φ20 球面至尺寸要求，并旋转小拖板 1°45′车圆锥体，如图 7-24（g）所示。

（7）车 φ30 球面至尺寸要求，如图 7-24（f）所示。

（8）用锉刀砂布修整抛光大、中、小球面及锥体外圆。

（9）用自制夹套或铜皮夹住球面，车去 φ8 长 6 mm（小台阶两只），并用锉刀、砂布抛光至要求，如图 7-24（h）所示。

（10）检查。

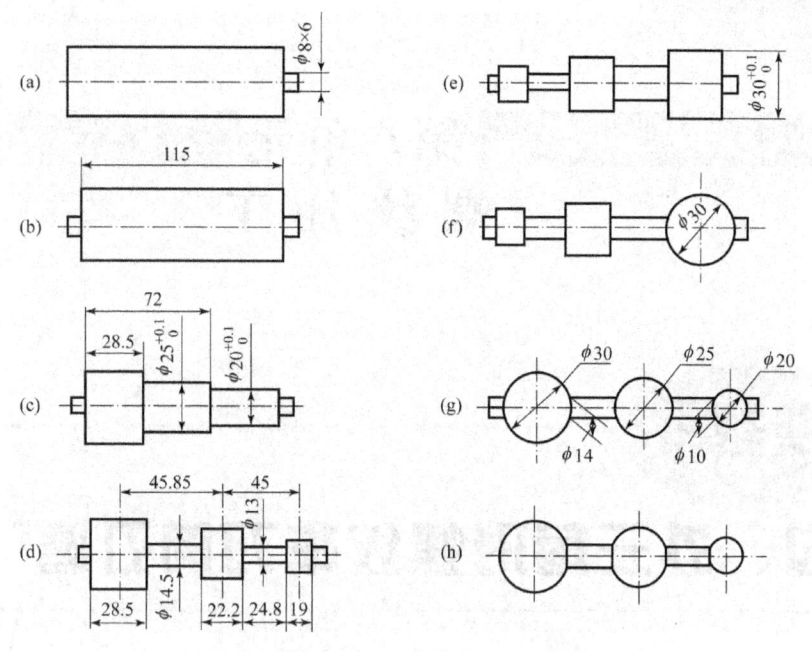

图 7-24 车三球手柄工序示意图

四、注意事项

（1）要培养目测球形的能力和协调双手控制进给动作的技能，否则往往把球面车成橄榄形状或算盘形。

（2）用锉刀锉削弧形工件时，锉刀的运动要绕弧面进行，如图 7-25 所示。

（3）锉削时，为了防止锉屑散落床面，影响床身导轨精度，应垫护床板或护床纸。

（4）锉削时，车工宜用左手捏锉刀柄进行锉削，这样比较安全。

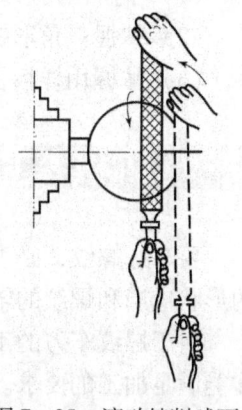

图 7-25 滚动锉削球面

习 题

1. 简述安装滚花刀的要求。
2. 用锉刀、砂布抛光工件时，安全操作应注意哪些问题？

第八单元 螺纹加工

课题一 内、外三角形螺纹车刀的刃磨

一、实习教学要求

（1）了解三角形螺纹车刀的几何形状和角度要求。
（2）掌握三角形螺纹车刀的刃磨要求和刃磨方法。
（3）掌握用样板检查、修正刀尖角的方法。

二、相关工艺知识

要车好螺纹，必须正确刃磨螺纹车刀，螺纹车刀按加工性质属于成形刀具，其切削部分的形状应当和螺纹的轴向剖面形状相符合，即车刀的刀尖角应等于螺纹牙型角。

由于螺纹车刀的工作情况比较复杂，需要根据实际工作情况对车刀的几何角度进行修正才能满足加工的要求。

1. 螺纹车刀的材料

目前广泛采用的螺纹车刀材料一般有高速钢和硬质合金两种，见表8-1。

表8-1 螺纹车刀材料

车刀材料	优点	缺点	应用场合
高速钢	刃磨比较方便，容易得到锋利的刀刃，而且韧性较好，车出的螺纹面的表面粗糙度值小	耐热性较差，高温下容易磨损	低速车削螺纹或精车螺纹
硬质合金	耐热性较好	韧性差，刃磨时容易崩裂，车削时经不起冲击	高速车削螺纹

2. 三角形螺纹车刀的几何角度

1) 车刀的刀尖角

刀尖角应该等于螺纹牙型角，普通螺纹车刀牙型角为60°。

2) 车刀的前角

高速钢螺纹车刀加工时，螺纹车刀的径向前角 γ_p 磨成大于0°时，有利于车削加工。当 $\gamma_p = 0°$ 时，车出的螺纹牙型角等于刀尖角，$\gamma_p > 0°$ 时，车出的螺纹牙型角大于刀尖角，前角越大，牙型角的误差也就越大，所以螺纹精车时或车削精度要求高的螺纹时，径向前角应取得小一些，$\gamma_p = 0° \sim 5°$，螺纹粗车时 $\gamma_p = 5° \sim 15°$，如图8-1所示。

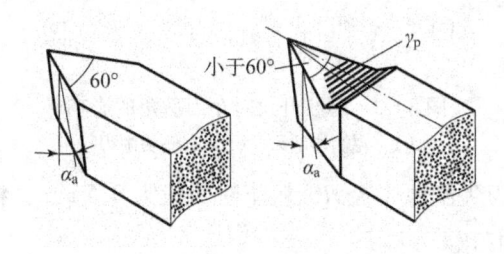

图8-1 径向前角对牙型角的影响

车刀两侧的工作前角与静止前角的数值不同，主要是螺旋升角的影响，使基面位置发生了变化。车右旋螺纹时，右侧刃的工作前角为负值，车削不顺利，排屑也很困难。为改善此状况，将车刀两侧切削刃组成的平面垂直于螺旋线装夹，使左右两侧切削刃的工作前角均为0°，如图8-2所示。

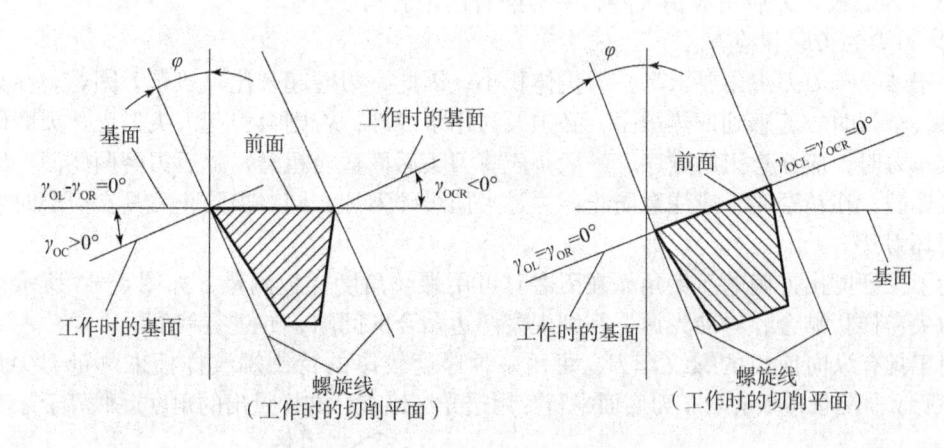

图8-2 螺纹升角对车刀两侧前角的影响

3) 车刀的后角

螺纹车刀的工作后角一般为3°~5°，当不存在螺纹升角时车刀左右切削刃的工作后角与静止后角相等。但在车削螺纹时，由于螺纹升角的影响，会引起切削平面位置变化，从而使车刀工作时后角与车刀静止时后角的数值不相同，如图8-3所示。

为了避免车刀后面与螺纹牙侧发生干涉，保证车削顺利进行，应将车刀沿进给方向一侧刃磨出的副后角 $\alpha'_{OL} = (3° \sim 5°) + \varphi$；为了保证车刀强度，应将车刀与进给方向反方向一侧的副后刀角刃磨成 $\alpha'_{OR} = (3° \sim 5°) - \varphi$。

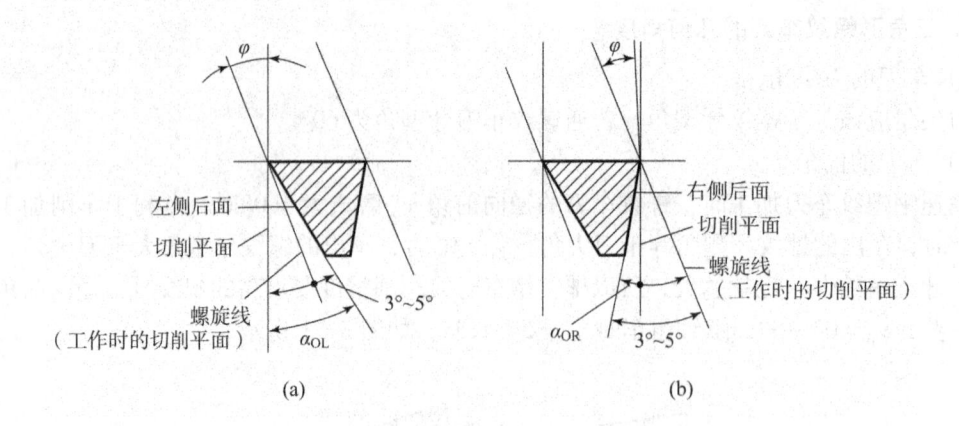

图 8-3 螺纹升角对车刀后角的影响
(a) 左侧切削刃；(b) 右侧切削刃

4）刀尖圆弧半径 R　刀尖圆弧半径 R，粗车时一般为 0.5 mm，精车时一般为 0.2 mm。

3. 三角形螺纹车刀的刃磨

1）刃磨要求

（1）根据粗、精车的要求，磨出合理的前、后角，粗车刀前角大后角小，精车刀相反。
（2）车刀的左右刀刃必须是直线，无崩刃。
（3）刀头不歪斜，牙型半角相等。
（4）内螺纹车刀刀尖角平分线必须与刀杆垂直。
（5）内螺纹车刀后角应稍大些，一般磨有两个后角。

2）刀尖的刃磨和检查

由于螺纹车刀刀尖角要求高，刀尖体积小，因此，刃磨起来比一般车刀困难。在刃磨高速钢螺纹车刀时，若感到发热烫手，必须及时用水冷却，否则会引起刀尖退火。刃磨硬质合金螺纹车刀时，应注意刃磨顺序，一般是先将刀头后面适当粗磨，随后刃磨两侧面，以免产生刀尖爆裂，在精磨时，应注意防止压力过大而震碎刀片，同时需防止刀具在刃磨时忽冷忽热而损坏刀片。

为了保证磨出准确的刀尖角，在刃磨时可用螺纹角度样板测量，如图 8-4 所示，测量时把刀尖与样板贴合，对准光源，仔细观察两边贴合的间隙，并进行修磨。

对于具有纵向前角的螺纹车刀，可用一种厚度较厚的特制螺纹样板来测量刀尖角，如图 8-5 所示。测量样板应与车刀底面平行，用透光法检查，这样量出的角度近似等于牙型角。

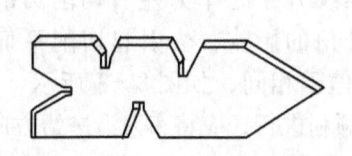

图 8-4 三角形螺纹样板

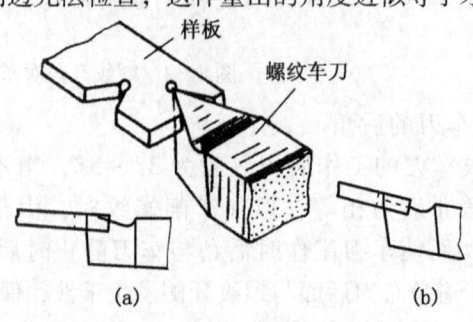

图 8-5 用特制样板测量修正法
(a) 正确测量；(b) 错误测量

第八单元
螺纹加工

三、技能训练

刃磨三角形螺纹车刀，如图 8-6 所示。

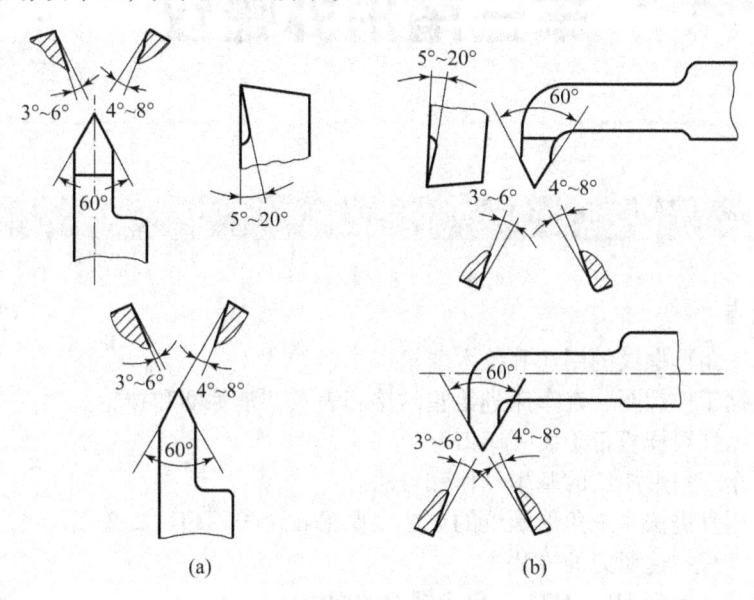

图 8-6　刃磨三角形螺纹车刀
(a) 普通外三角形螺纹车刀；(b) 普通内三角形螺纹车刀

操作步骤如下：
(1) 粗磨主、副后角及刀尖角初步形成。
(2) 粗、精磨前角或前面。
(3) 精磨主副后面，刀尖角用样板检查修正。
(4) 车刀刀尖倒棱宽度一般为 0.1×螺距。
(5) 用油石研磨。

四、注意事项

(1) 磨刀时，人的站立位置要正确，特别在刃磨整体式内螺纹车刀内侧刀刃时，一不小心就会使刀尖角磨歪。
(2) 刃磨高速钢车刀时，宜选用 80 号氧化铝砂轮，磨刀时压力应小于一般车刀，并及时蘸水冷却，以免过热而失去刀刃硬度。
(3) 粗磨时也要用样板检查刀尖角，若磨有纵向前角的螺纹车刀，粗磨后的刀尖角略大于牙型角，待磨好后再修正刀尖角。
(4) 刃磨螺纹车刀的刀刃时，要稍带移动，这样容易使刀刃平直。
(5) 车刀刃磨时应注意安全。

课题二 车三角形外螺纹

一、实习教学要求

1. 第一大点

（1）了解三角形螺纹的用途和技术要求。
（2）能根据工件螺距，查车床进给箱的铭牌表及调整手柄和挂轮。
（3）能根据螺纹样板正确装夹车刀。
（4）掌握车三角形螺纹的基本动作和方法。
（5）掌握用直进法车三角形螺纹的方法，要求收尾长不超过2/3圈。
（6）初步掌握中途对刀的方法。
（7）熟记第一系列 M6～M24 三角形螺纹的螺距。

2. 第二大点

（1）掌握用左右切削法车三角形螺纹的方法，要求收尾不超过1/2圈。
（2）掌握运用倒顺车车三角形螺纹的方法。
（3）能判断牙型、底径、牙宽的正确与否并进行修正，熟练掌握中途对刀的方法。
（4）掌握用螺纹环规检查三角螺纹的方法。
（5）介绍用螺纹千分尺测量中径的方法。
（6）正确使用切削液并合理选择切削用量。

3. 第三大点

（1）巩固提高三角形螺纹车刀的刃磨和修正方法。
（2）进一步提高车三角形外螺纹的熟练程度。
（3）掌握左螺纹的车削方法。

二、相关工艺知识

1. 螺纹基本要素

（1）螺旋线的形成原理：直角三角形 ABC 围绕直径为 d_2 的圆柱旋转一周，斜边 AC 在表面上形成的曲线就是螺旋线（见图 8-7）。
（2）在圆柱或圆锥表面上，沿螺旋线形成具有相同剖面的连续凸起和沟槽称为螺纹。
（3）螺纹各部分名称。

普通螺纹和其他螺纹除牙型不同外，其他要素定义大致相同，因此主要以普通螺纹说明螺纹要素，其对其他螺纹也适用。普通螺纹的各部分名称见表 8-2。

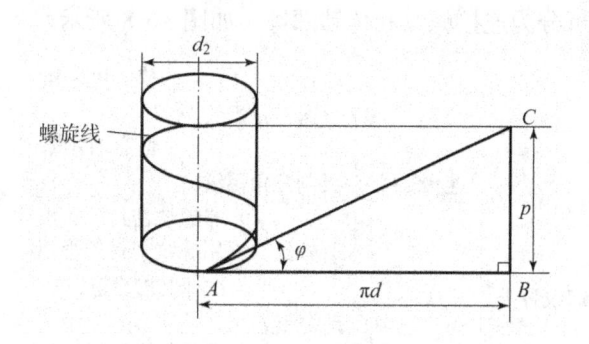

图 8-7　螺旋线的简单形成原理

表 8-2　螺纹各部分名称

名称	代号（外螺纹）	代号（内螺纹）	定义	图示
牙型角	α		在螺纹牙型上，两相邻牙侧间的夹角。普通三角形螺纹 $\alpha = 60°$	
牙型高度	h_1		在螺纹牙型上，牙顶到牙底在垂直于螺纹轴线方向上的距离	
大径	d	D	与外螺纹牙顶或内螺纹牙底相重合的假想圆柱面的直径，一般为螺纹的公称直径	
中径	d_2	D_2	一个假想圆柱体的直径，该圆柱的母线上牙型沟槽和凸起宽度相等	
小径	d_1	D_1	与外螺纹牙底或内螺纹牙顶相重合的假想圆柱面的直径	
线数	n		螺纹的螺旋线数目，一条螺旋线称单线，两条以上称多线	
螺距	P		相邻两牙在中径线上对应两点间的轴向距离	
导程	P_h		在同一条螺旋线上的相邻两牙在中径线上对应两点之间的轴向距离，$P_h = nP$	
螺纹升角	φ		在中径圆柱或中径圆锥上，螺旋线的切线与垂直于螺纹轴线的平面间的夹角，$\tan\varphi = P/\pi d_2$	

从互换性角度来看，螺纹的基本几何要素有 5 个：大径、小径、中径、螺距和牙型半角，后三项的误差是影响螺纹互换性的主要因素。

2. 螺纹的分类

螺纹应用广泛，种类繁多，可从用途、牙型、螺旋线方向和线数等方面进行分类。

153

（1）螺纹按用途可分为连接螺纹和传动螺纹，如图8-8所示。

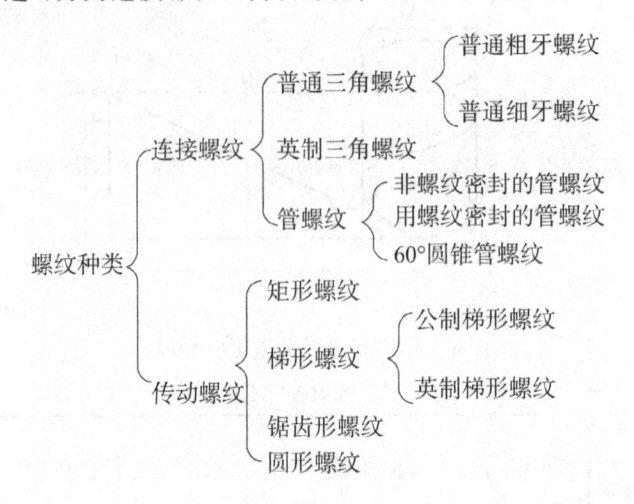

图8-8 螺纹按用途分类

（2）螺纹按牙型可分为三角形、矩形、锯齿形、梯形等，如图8-9所示。

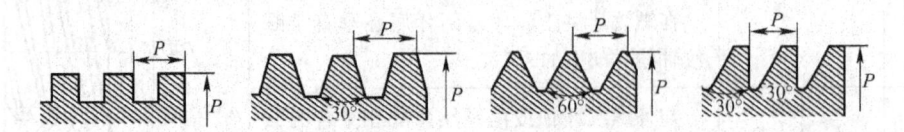

图8-9 螺纹按牙型分类

（3）螺纹按螺旋线方向分为右旋螺纹和左旋螺纹，如图8-10所示。绝大多数螺纹是右旋螺纹，即顺时针旋转为拧紧。

（4）螺纹按螺旋线数分为单线螺纹和多线螺纹，如图8-11所示。

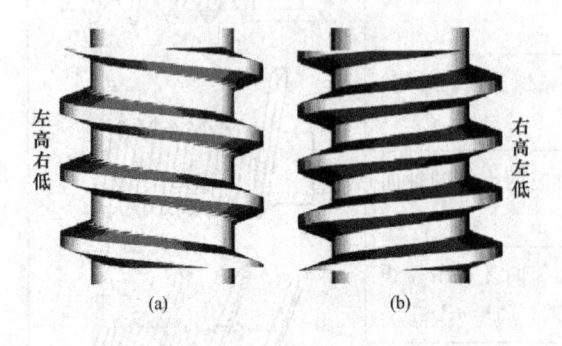

图8-10 螺纹按螺旋线方向分类
(a) 左旋螺纹；(b) 右旋螺纹

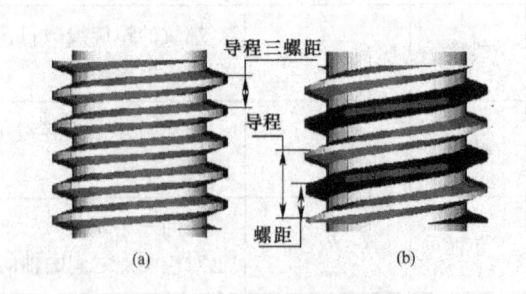

图8-11 螺纹按螺旋线数分类
(a) 单线螺纹；(b) 双线螺纹

3. 三角形螺纹的尺寸计算

三角形螺纹因其规格及用途不同，分为普通螺纹、英制螺纹和管螺纹三种。

1）普通螺纹的标记

普通螺纹的尺寸计算。普通螺纹是应用最广泛的一种三角形螺纹。这种螺纹和细牙普通螺纹，牙型角均为60°。

螺纹的完整标记由螺纹代号、螺纹公差带代号和旋合长度代号所组成，其规定代号和示例见表8-3。

表8-3 普通螺纹的规定代号和示例

螺纹种类	特征代号	标记示例	标记方法
普通粗牙螺纹	M	M30LH-6g-L 说明：M—普通粗牙螺纹 30—公称直径 LH—左旋 6g—中径和顶径公差带代号 L—长旋合长度	①螺纹公称直径和螺距用数字表示。细牙普通螺纹、梯形螺纹和锯齿形螺纹必须加注螺距（其他螺纹不注）。 ②多线螺纹在公称直径后面需要注出"导程/线数"（单线螺纹不注）。 ③左旋螺纹必须注出"左"或"LH"字样（右旋螺纹不注）。 ④螺纹公差带代号包括中径公差带代号与顶径（指外螺纹大径和内螺纹小径）公差带代号。公差带代号由表示其大小的公差等级数字和表示其位置的字母所组成。 ⑤普通螺纹的旋合长度分为长、中、短三组，分别用代号L、N、S表示。中等旋合长度N不标注。特殊需要时可注明旋合长度的数值
普通细牙螺纹		M30×2-6g7h 说明：M—普通细牙螺纹 30—公称直径 2—螺距 6g—中径公差带代号 7h—顶径公差带代号	

2）螺纹基本尺寸的计算

普通螺纹牙型和尺寸计算见图8-12和表8-4。

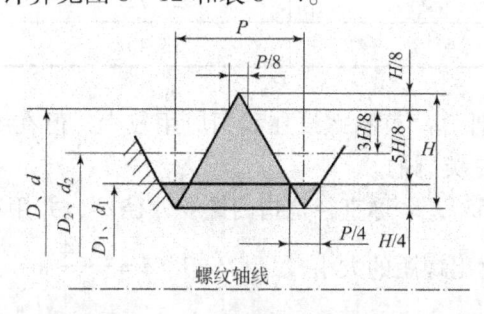

图8-12 普通螺纹牙型和尺寸

表8-4 普通螺纹的尺寸计算

	名称	代号	计算公式
外螺纹	牙型角	α	60°
	原始三角形高度	H	$H = 0.886P$
	牙型高度	h	$h = \frac{5}{8}H = \frac{5}{8} \times 0.886P = 0.5413P$
	中径	d_2	$d_2 = d - 2 \times \frac{3}{8}H = d - 0.6495P$
	小径	d_1	$d_1 = d - 2h = d - 1.0825P$
内螺纹	中径	D_2	$D_2 = d_2$
	小径	D_1	$D_1 = d_1$
	大径	D	$D = d =$ 公称直径

例1 试计算 M20 螺纹的各部分基本尺寸。

解 已知 $D = d = 20$ mm，查表 8-5 得 $P = 2.5$ mm，$D_2 = d_2 = d - 0.6495P = 20 - 0.6495 \times 2.5 = 18.376$ mm，$D_1 = d_1 = d - 1.0825P = 20 - 1.0825 \times 2.5 = 17.294$ mm。

3）常见粗牙螺纹螺距及尺寸（见表 8-5）

（1）粗牙螺纹的螺距不直接标注，其中 M3～M36 螺纹是生产中常见的螺纹，它们的螺距应该熟记。

表 8-5 粗牙螺纹螺距　　　　　　　　　　　　　mm

公称直径 D、d	螺距 P	中径 D_2 或 d_2	小径 D_1 或 d_1
3	0.5	2.675	2.459
4	0.7	3.545	3.242
5	0.8	4.480	4.134
6	1	5.350	4.917
8	1.25	7.188	6.647
10	1.5	9.026	8.376
12	1.75	10.863	10.106
16	2	14.701	13.835
20	2.5	18.376	17.294
24	3	22.051	20.752
30	3.5	27.727	26.211
36	4	33.402	31.670

（2）英制螺纹的尺寸计算。英制螺纹在我国应用较少，但在维修一些旧设备和进口新的设备中，仍有不少螺纹是英制的。

英制螺纹的牙型角为 55°，公称直径是指内螺纹外径 d'，并用英寸表示。它用每英寸螺纹长度中的牙数（n）来换算出螺距的大小，螺距 $P = 1''/n = \dfrac{25.4}{n}$ mm。

对于常用的英制螺纹（1/2″～1/8″），它的公称直径和每英寸牙数有规律，即只要用 16 作为常数减去螺纹公称直径的分子数即是每英寸的牙数，如 7/8″英制螺纹，每英寸牙数为 16-7=9 牙，再如 3/4″英制螺纹，每英寸牙数 16-6=10 牙。

英制螺纹的牙型各部分尺寸的计算如下：

$$d'—公称直径, h_1 = 0.64033P - \frac{c'}{2}$$

$$d = d' - c', d'_1 = d' - 2h_1 - c' + e'$$

$$e' \approx 0.148P, c' \approx 0.075P + 0.05$$

$$H = 0.96049P, d_2 = d' - \frac{2H}{3} = d' - 0.64033P$$

英制螺纹每英寸牙数和各部分尺寸也可通过查表或查手册解决。

（3）管螺纹的尺寸计算。管螺纹是用在输送气体或液体的管接头与管子的连接。根据螺纹母体形状，管螺纹分为圆柱管螺纹和圆锥管螺纹两类。圆锥管螺纹的母体有 1∶16 的锥度。按牙型角不同可分为55°圆锥管螺纹和60°圆锥管螺纹。管螺纹的公称直径是指管子内孔的公称直径，用英寸表示。

① 圆柱管螺纹。圆柱管螺纹标记用字母"G"和公称直径表示，如 G1″、G $\frac{1}{2}$″等。螺纹牙型角为55°，牙顶和牙底都在 $H/6$ 处倒角，并为了有良好的密封性，内、外螺纹配合时没有间隙。圆柱管螺纹的主要尺寸计算如下：

$$H = 0.96049P, h_1 = 0.64033P$$
$$R = 0.13733P, d_1 = d - 2h_1$$
$$P = 25.4/n$$

式中　　n——每英寸①螺纹长度内的牙数。

圆柱管螺纹各部分尺寸和每英寸牙数可在有关手册中查阅。

② 55°圆锥管螺纹。螺纹标记用字母"ZG"和公称直径表示，如 ZG1/2″、ZG1″等。螺纹牙型角为55°，牙顶和牙底处都倒圆，因为它有1:16的锥度，可以使管螺纹越旋越紧，密封性比圆柱管螺纹要好。

55°圆锥管螺纹的外径、中径及内径应在基面内测量，基面离管端的距离 L_2 和各部分尺寸可在有关手册中查阅。

③ 60°圆锥管螺纹。螺纹标记用字母"Z"和公称直径表示，如 3/8″、Z1″等。螺纹牙型角为60°，牙顶和牙底处都削平；螺纹体有1:16的锥度。

60°圆锥管螺纹的外径、中径及内径应在基面内测量，基面离管端的距离 L_2 和各部分尺寸可在有关手册中查阅。

三角形螺纹的特点是螺距小，一般螺纹长度较短。其基本要求是，螺纹轴向剖面牙型角必须正确，两侧面表面粗糙度小；中径尺寸符合精度要求，螺纹与工件轴线保持同轴。

4. 螺纹车刀的装夹

（1）装夹车刀时，刀尖位置一般应对准工件中心。

（2）车刀刀尖角的对称中心必须与工件轴线垂直，装刀时可用样板来对刀，如图8-13(a)所示，如把车刀装歪，就会产生如图8-13(b)所示的牙型歪斜。

（3）刀头伸出不要过长，一般为20～25 mm（约为刀杆厚度的1.5倍）。

5. 车螺纹时车床的调整

1）变换手柄位置

一般按工件螺距在进给箱铭牌上找到交换齿轮的齿数和手柄位置，并把手柄拨到所需的位置上。

2）调整交换齿轮

（1）切断车床电源，车头变速手柄放在中间空挡位置。

（2）识别有关齿轮，齿数，上、中、下轴。

（3）了解齿轮装拆的程序及单式、复式交换齿轮的组装方法。

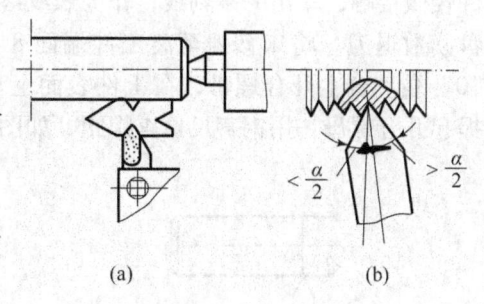

图8-13　外螺纹车刀的位置

在调整交换齿轮时，必须先把齿轮套筒和小轴擦干净，并使其间隙稍大些，并涂上润滑

---

① 1英寸 = 2.54厘米。

油（有油杆的应装满黄油，定期用手旋进）。套筒的长度要小于小轴台阶的长度，否则螺母压紧套筒后，中间轮就不能转动，开车时会损坏齿轮或扇形板。

交换齿轮啮合间隙的调整，是指变动齿轮在交换齿轮架上的位置及交换齿轮架本身的位置，使原齿轮的啮合间隙保持在 0.1～0.15 mm。如果太紧，挂轮在转动时会产生很大的噪声并损坏齿轮。

3）调整滑板间隙

调整中小滑板镶条时，不能太紧，也不能太松。太紧了，摇动滑板费力，操作不灵活；太松了，车螺纹时，容易产生"扎刀"现象。顺时针方向旋转小滑板手柄，消除小滑板丝杠和螺母的间隙。

6. 车螺纹时的动作练习

（1）选择转速 200 r/min 左右，开动车床，将主轴倒、顺转数次，然后合上开合螺母，检查丝杠与开合螺母的工作是否正常，如图 8-14 所示，若有跳动和自动抬闸现象，必须消除。

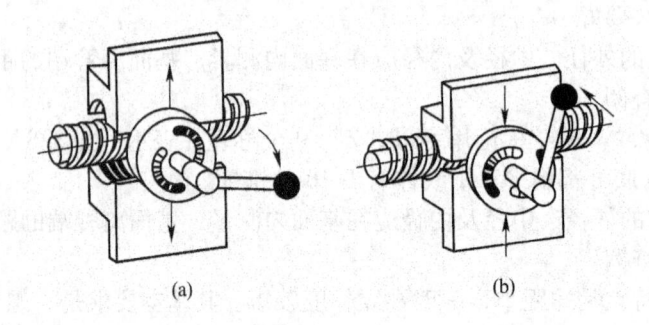

图 8-14 开合螺母
(a) 合；(b) 开

（2）空刀练习车螺纹的动作，选螺距 2 mm，长度为 25 mm，转速为 165～200 r/min，开车练习开合螺母的分合动作，先退刀后提开合螺母，动作协调。

（3）试切螺纹，在外圆上根据螺纹长度，用刀尖对准，开车并径向进给，使车刀与工件轻微接触，车出一条刻线，作为螺纹终止退刀标记，如图 8-15 所示，并记住中滑板刻度盘读数退刀，将床鞍摇至离工件端面 8～10 牙处，径向进给 0.05 mm 左右，调整刻度盘"0"位。合上开合螺母，在工件表面上车出一条有痕螺旋线，到螺纹终止线时迅速退刀，提起开合螺母，用钢直尺检查螺距，如图 8-16 所示。

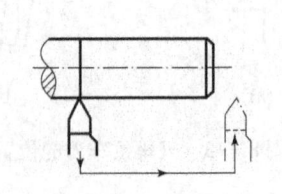

图 8-15 螺纹终止退刀标记

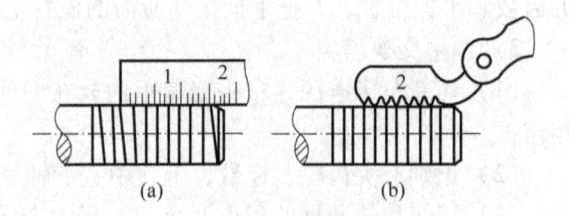

图 8-16 检查螺距
(a) 钢直尺；(b) 螺距规

7. 车螺纹前工件的工艺要求

（1）螺纹大径一般应车得比基本尺寸小 0.2~0.4 mm（约 0.13P），以保证车好螺纹后牙顶处有 0.125P 的宽度。

（2）外圆端面处倒角应小于螺纹小径。

（3）有退刀槽的螺纹，应先切退刀槽，槽底直径应小于螺纹底径，槽宽应为 5~6 mm。

（4）车脆性材料时，螺纹车削前的外圆表面，其表面粗糙度值要小，以免在车削螺纹时，牙顶发生崩裂。

（5）车螺纹时，车刀一般选用 YG6 或 YG8 硬度合金螺纹车刀。

8. 中途对刀的方法

中途换刀和车刀刃磨后须重新对刀，即车刀不切入工件而按下开合螺母，待车刀移到工件表面处主轴停车，摇动中、小滑板，使车刀刀尖对准螺旋槽，然后再开车，观察刀尖是否在槽内，直至对准再开始车削。

9. 乱牙及预防方法

车螺纹时，在第一刀车削完毕、车削第二刀时，螺纹刀尖不在车削的螺旋槽内，以致造成螺旋槽被切的现象称为乱牙。

在车削过程中，车床丝杠螺距与工件螺距不是整数倍时，采用开倒顺车法车削时可避免螺纹乱牙。

10. 车削方法

（1）直进法（见图 8-17）车螺纹时，螺纹车刀刀尖及左右两侧刀刃都参加切削，每次进刀由中滑板进给，随螺纹深度的加深，切削深度相应减少，这种切削方法操作简单，可以得到比较正确的牙型，适用于螺距较小和脆性材料的螺纹车削。

（2）左右切削法或斜进法，如图 8-18 所示。车削时，除中滑板刻度控制车刀的径向进给外，同时使用小滑板刻度，使车刀左右微量进给［见图 8-18（a）］，采用左右切削法时，要合理分配切削余量，粗车时可采用斜进法［见图 8-18（b）］顺走刀一个方向偏移，一般每边留 0.2~0.3 mm，精车时，为了使两侧牙面都比较光洁，当一侧车光以后再将车刀偏移另一侧面车削、两侧均车光后，再将车刀移到中间，把牙底部分车光，保证牙底清晰。

这种车削方法操作比较复杂，偏移赶刀量要适当，否则会将螺纹车乱或牙顶车尖，适用于低速车削，螺距大于 2 mm 的塑性材料。

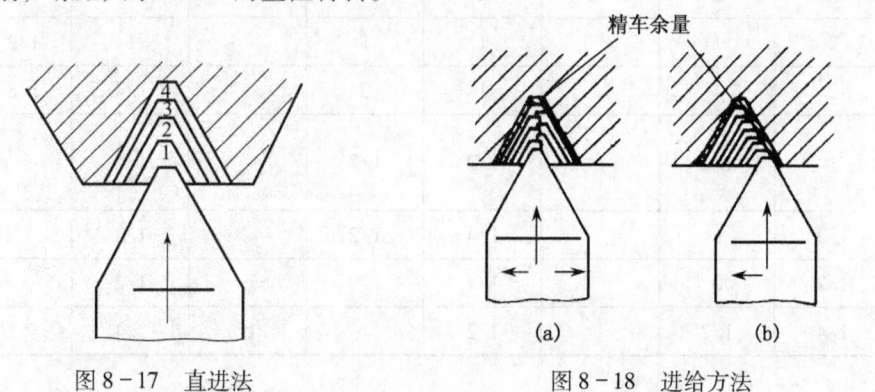

图 8-17 直进法

图 8-18 进给方法
（a）左右切削法；（b）斜进法

（3）切削时必须加切削液，粗车用切削油或机油，精车用乳化液。

11. 车左螺纹

（1）要正确刃磨左螺纹车刀，使右侧刀刃后角稍大于左侧刀刃后角，左刀刃比右刀刃短一些，牙型半角相等。

（2）拨动三星齿轮手柄，变换丝杠旋转方向，轴退刀槽处进给，使车头向尾座方向进给车螺纹。

12. 切削用量选择

低速车削普通外螺纹时，应根据工件材料、螺距大小和加工阶段等，合理选择切削用量。

1）切削速度的选择

由于螺纹车刀刀尖角较小，散热条件差，切削速度应低于外圆车削。粗车时，$v_c = 10 \sim 15 \text{ m/min}$；精车时，$v_c < 5 \text{ m/min}$。

2）进给量

车螺纹的进给量为加工螺纹的螺距。

3）切削深度的选择

车螺纹时，螺纹的总切削深度 a_p 与螺距的关系按经验公式 $a_p \approx 0.65P$，要经过多次进给才能切削完成。粗车第一、二刀时，由于总切削面积不大，可以选择相对较大的切削深度，以后每次的切削深度应逐渐减少。精车时切削深度更小，以获得较好的表面粗糙度。表 8-6 列出了车削 M16、M20、M24 螺纹的最少进给次数，供参考使用。

表 8-6 低速车削普通外螺纹的进给次数

进刀次数	M24 P=3 mm 中滑板进刀格数	小滑板赶刀格数 左	小滑板赶刀格数 右	M20 P=2.5 mm 中滑板进刀格数	小滑板赶刀格数 左	小滑板赶刀格数 右	M16 P=2 mm 中滑板进刀格数	小滑板赶刀（借刀）格数 左	小滑板赶刀（借刀）格数 右
1	11	0		11	0		10	0	
2	7	3		7	3		6	3	
3	5	6		5	3		4	2	
4	4	2		3	2		2	2	
5	3	2		2	2		1	1/2	
6	2	1		1	1		1	1/2	
7	2	1		1	0		1/4	1/2	
8	1	1/2		1/2	1/2		1/4	5/2	
9	1/2	1		1/4			1/2	1/2	
10	1/2	0		1/4	6		1/2	1/2	
11	1/4	1/2		1/2	0		1/4	1/2	

续表

进刀次数	M24 $P=3$ mm			M20 $P=2.5$ mm			M16 $P=2$ mm		
	中滑板进刀格数	小滑板赶刀格数		中滑板进刀格数	小滑板赶刀格数		中滑板进刀格数	小滑板赶刀（借刀）格数	
		左	右		左	右		左	右
12	1/4	1/2		1/2		1	1/4		0
13	1/2		3	1/4		1			
14	1/2		0	1/4		0			
15	1/4		1/2	$a_p = 0.65 \times 2.5/0.05 = 32.5$ 格			$a_p = 0.65 \times 2/0.05 = 26$ 格		
16	1/4		0						
	$a_p = 0.65 \times 3/0.05 = 39$ 格								

注：针对学生初次练习车削三角螺纹，设此表以控制车削进刀量，这样使学生逐步的掌握和理解车削三角螺纹的方法，熟练以后可抛开此表，所以此表仅供参考。

13. 螺纹的测量和检查

标准螺纹应具有互换性，特别对螺距、中径尺寸要严格控制，否则螺纹副无法配合。应根据不同的质量要求和生产批量的大小，相应地选择不同的三角形螺纹的测量方法，常见的测量方法有单项测量法和综合测量法。

1）单项测量法

单项测量是选择合适的量具来测量螺纹的某一项参数的精度。常见的有测量螺纹的顶径、螺距和中径。

（1）顶径测量。螺纹的顶径公差值一般较大，所以采用游标卡尺测量。

（2）螺距测量。在车削螺纹螺旋线第一刀时，就要检测螺距是否正确。可以用钢直尺或游标卡尺同时测量几个螺距后取平均值。螺纹车削完成后可以用螺距规检测螺距大小，检测时，应将螺距规沿着通过工件轴线的平面方向嵌入牙槽中，如完全吻合，则说明被测螺距是正确的（见图 8-19）。

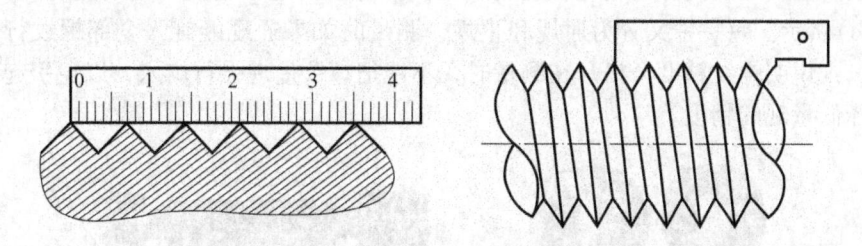

图 8-19 用螺距规检测螺距

（3）牙型角的测量。用螺纹样板或牙型角样板检测，如图 8-20 所示。

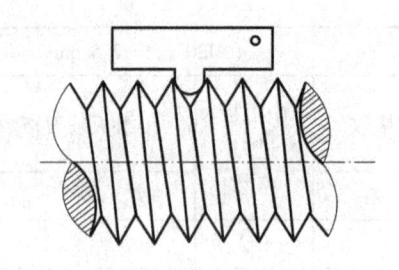

图 8-20 牙型角的测量

（4）中径测量。三角形螺纹的中径可用螺纹千分尺测量。在测量时，两个与螺纹牙型角相同的测量头正好卡在螺纹牙侧，所得到的千分尺读数就是螺纹中径的实际尺寸，如图 8-21 所示。根据不同的螺距可以选择不同的测量头。测量头更换时应直接插入千分尺的轴杆和砧座的孔中，需要注意的是，更换测量头之后，必须调整砧座的位置，使千分尺对准零位。

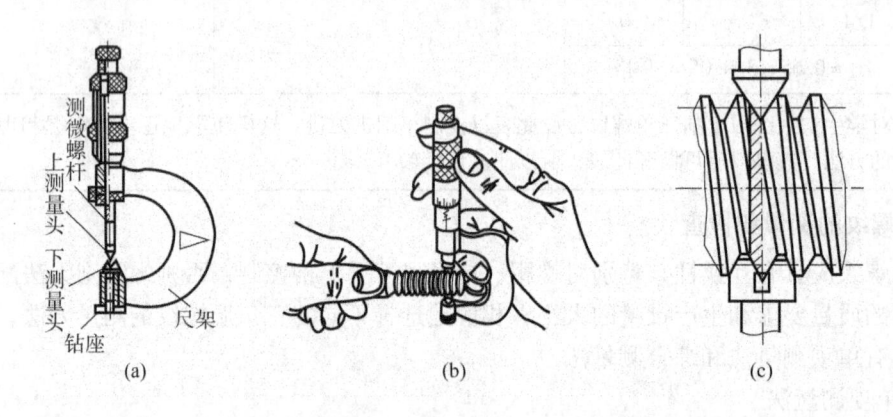

图 8-21 用螺纹千分尺测量三角形螺纹的中径
(a) 螺纹千分尺；(b) 测量方法；(c) 测微螺杆

2）综合测量法

综合测量采用螺纹量规，如图 8-22 所示，是对螺纹各部分主要尺寸同时进行综合检验的一种测量方法。这种方法效率高，使用方便，实用性好，能较好地保证互换性，广泛应用于对标准螺纹或大批量生产的螺纹工件的测量。

螺纹量规分为检测内螺纹的螺纹塞规和检测外螺纹的螺纹套规，分别如图 8-22(a) 和图 8-22(b) 所示。每一种又分为通规和止规，测量时如果通规能旋入全部螺纹行程而止规不能旋入，则说明螺纹精度合格。在测量时，不能把螺纹量规强行旋入，以免引起量规的严重磨损，降低量规的精度。

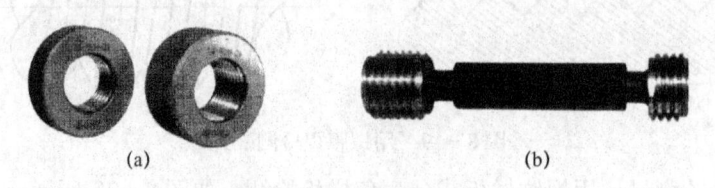

图 8-22 螺纹量规
(a) 套规；(b) 塞规

三、技能训练

1. 车铸铁外螺纹（见图 8-23）

加工步骤如下：

(1) 工件伸出 50 mm 左右，找正夹紧。

(2) 粗、精车外圆 $\phi 60_{-0.318}^{-0.038}$ 长 35 mm 至尺寸要求。

(3) 倒角 C1。

(4) 粗、精车三角螺纹 M60×2 mm 长 25 mm 至尺寸要求。

(5) 检查（目测或自制环规）。

(6) 以后各次练习方法同上。

2. 车无退刀槽外螺纹（见图 8-24）

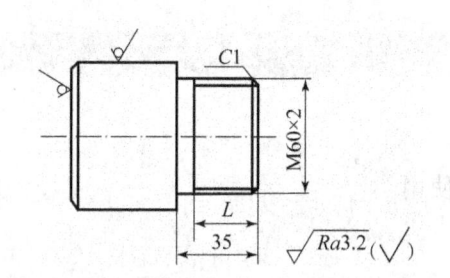

图 8-23 车铸铁外螺纹练习件

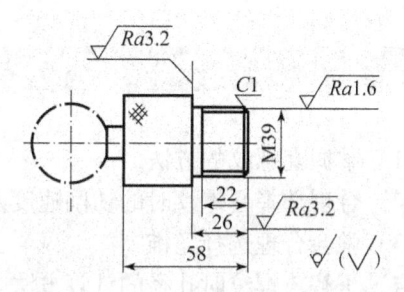

图 8-24 车无退刀槽外螺纹练习件

加工步骤如下：

(1) 工件伸出 40 mm 左右，找正夹紧。

(2) 粗、精车外圆 $\phi 39_{-0.318}^{-0.038}$ 长 26 mm 至尺寸要求。

(3) 倒角 C1。

(4) 粗、精车 M39，长 22 mm 符合图样要求。

(5) 检查（用目测第三次练习后可用环规或标准螺母检查）。

(6) 以后各次练习方法同上。

3. 车有退刀槽外螺纹（图 8-25）

加工步骤如下：

(1) 夹滚花外圆 25 mm 左右，找正夹紧。

(2) 粗、精车外圆 $\phi 30_{-0.318}^{-0.038}$ 长 36 mm 至尺寸要求。

(3) 车槽（已有）倒角 C1。

(4) 粗、精车三角形螺纹 M30×2 mm，符合图样要求。

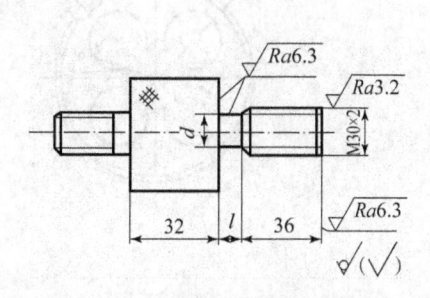

图 8-25 车有退刀槽外螺纹练习件

(5) 用螺纹环规检查。

(6) 以后各次练习方法同上。

四、注意事项

（1）车螺纹前应首先调整床鞍和中、小滑板的松紧程度。

（2）车螺纹时思想集中，特别是初学者在开始练习时，主轴转速不宜过高，待操作熟练后，可逐步提高主轴转速。

课题三 在车床上套螺纹、攻螺纹

一、实习教学要求

（1）掌握套螺纹的方法。
（2）合理选择套螺纹时的切削速度及切削液的使用。
（3）学会合理选择丝锥。
（4）了解攻螺纹时孔径的计算方法。
（5）掌握攻螺纹的方法。
（6）能分析套螺纹时产生废品的原因和防止方法。

二、相关工艺分析

1. 圆板牙（见图 8-26）

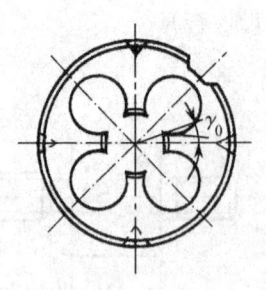

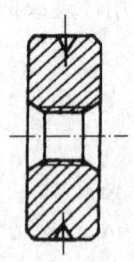

图 8-26 圆板牙

圆板牙大多用高速钢制成，其两端的锥角是切削部分，因此正反都可使用，中间具有完整齿深的一段既是校准部分，也是套螺纹时的导向部分。

2. 用板牙套螺纹的方法

1）套螺纹前的工艺要求

（1）工件外圆车至比螺纹大径小些，可根据工件螺距和材料塑性决定。

（2）工件平面必须倒角，倒角要小于或等于45°，倒角后的平面直径应稍小于螺纹小径，以便板牙切入工件。

（3）套螺纹前必须找正尾座轴线，应与车床主轴轴线重合。

（4）板牙端面应与主轴轴线垂直。

2）套螺纹的方法

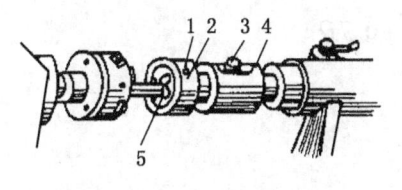

图8-27 在车床上套螺纹
1—螺钉；2—滑动套筒；3—销钉；
4—工具体；5—板牙

在车床上用套螺纹工具套螺纹（见图8-27）的具体方法如下：

（1）将套螺纹工具锥体柄装入尾座套筒的锥孔内。

（2）将板牙装入滑动套筒内，使螺钉对准板牙上的锥孔后拧紧。

（3）将尾座移到工件前适当位置（约15 mm 处）锁紧。

（4）转动尾座手轮，使板牙靠近工件端面，先开动车床和冷却泵加注切削液。

（5）摇动尾座手轮使板牙切入工件，然后停止摇动手轮，由滑动套筒在工具体内自动轴向进给，板牙切削工件外螺纹。

（6）当板牙到所需长度位置时，开反车，使主轴反转退出板牙。

3. 丝锥（见图8-28）

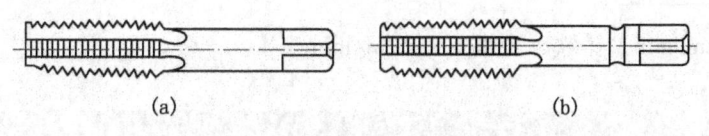

图8-28 丝锥
（a）手用丝锥；（b）机用丝锥

丝锥也叫螺丝攻，用高速钢制成，是一种成形、多刃切削工具。直径或螺距较小的内螺纹可用丝锥直接攻出来。

1）手用丝锥

通常由两只或三只组成一套，也称头锥、二锥和三锥，在攻螺纹时依次使用丝锥，可根据在切削部分磨去齿的不同数来区别。

2）机用丝锥

一般车床上攻螺纹用机用丝锥一次攻制成形，它与手用丝锥相似，只是在柄部多一条环形槽，以防止丝锥从夹头中脱落。

4. 攻螺纹前的工艺要求

1）攻螺纹前孔径的确定

普通螺纹攻螺纹前的钻孔直径按下列近似公式计算。

加工钢件及塑性材料：
$$D_{孔} \approx D - P$$
加工铸铁及脆性材料。
$$D_{孔} \approx D - 1.05P$$
式中　$D_{孔}$——攻螺纹前的钻孔直径，mm；
　　　D——内螺纹大径，mm；
　　　P——螺距，mm。

2）攻盲孔螺纹的钻孔深度计算

攻不通孔螺纹时，由于切削刃部分不能攻出完整的螺纹，但可以钻孔，故深度要等于需要的螺纹深度加丝锥切削刃长度。

$$钻孔深度 \approx 需要的螺纹深度 + 0.7D$$

3）孔口倒角

孔口倒角直径应大于螺纹大径尺寸。

5. 攻螺纹的方法

（1）把攻螺纹工具装入尾座套筒锥孔。
（2）把机用丝锥装入攻螺纹工具中。
（3）移动尾座靠近工件适当位置并固定。
（4）开车摇动尾座手轮使丝锥在孔中切进头牙，停止转动手轮。
（5）当攻螺纹工具自动跟随丝锥前进至需要的尺寸时，即开倒车退出丝锥。

6. 套螺纹、攻螺纹时切削速度的选择

1）套螺纹

钢件 3~4 m/min，铸铁 2.5 m/min，黄铜 6~9 m/min。

2）攻螺纹

钢件 3~15 m/min，铸铁、青铜 6~25 m/min。

三、技能训练

1. 套螺纹练习（见图 8-29）

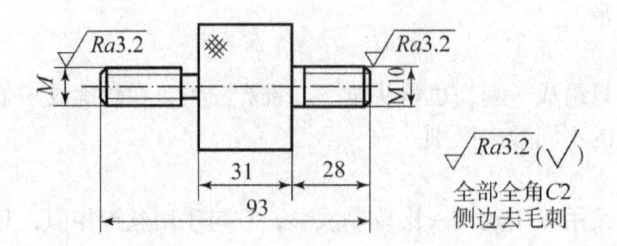

图 8-29　在车床上套螺纹练习件

套螺纹加工步骤如下：

（1）夹住滚花外圆 25 mm 长。

(2) 粗、精车外圆 $\phi 10_{-0.20}^{0}$ 长 28 mm。
(3) 倒角 C1。
(4) 用 M10 板牙套螺纹。
(5) 调头粗、精车外圆 $\phi 10_{-0.20}^{0}$ 长 34 mm，倒角 C1。
(6) 用 M10 板牙套螺纹。
(7) 检查。

2. 攻螺纹练习（见图 8－30）

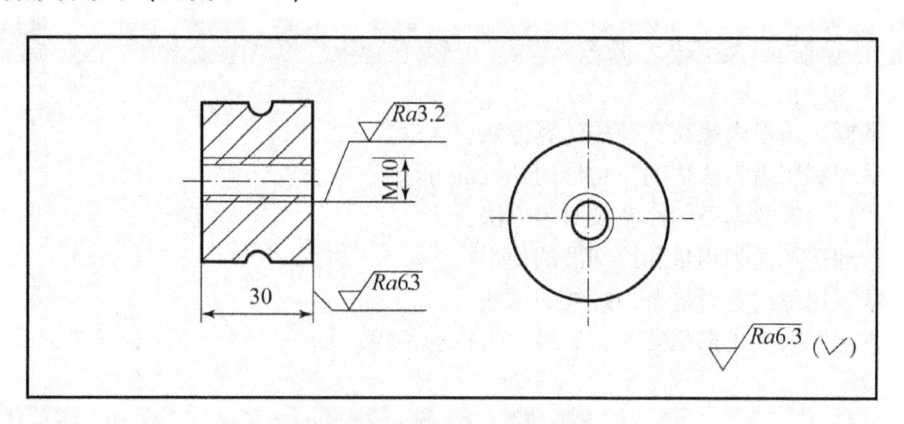

图 8－30 在车床上攻螺纹练习件

攻螺纹步骤如下：
(1) 夹住外圆车平面。
(2) 用中心钻钻出定位孔。
(3) 钻 $\phi 8.5$ 通孔。
(4) 螺孔两端倒角。
(5) 攻 M10 螺纹。
(6) 检查。

四、注意事项

(1) 检查板牙的齿形是否损坏。
(2) 装夹板牙不能歪斜。
(3) 塑性材料套螺纹时应充分加注切削液。
(4) 套螺纹时工件直径应偏小些，否则容易烂牙。
(5) 攻盲孔螺纹时，必须在攻螺纹工具上标好螺纹长度尺寸，以防折断丝锥。

课题四 车削三角形内螺纹

一、实习教学要求

(1) 掌握三角形内螺纹孔径的计算方法。
(2) 掌握利用借刀法切削三角形内螺纹的方法。
(3) 掌握内螺纹车刀的修整及对刀方法。
(4) 合理选择切削用量和冷却液的使用。
(5) 掌握用螺纹塞规检查内螺纹的方法。
(6) 掌握车内三角形螺纹时，刀头、刀杆的选用。

二、相关工艺知识

1. 普通内螺纹车刀

1) 内螺纹车刀的选择

工厂常用的普通内螺纹车刀，如图 8-31 所示。其切削部分的几何形状与外螺纹车刀相似，同时还具有内孔车刀的特点，车削内螺纹时应根据不同的螺纹形式选用不同的螺纹车刀。内螺纹车刀的尺寸大小受到螺纹孔径尺寸限制，一般内螺纹车刀的刀头径向尺寸应比孔径小 3~5 mm，否则退刀时会碰伤牙顶，甚至不能车削。刀杆的大小在保证排屑的前提下，要尽量粗壮些。

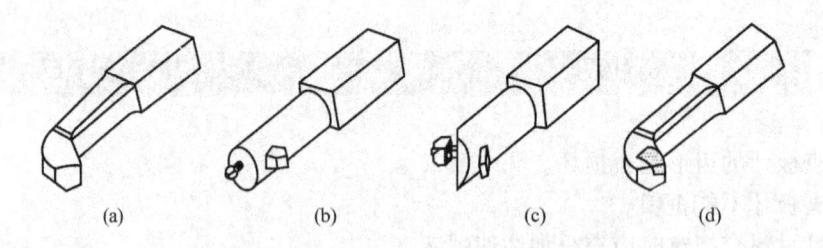

图 8-31 常见普通内螺纹车刀
(a) 调质钢整体式；(b) 垂直夹固式；(c) 斜横夹固式；(d) 硬质合金焊接式

高速钢普通内螺纹车刀的具体几何形状，如图 8-32 所示。对于高速钢普通内螺纹粗车刀，前角 $\gamma_p = 10° \sim 15°$，而精车刀前角 $\gamma_p = 0°$。

2) 普通内螺纹车刀的刃磨和装夹

(1) 普通内螺纹车刀的刃磨。

内螺纹车刀的刃磨方法和外螺纹车刀基本相同，但是刃磨刀尖时要注意它的平分线必须与刀杆垂直，否则车内螺纹时会出现刀杆碰伤内孔的现象，如图 8-33 所示。刀尖宽度应符合要求，一般等于 0.1P。

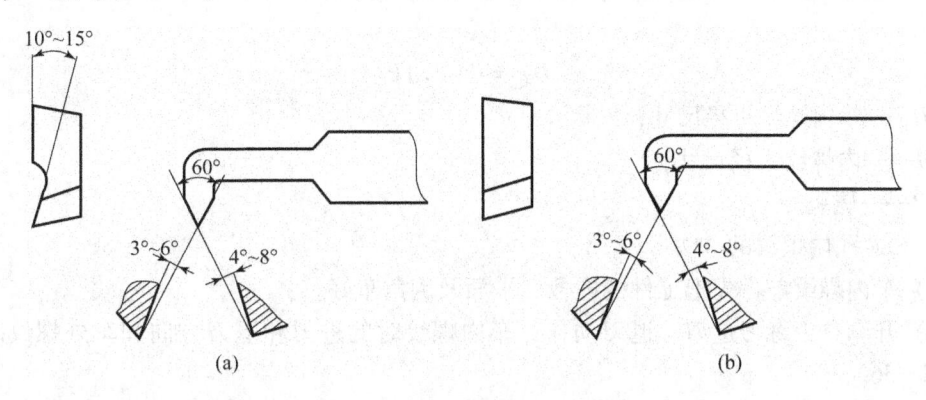

图 8-32 高速钢内螺纹车刀
(a) 粗车刀；(b) 精车刀

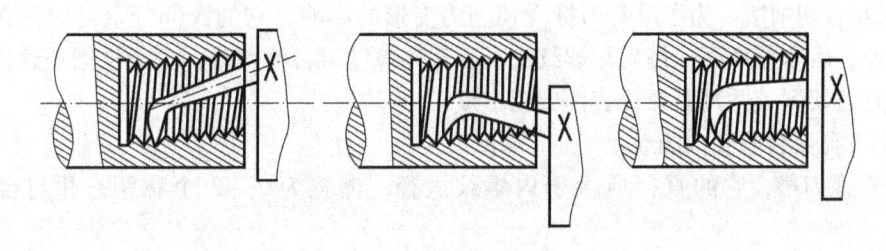

图 8-33 内螺纹车刀刀尖角平分线不垂直刀杆对加工的影响

（2）普通内螺纹车刀的装夹。

刀柄的伸出长度应大于内螺纹长度 10~20 mm，刀尖应与工件轴线等高。如果装刀过高，车削时容易引起振动，使螺纹表面产生振痕；如果装得过低，刀头下部会与工件发生摩擦，车刀切不进去。应用螺纹对刀样板进行对刀，保证车刀刀尖角的对称中心线与工件轴线垂直，如图 8-34 所示。新装夹好的内螺纹车刀应在底孔内手动走刀试走一次，以防止正式加工时刀柄和内孔相碰而影响加工，如图 8-35 所示。

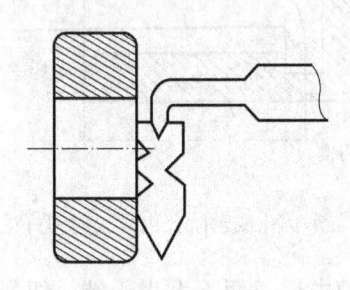

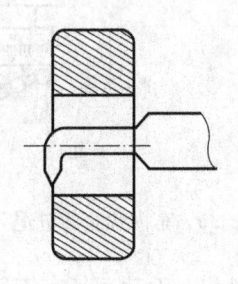

图 8-34 内螺纹车刀的对刀　　　　图 8-35 检查刀柄是否与底孔相碰

2. 车内螺纹的方法

1）孔径的确定

在车内螺纹时，首先要钻孔或扩孔，孔径一般可采用下面公式计算。

当用丝锥攻制内螺纹或高速切削塑性金属内螺纹时，螺纹孔径加工尺寸推荐：

$$D_{孔} = d - P$$

当车削脆性金属（铸铁等），或低速车削内螺纹（尤其是细牙螺纹）时，螺纹孔径推荐：

$$D_{孔} = d - 1.1P$$

式中　$D_{孔}$——内螺纹小径尺寸；
　　　d——内螺纹大径尺寸；
　　　P——螺距。

2）车通孔内螺纹的方法

（1）车内螺纹前，先把工件的内孔、平面及倒角车好。

（2）开车空刀练习进刀、退刀动作，车内螺纹时的进刀和退刀方向和车外螺纹时相反（见图8-36）。

3）进刀切削方式

进刀切削方式和车外螺纹相同，螺距小于等于2 mm或铸铁螺纹采用直进法；螺距大于2 mm采用左右切削法。为了改善刀杆受切削力变形的影响，它的大部分余量应先在尾座方向上切削掉，后车另一面，最后车螺纹大径。车内螺纹时目测困难，一般根据观察排屑情况进行左右赶刀切削，并判断螺纹表面的粗糙度。

4）车盲孔或台阶孔内螺纹

（1）车退刀槽，它的直径应大于内螺纹大径，槽宽为2~3个螺距，并与台阶平面切平。

（2）选择盲孔车刀。

（3）根据螺纹长度加上1/2槽宽，作为螺纹刀进刀长度（见图8-37）。

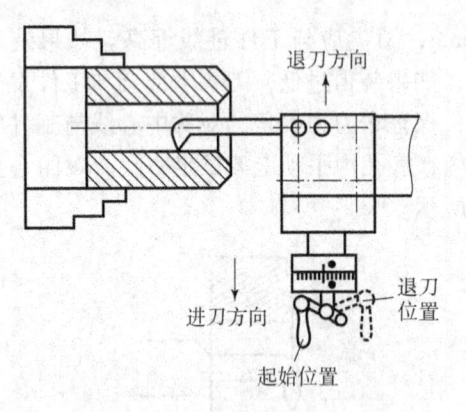

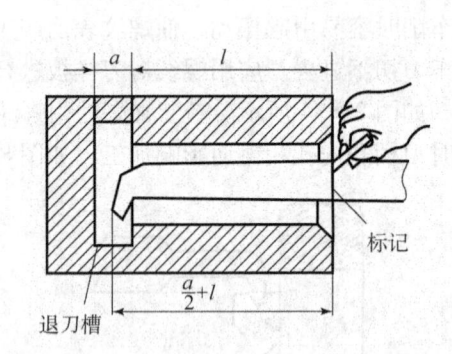

图8-36　车内螺纹的进退刀方向　　　图8-37　车盲孔或台阶孔内螺纹时刀杆退刀位置

（4）车削前，手动运行车刀到长度，保证刀尖在槽中退刀而不发生干涉。切削用量和切削液的选择和车外三角形螺纹时相同。

3. 三角形内螺纹的检测

三角形内螺纹一般用螺纹塞规（见图8-22）来进行综合检测，检验时通规全部拧入，止规不能拧入时，说明螺纹的基本要素符合要求。

第八单元 螺纹加工

三、技能训练

1. 车有退刀槽内螺纹，如图 8-38 所示

车内螺纹加工步骤如下：
(1) 夹住外圆，找正平面。
(2) 粗、精车内孔 $\phi 17.3_{\ 0}^{+0.45}$。
(3) 两端孔口倒角 30°，宽 1 mm。
(4) 粗、精车内螺纹 M20 长 20 mm，达到图样要求。
(5) 检查。

2. 车平底孔内螺纹（见图 8-39）

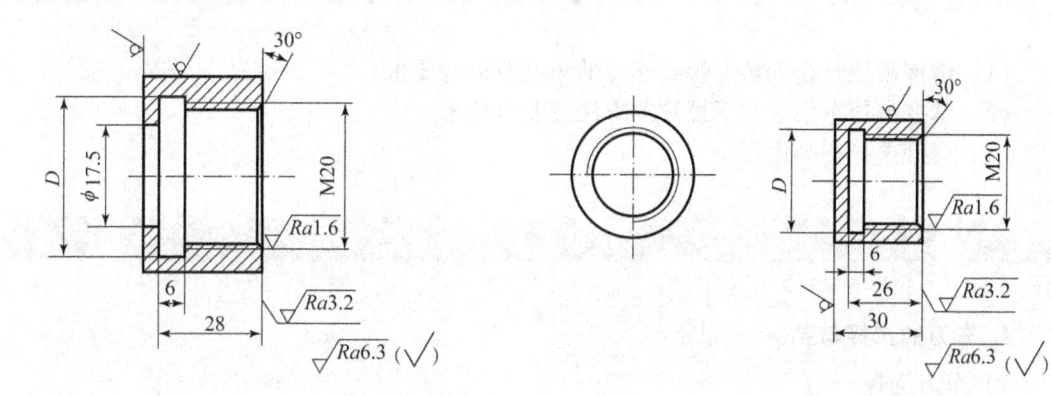

图 8-38　车有退刀槽内螺纹练习件

图 8-39　车平底孔内螺纹练习件

车平底孔内螺纹加工步骤如下：
(1) 夹住外圆，车平面，钻孔 $\phi 16$ 长 26 mm。
(2) 粗、精车内孔及底平面 $\phi 17.3_{\ 0}^{+0.43}$ 长 26 mm。
(3) 切槽控制长 26 mm。
(4) 孔口倒角 30°，宽 1 mm。
(5) 车 M20 内螺纹达到图样要求。
(6) 检查。
(7) 以后各次练习方法同上。

四、注意事项

(1) 车刀刀尖要对准工件中心。
(2) 内螺纹车刀刀杆不能太细，否则会引起振动，出现"扎刀""让刀"和发出不正常声音及振纹等现象。
(3) 小滑板宜调整紧些，以防车刀移位产生"乱扣"。
(4) 精车螺纹刀要保持锋利，否则容易产生"让刀"。

(5) 用螺纹塞规检查，过端应全部拧进并感觉松紧适当。

(6) 加工盲孔内螺纹，可在刀杆上做记号或用床鞍刻度来控制退刀，避免车刀碰撞工件而报废。

课题五 高速车削三角形内外螺纹

一、实习教学要求

(1) 掌握硬质合金三角形螺纹车刀的角度及刃磨要求。
(2) 掌握高速车削三角形螺纹的方法及安全技术。
(3) 合理选择切削用量。

二、相关工艺知识

1. 车刀的选择与装夹

1) 车刀选择

通常选用 YT15 的硬质合金螺纹车刀，刀尖角应小于牙型角 30′~1°，后角一般为 3°~6°，车刀前面和后面要经过研磨，内外螺纹车刀角度相同。

2) 车刀的装夹

为了防止振动和"扎刀"，除了要符合螺纹车刀的装刀要求外，刀尖应高于工件的中心，一般高 0.1~0.3 mm。

2. 机床调整

(1) 调整大、中、小滑板，使之无松动现象，小滑板应紧一些。
(2) 开合螺母要灵活。
(3) 机床无显著振动，并具有较高的转速和足够的功率。

3. 高速切削螺纹

(1) 进刀方式只能用直进法。
(2) 切削用量选择。切削速度一般为 50~100 m/min，切削深度开始大些，然后逐步变小，但最后一刀应不小于 0.1 mm，切削过程中一般不需加切削液。

用硬质合金车刀高速切削材料为中碳钢或合金钢螺纹时，走刀次数可参考表 8-7 选择。

表 8-7 高速车三角螺纹时的走刀次数

螺距/mm		1.5~2	3	4	5	6
走刀次数	粗车	2~3	3~4	4~5	5~6	6~7
	精车	1	2	2	2	2

三、技能训练

1. 高速车外螺纹（见图 8-40）

高速车外螺纹的加工步骤如下：

(1) 工件伸出 105 mm 左右，找正夹紧。
(2) 粗、精车外圆 $\phi24$ 长 40 mm 及 $\phi33_{-0.28}^{0}$ 长 48 mm。
(3) 切槽 6 mm × 2 mm。
(4) 螺纹两端倒角 1×30°。
(5) 高速车三角形螺纹 M30×1.5 mm 至图样要求。
(6) 以后各次方法同上。

2. 高速车内螺纹（见图 8-41）

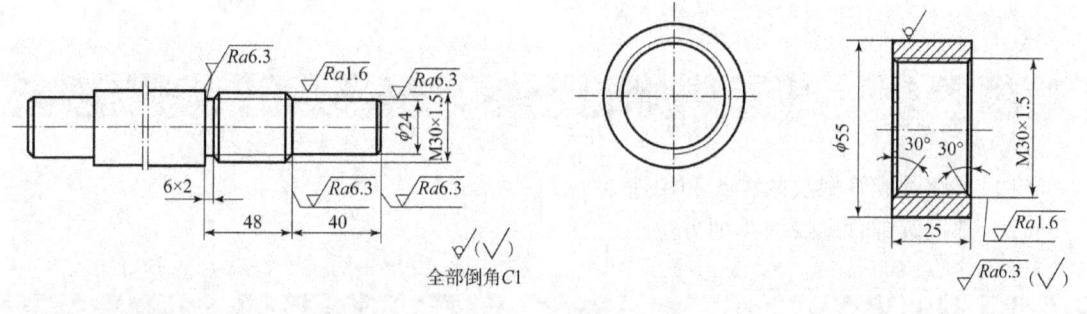

图 8-40 高速车外螺纹练习件

图 8-41 高速车三角形内螺纹练习件

高速车内螺纹加工步骤如下：

(1) 工件伸出 5 mm 左右，找正夹紧。
(2) 车平面，钻通孔 $\phi27$。
(3) 车内孔 $\phi28.37_{0}^{+0.3}$。
(4) 两端孔口倒角 1×60°。
(5) 高速车削内螺纹 M30×1.5 mm 至图样要求。
(6) 以后各次方法同上。

四、注意事项

(1) 高速切削时，由于工件材料受车刀挤压使外径胀大，因此，工件外径应比螺纹大径小 0.2~0.4 mm。

(2) 车削时切削力较大，应将工件夹紧，同时小滑板应紧一些好，否则容易移位产生破牙。

(3) 发现刀尖处有积屑瘤要及时清除。

(4) 高速车削时切屑流出很快，且多数是整条锋利的带状切屑，不能用手去拉，应停车后及时清除这种切屑。

(5) 用螺纹环规、塞规检查前，应先修去牙顶毛刺。

(6) 内螺纹车刀刀杆不宜伸出过长，以防产生振动。

课题六 车削圆锥管螺纹

一、实习教学要求

(1) 了解圆锥管螺纹的种类和用途。
(2) 掌握圆锥管螺纹的车削方法。

二、相关工艺知识

常用的管螺纹有三种，非螺纹密封的管螺纹，牙型角为 55°；用螺纹密封的管螺纹，牙型为 55°；60°圆锥管螺纹，牙型角为 60°。

1. 圆锥管螺纹的技术要求（见图 8-42）

(1) 管子的螺纹部分有 1:16 的锥度，圆锥半角为 1°47′24″。
(2) 螺纹的大、中径及内径应在基面内测量。
(3) 基面离管端长度 l 均应符合标准要求。
(4) 保持有效长度 l 与螺纹中收尾之间有 3~4 圈螺纹，带平顶和不完全的底部。

2. 车削方法

基本方法和车削普通螺纹相同。所不同的是，要解决螺纹锥度问题常采用靠模、尾座偏位及手赶法等。手赶法是随外圆锥的斜率，径向手动退刀或进刀来保证螺纹的锥度和尺寸。

1) 正车圆锥管螺纹

床鞍由尾座向车头方向机动进给的同时，把中滑板径向手动均匀退刀，从而车出圆锥管螺纹。

2）反车圆锥管螺纹

车刀反装，主轴反向旋转，车刀由车头一端进刀，床鞍由尾座方向机动进给的同时，以中滑板径向手动均匀进刀，反车圆锥管螺纹比顺车容易掌握。

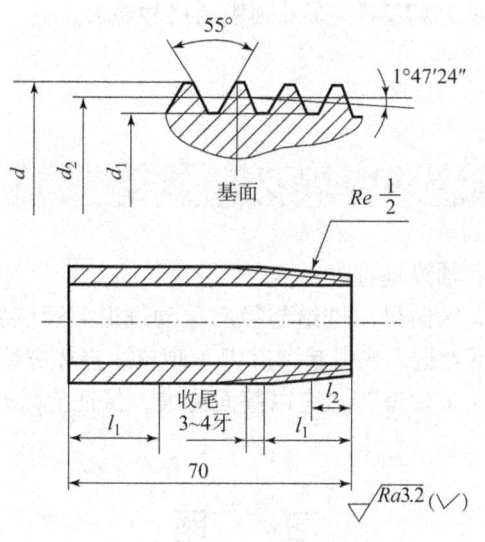

图8-42 圆锥管螺纹车削练习

三、技能训练

车圆锥管螺纹，如图8-43所示。

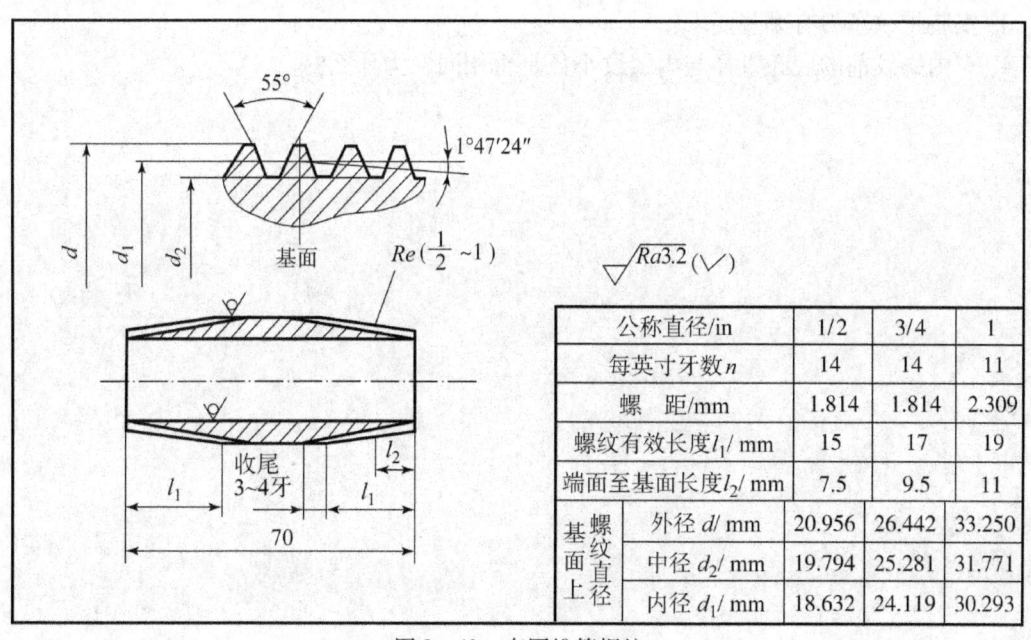

公称直径/in	1/2	3/4	1
每英寸牙数 n	14	14	11
螺距/mm	1.814	1.814	2.309
螺纹有效长度 l_1/mm	15	17	19
端面至基面长度 l_2/mm	7.5	9.5	11
基面上螺纹直径 外径 d/mm	20.956	26.442	33.250
基面上螺纹直径 中径 d_2/mm	19.794	25.281	31.771
基面上螺纹直径 内径 d_1/mm	18.632	24.119	30.293

图8-43 车圆锥管螺纹

车圆锥管螺纹加工步骤如下：

(1) 切断。

(2) 工件伸出 35 mm 左右，找正夹紧。

(3) 车平面。

(4) 小滑板逆时针转过 1°47′24″，车外圆锥至尺寸要求。

(5) 车螺纹。

(6) 检查。

四、注意事项

(1) 装夹螺纹车刀应和轴线垂直。

(2) 车圆锥管螺纹时，纵向机动进给与径向手动进退刀速度要配合好，以防止中滑板丝杠回松，引起螺纹两侧不光整，或引起"扎刀"现象，损坏螺纹车刀刀尖。

(3) 用螺纹套规或管接头检查时，应以基面为准，保证有效长度 l 与收尾有长度 3~4 圈螺纹。

习　题

1. 解释下列螺纹标注的含义：

   M27

   M22 × 2 − 6g

2. 简述普通三角形螺纹车刀的刃磨步骤。

3. 安装螺纹车刀有哪些要求？

4. 车内螺纹前的底孔直径与内螺纹小径是否相同？为什么？

第九单元
车削方牙、梯形螺纹

课题一 内外方牙、梯形螺纹车刀的刃磨

一、实习教学要求

（1）了解方牙、梯形螺纹车刀的几何形状和角度要求。
（2）掌握方牙、梯形螺纹车刀的刃磨方法和刃磨要求。
（3）掌握用样板检查并修整刀尖的方法。

二、相关工艺知识

1. 方牙螺纹车刀的几何角度和刃磨要求

方牙螺纹车刀的形状基本与车槽刀相似，可分为粗、精车刀两种。在刃磨时，须考虑螺纹升角和螺纹槽宽的要求。

1）方牙螺纹刀的几何角度（见图9-1）

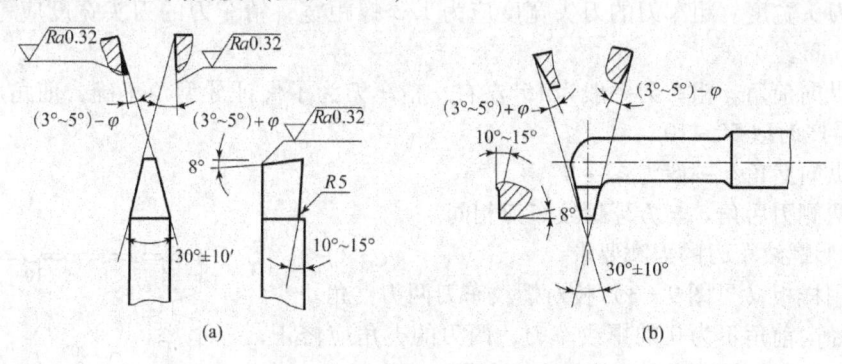

图9-1 方牙螺纹刀的几何角度
(a) 外梯形螺纹车刀；(b) 内梯形螺纹车刀

(1) 刀头长度。1/2 螺距加 2~4 mm。
(2) 刀头宽度。
① 粗车刀一般比螺纹槽宽尺寸小 0.5~1 mm。
② 精车刀一般为螺纹槽宽加 0.03~0.05 mm。
(3) 纵向前角。加工钢件一般为 12°~16°。
(4) 纵向后角。一般为 6°~8°。
(5) 两侧刀刃的后角（车右旋螺纹）。
$$\alpha_{左} = (3°~5°) + \varphi, \alpha_{右} = (3°~5°) - \varphi$$
(6) 两侧刀刃副偏角。一般为 1°~1°30′。
(7) 方牙内螺纹车刀的刀头宽度应比外螺纹的牙顶大 0.02~0.04 mm。
2) 方牙螺纹车刀的刃磨要求
(1) 主刀刃要平直，不倾斜，无爆口。
(2) 两侧副刃要对称，精车刀磨有 0.3~0.5 mm 的修光刃。
(3) 刀头磨出的各部分尺寸要符合加工螺纹的图样要求，且表面粗糙度要小。

2. 梯形螺纹车刀的几何角度和刃磨要求

梯形螺纹有米制和英制两种，米制牙型角为 30°，英制为 29°，常用的是米制梯形螺纹，梯形螺纹车刀也分为粗车刀和精车刀两种。

1) 梯形螺纹车刀的几何角度（见图 9-2）

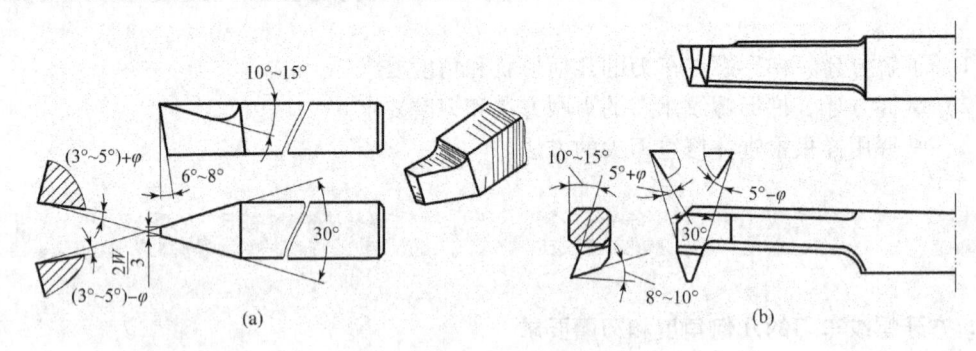

图 9-2 梯形螺纹车刀的几何角度

(1) 两刃夹角。粗车刀应小于螺纹牙型角，精车刀应等于螺纹牙型角。
(2) 刀头宽度。粗车刀的刀头宽度应为 1/3 螺距宽，精车刀的刀头宽度应等于牙底槽宽减 0.05 mm。
(3) 纵向前角。粗车刀一般为 15°左右，精车刀为了保证牙型角正确，前角应等于 0°，但实际上生产时取 5°~10°。
(4) 纵向后角。一般为 6°~8°。
(5) 两侧刃后角。与方牙螺纹车刀相同。

2) 梯形螺纹车刀的刃磨要求
(1) 用样板（见图 9-3）校对螺纹车刀两刃夹角。
(2) 径向前角不为 0 的螺纹车刀，两刃的夹角应修正，其修正方法与三角形螺纹车刀修正方法相同。
(3) 螺纹车刀各切削刃要光滑、平直、无裂口，两侧

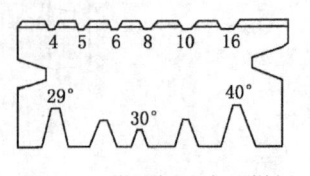

图 9-3 梯形螺纹车刀样板

切削刃对称,刀体不能歪斜。

(4) 螺纹车刀各切削刃应用油石研去毛刺。

(5) 梯形内螺纹车刀两侧切削刃对称线应垂直于刀柄。

三、技能训练

刃磨内外方牙、梯形螺纹车刀,如图 9-4 所示。

刃磨方法如下:

(1) 粗磨主、副后面(刀尖角初步形成)。

(2) 粗、精磨前面或前角。

(3) 精磨主、副后面,刀尖角用样板检查修正。

方牙螺纹车刀的刃磨方法步骤同上,宽度用千分尺或游标卡尺测量。

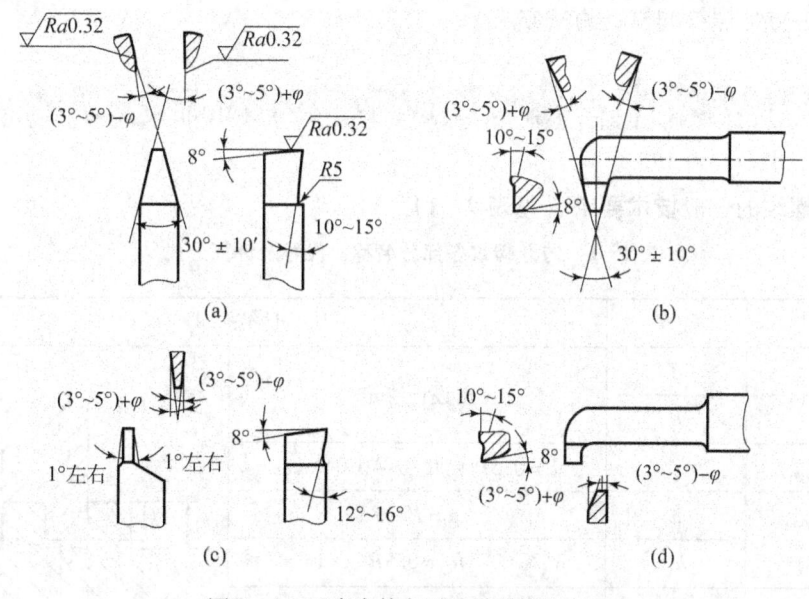

图 9-4 刃磨内外方牙、梯形螺纹车刀
(a) 外梯形螺纹车刀;(b) 内梯形螺纹车刀
(c) 外方牙螺纹车刀;(d) 内方牙螺纹车刀

四、注意事项

(1) 方牙螺纹车刀的宽度直接决定螺纹尺寸,所以精磨时应不断测量,并留 0.05～0.1 mm 的研磨余量。

(2) 刃磨两侧副后角时,要考虑螺纹的左右旋向及螺纹升角的大小,然后确定两侧副后角的增减。

(3) 内螺纹车刀刀尖角的平分线应和刀杆垂直。

(4) 刃磨高速钢车刀,应及时放入水中冷却,以防退火失去车刀硬度。

课题二 车削方牙螺纹

一、实习教学要求

（1）了解方牙螺纹的作用和技术要求。
（2）掌握方牙螺纹的车削方法。
（3）掌握方牙螺纹的检查测量方法。

二、相关工艺知识

1. 方牙螺纹的一般技术要求（见表 9-1）

表 9-1　方牙螺纹各部分名称、代号及计算公式

名称	代号	计算公式
大径	d	由设计决定
螺距	P	
外螺纹牙底宽	b	$b = 0.5P + (0.02 \sim 0.04)$ mm
外螺纹牙宽	a	$a = P - b$
螺纹接触高度	h_1	$h_1 = 0.5P$
牙型高度	h	$h = 0.5P + (0.1 \sim 0.2)$ mm
外螺纹小径	d_1	$d_1 = d - 2h$
内螺纹小径	D_1	$D_1 = d - P$

（1）方牙螺纹的牙顶宽、牙槽及牙型深度都等于螺距的一半（见图 9-5）。
（2）螺纹轴向剖面形状为正方形。
（3）螺纹侧面的配合间隙。除有特定要求外，一般配合间隙为 $(0.005 \sim 0.01)P$ (mm)。

2. 方牙螺纹车刀的装夹

车刀主切削刃必须对准工件中心，同时应和工件轴心线平行。

3. 方牙螺纹的车削方法

（1）螺距小于 4 mm，可不分粗、精车，采用直进法，使用一把车刀均匀进刀完成螺纹加工。

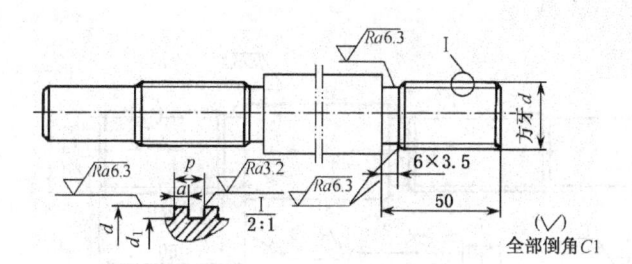

图 9-5 方牙螺纹件

（2）螺距大于 4 mm，一般直进法分粗、精车两次完成（见图 9-6）。

（3）车削较大螺距的螺纹，可分别用三把车刀进行加工（见图 9-7）。先用第一把粗车刀粗车至小径尺寸，然后用第二把和第三把小于 90°的正、反偏刀分别精车螺纹的左、右侧面。

车削方牙内螺纹一般以车好的外螺纹为标准。车削方牙内螺纹时，除进刀方向与外螺纹相反外，还要注意内外螺纹的配合间隙，内螺纹的大径要比外螺纹的大径大 0.2~0.4 mm。车削钢料时，切削用量选择：$v = 4.2 \sim 10.2$ m/min；$a_p = 0.02 \sim 0.2$ mm。冷却润滑液：粗车可用切削油或机油，精车用乳化液。

图 9-6 粗、精车方牙螺纹的方法

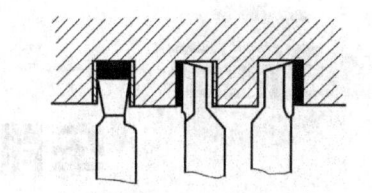

图 9-7 较大螺距方牙螺纹车削方法

4. 方牙螺纹的检查测量

1）方牙外螺纹

大径可用千分尺测量，螺距用钢直尺检查，槽宽、牙深和螺纹小径可用游标卡尺测量。

2）方牙内螺纹

一般以车削好的外螺纹作标准进行检查，若牙深尺寸已车到，但拧不进，说明槽窄，必须进行修正。

三、技能训练

车方牙螺纹，如图 9-8 所示。

加工步骤如下：

（1）工件伸出 60 mm 左右，找正夹紧。

（2）粗、精车端面，外圆 $\phi 28$ 长 50 mm 至尺寸要求。

（3）切槽 6 mm × 3.5 mm。

（4）螺纹两端倒角 C1。

（5）粗、精车方牙螺纹至尺寸要求。

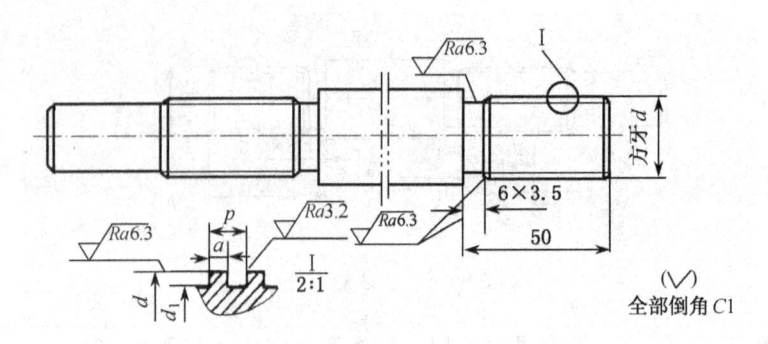

图9-8 车方牙螺纹练习件

四、注意事项

(1) 小滑板应调整得紧一些。
(2) 螺纹两侧牙型和小径应保持平直,清角。
(3) 要防止刀头磨得太窄或副偏角太大,以免在切削时进刀量过大时使刀头折断。

课题三 车削梯形螺纹

一、实习教学要求

(1) 了解梯形螺纹的作用和技术要求。
(2) 掌握梯形螺纹车刀的修磨。
(3) 掌握梯形螺纹的车削方法。
(4) 掌握梯形螺纹的测量检查方法。

二、相关工艺要求

梯形螺纹是应用很广泛的传动螺纹,例如车床上的长丝杠和中、小滑板的丝杆等都是梯形螺纹,它们的工作长度较长,使用精度要求较高,因此车削时比普通三角形螺纹困难。

梯形螺纹分米制和英制两种。英制梯形螺纹(牙型角为29°)在我国采用较少,我国常采用米制梯形螺纹(牙型角为30°)。

1. 梯形螺纹的技术要求

1）梯形螺纹的标记

梯形螺纹的标记由螺纹代号、公差带代号及旋合长度代号组成，具体标记方法见表9-2。

表9-2 梯形螺纹的标记方法

螺纹种类	标记示例	说明
梯形螺纹	Tr48 × 14（P7）- 7h：Tr——梯形螺纹；48——公称直径；14——导程；P7——螺距为 7 mm；7h——中径公差带代号；右旋，双线，中等旋合长度	梯形螺纹代号用字母 Tr 及公称直径×螺距与旋向表示，左旋螺纹旋向标为 LH，右旋不标。梯形螺纹公差带代号仅标注中径公差带，如 7H、7e，大写为内螺纹，小写为外螺纹。梯形螺纹的旋合长度代号分 N、L 两组，N 表示中等旋合长度，L 表示长旋合长度

2）梯形螺纹加工技术要求

（1）螺纹中径必须与基准轴颈同轴，大径尺寸应小于基本尺寸。
（2）梯形螺纹的配合以中径定心，车削梯形螺纹必须保证中径尺寸公差。
（3）螺纹的牙型角要正确。
（4）螺纹两侧面表面粗糙度值必须小。

2. 梯形螺纹的计算

要正确车削梯形螺纹，首先要掌握螺纹的基本结构和相关的几何参数，梯形螺纹各部分名称、代号及计算公式见表9-3。

表9-3 梯形螺纹各部分名称、代号及计算公式

名称		代号	计算公式			
牙型角		α	$\alpha = 30°$ 由螺纹标准确定			
螺距		P	P	1.5~5	6~12	14~44
牙顶间隙		a_c	a_c	0.25	0.5	1
外螺纹	大径	d	公称直径			
	中径	d_2	$d_2 = d - 0.5P$			
	小径	d_3	$d_3 = d - 2h_3$			
	牙高	h_3	$h_3 = 0.5P + a_c$			
内螺纹	大径	D	$D = d + 2a_c$			
	中径	D_2	$D_2 = d_2$			
	小径	D_1	$D_1 = d - P$			
	牙高	H_4	$H_4 = h_3$			
牙顶宽		f, f'	$f = f' = 0.366P$			
牙槽底宽		W, W'	$W = W' = 0.366P - 0.536a_c$			
螺旋升角		φ	$\tan\varphi = P/\pi d_2$			

3. 梯形螺纹车刀的选择和装夹

1) 车刀的选择

通常采用低速车削，一般选用高速钢车刀。

2) 车刀的装夹

（1）螺纹车刀的刀尖应与工件轴线等高，弹性螺纹车刀应高于工件轴线 0.2~0.5 mm。

（2）两切削刃夹角的平分线应垂直于工件轴线，装刀时用对刀样板校正，以免产生螺纹半角误差（见图 9-9）。

4. 工件装夹

车削梯形螺纹时，切削力较大，工件一般采用一夹一顶的方式装夹；粗车螺距较大的梯形螺纹时，可采用单动卡盘一夹一顶，以保证装夹牢固。此外，轴向采用限位台阶或限位支承固定工件的轴向位置，以防车削中工件轴向窜动或移动造成乱牙撞坏车刀。

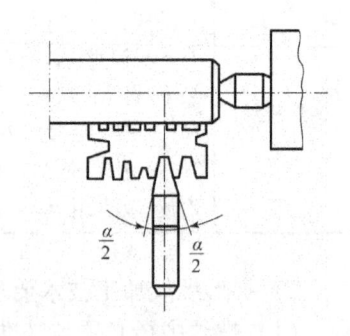

图 9-9 用螺纹样板进行对刀

5. 梯形螺纹的车削方法

（1）螺距小于 4 mm 和精度要求不高的梯形螺纹可用一把梯形螺纹车刀，并用少量的左右进给法车削（见图 9-10）。

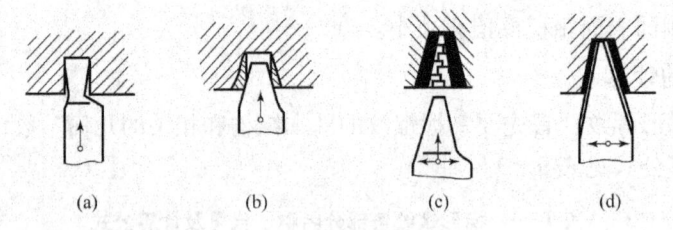

图 9-10 梯形螺纹的车削方法

（2）螺距 4~8 mm 或精度要求高的梯形螺纹，一般采用左右切削法或切直槽法车削，具体步骤如图 9-11 所示。

① 粗车、半精车螺纹大径，留精车余量 0.3 mm 左右，倒角与端面成 15°。

② 用左右切削法粗、半精车螺纹，每边留精车余量 0.1~0.2 mm，螺纹小径精车至尺寸要求，或选用刀头宽度稍小于槽底的切槽刀，用直进法粗车螺纹，槽底直径等于螺纹小径。

③ 精车螺纹大径至图样要求。

④ 用两侧切削刃磨有卷屑槽的梯形螺纹精车刀精车两侧面至图样要求。

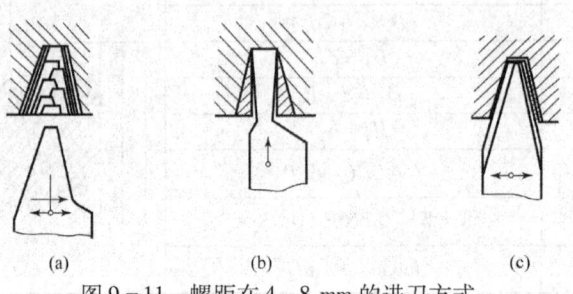

图 9-11 螺距在 4~8 mm 的进刀方式

(a) 用左右切削法粗、半精车梯形螺纹；(b) 车直槽法粗车；(c) 精车梯形螺纹

(3) 螺距大于 8 mm 的梯形螺纹,一般采用切阶梯槽的车削方法,方法内容如图 9-12 所示。

① 粗、半精车螺纹大径,留余量 0.3 mm,倒角与端面成 15°。

② 用刀头宽度小于 $P/2$ 的切槽刀直进法粗车螺纹至接近中径处,再用刀头宽度略小于槽底宽的切槽直进法粗车螺纹,槽底直径等于螺纹小径,从而形成阶梯状的螺旋槽。

③ 用梯形螺纹粗车刀,采用左右切削法半精车螺纹两侧面,每面留精车余量 0.1~0.2 mm。

④ 精车螺纹大径至图样要求。

⑤ 用梯形螺纹精车刀精车两侧面,控制中径完成螺纹加工。

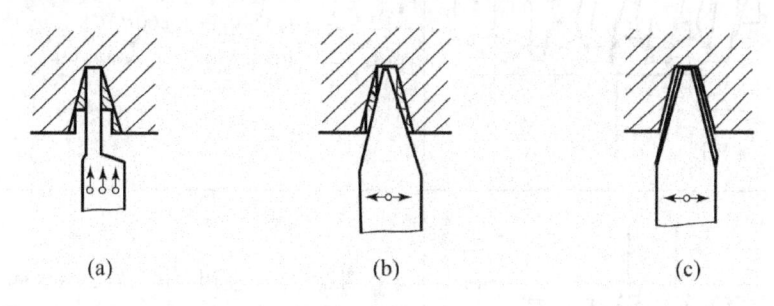

图 9-12 螺距大于 8 mm 的进刀方式
(a) 车阶梯槽;(b) 左右切割法半精车两侧面;(c) 精车梯形螺纹

6. 梯形螺纹的测量方法

(1) 梯形螺纹的大径、螺距和牙型角的测量。

梯形螺纹的大径用千分尺测量,螺距用螺距规测量,牙型角用角度样板或者万能角度尺测量(见图 9-13)。

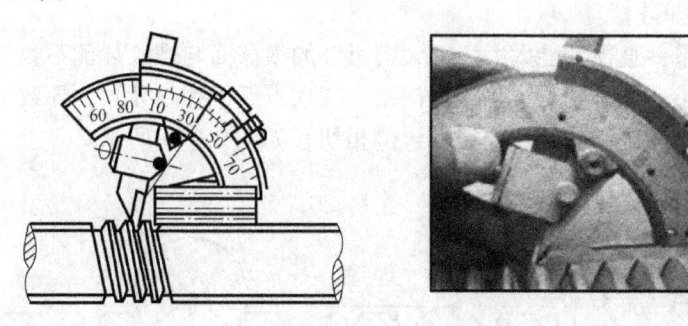

图 9-13 用万能角度尺测量梯形螺纹的牙型角

(2) 梯形螺纹中径的测量。

① 梯形螺纹中径的测量有三针测量法和单针测量法两种,具体见表 9-4。

表 9-4　梯形螺纹中径的测量方法

测量法	图示	说明
三针测量		三针测量是测量外螺纹中径的一种比较精密的方法，常用于精度较高的螺纹的中径测量。测量时，将三根直径相等且尺寸大小有一定要求的量针放在两侧相对应的螺旋槽中，用千分尺量出两边量针外缘处的距离 M，量针测量距离 M 可用下式计算：$M = d_2 + 4.864 d_D - 1.866P$ 其中，d_2 带上下偏差，d_D 为量针直径
单针测量		在测量时，只使用一根量针，另一侧利用螺纹大径作为基准的一种测量方法，称为单针测量。它常用于螺纹直径较大、不便用三针测量的场合。用单针测量时，必须先测量出螺纹大径的实际尺寸 d，千分尺测得的尺寸 L 可用下式计算：$L = \dfrac{M+d}{2}$

② 量针直径选择计算。

三针测量时，量针直径不能太大。太大则量针的横截面与螺纹牙侧不相切，测量不出中径尺寸；也不能太小，太小则量针陷入牙槽中，其顶点低于螺纹牙顶，导致无法测量。最佳的量针直径是应使其横截面与螺纹中径处牙侧相切，如图 9-14 所示。

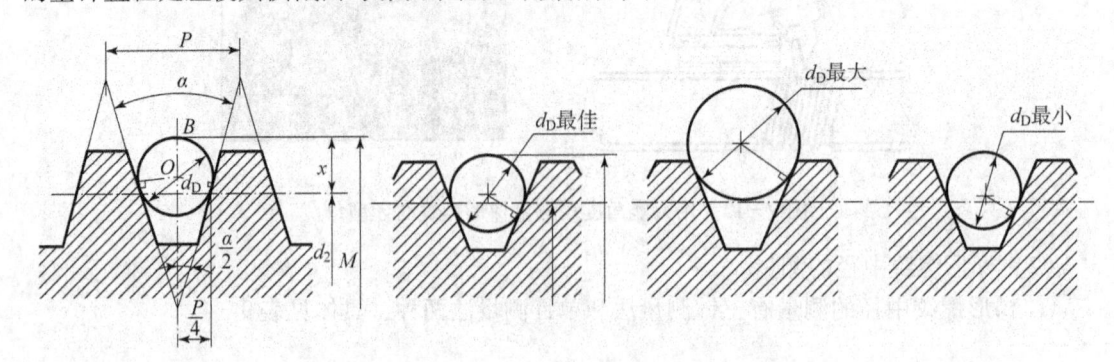

图 9-14　三针测量量针直径范围

三针测量时的 M 值和量针直径 d_D 的简化计算公式见表 9-5。

第九单元 车削方牙、梯形螺纹

表 9-5 三针测量的简化计算公式

螺纹牙型角	中径计算公式	M 值计算公式	d_D 值计算公式 最大值	d_D 值计算公式 最佳值	d_D 值计算公式 最小值
梯形螺纹 =30°	$d_2 = d - 0.5P$	$M = d_2 + 4.864d_D - 1.866P$	$0.656P$	$0.518P$	$0.486P$
普通螺纹 =60°	$d_2 = d - 0.6594P$	$M = d_2 + 3d_D - 0.866P$	$1.01P$	$0.577P$	$0.505P$
蜗杆 =40°	$d_1 = qm_x$	$M = d_1 + 3.9246d_D - 4.316m_x$	$2.446m_x$	$2.466m_x$	$1.61m_x$

③ 螺距测量仪测量螺纹螺距。螺距测量仪是将比较仪装在特殊的附件上而组成的。附件的两个球形测量头放于螺纹螺旋槽内，其中活动测量头用杠杆机构与比较仪的测量杆相接触，活动测量头稍微摆动，比较仪的指针将随之摆动。测量时，先用标准螺距将比较仪的指针调到零位，再对零件进行测量，读得指针的偏摆量就是被测螺距的误差。

三、技能训练

车梯形螺纹，如图 9-15 所示。

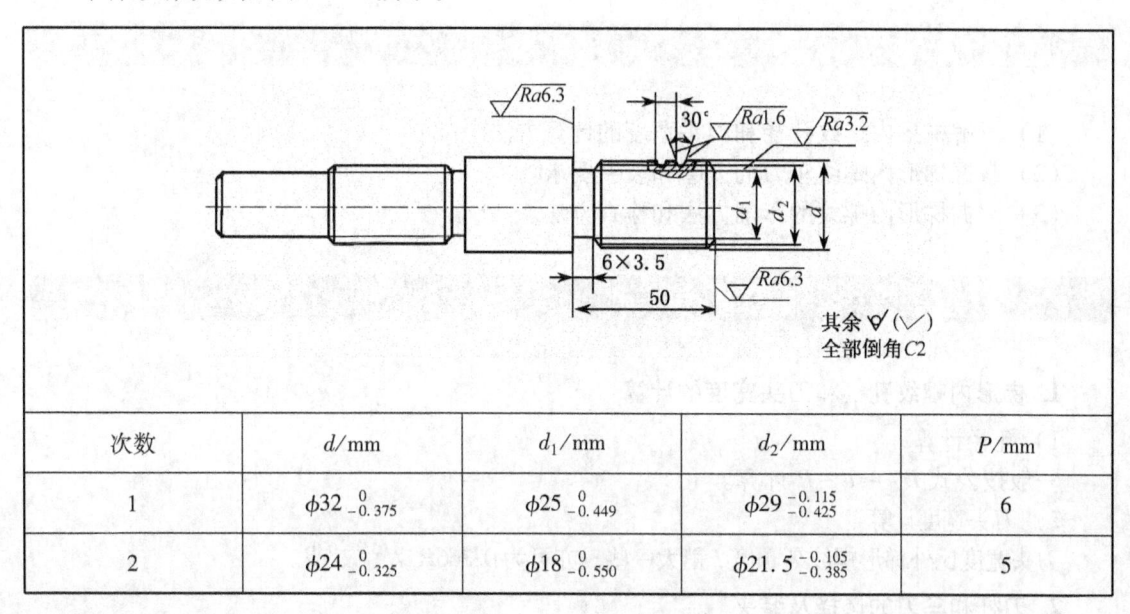

次数	d/mm	d_1/mm	d_2/mm	P/mm
1	$\phi 32_{-0.375}^{0}$	$\phi 25_{-0.449}^{0}$	$\phi 29_{-0.425}^{-0.115}$	6
2	$\phi 24_{-0.325}^{0}$	$\phi 18_{-0.550}^{0}$	$\phi 21.5_{-0.385}^{-0.105}$	5

图 9-15 车梯形螺纹练习件

梯形螺纹加工步骤如下：

(1) 工件伸出 60 mm 左右，找正夹紧。

(2) 粗、精车外圆 $\phi 32_{-0.375}^{0}$ 长 50 mm。

(3) 车槽 6 mm × 3.5 mm。

(4) 两端倒角 C2。

(5) 粗车 Tr32×6 梯形螺纹。

(6) 精车梯形螺纹至尺寸要求。

(7) 第二次方法同上。

四、注意事项

(1) 在车削梯形螺纹过程中，不允许用棉纱擦工件，以防发生安全事故。
(2) 车螺纹时，选择较小的切削用量，以减少工件变形，同时应允许加注切削液。
(3) 梯形螺纹精车刀两侧刃应磨平直，刀刃应保持锋利。
(4) 精车前最好重新修正中心孔，以保证螺纹的同轴度。
(5) 粗车螺纹时，应将小滑板调紧一些，以防车刀发生移位而产生乱牙。

课题四 车削梯形内螺纹

一、实习教学要求

(1) 了解梯形内螺纹孔径和刀头宽度的计算方法。
(2) 掌握梯形内螺纹车刀的刃磨和装夹要求。
(3) 掌握梯形内螺纹的车削方法和检查方法。

二、相关工艺知识

1. 梯形内螺纹孔径和刀头宽度的计算

1) 孔径计算

一般按公式 $D_{孔} \approx d - P$ 计算。

2) 刀头宽度计算

刀头宽度比外梯形螺纹牙顶宽 f 稍大一些，亦可为 $0.366P_{\ 0}^{+0.03 \sim +0.05}$。

2. 刀杆和车刀的选择及装夹

(1) 刀杆尺寸根据工件内孔选择，孔径较小时采用整体式内螺纹车刀，刀具、几何角度材料和梯形外螺纹车刀相同。

(2) 梯形内螺纹车刀的装夹基本与车内三角形螺纹相同。

3. 梯形内螺纹的车削方法和检查方法

(1) 首先加工内螺纹底孔 $D_{孔} \approx d - P$。

(2) 在端面上车一轴向深度为 1~2 mm、孔径等于螺纹基本尺寸的内台阶孔，作为车内螺纹的对刀基准。

(3) 粗车内螺纹采用斜进法，车刀刀尖与对刀基准间应保证有 0.10~0.15 mm 的间隙。

(4) 精车内螺纹，采用左右切削精车螺纹两侧面，车刀刀尖与对刀基准相接触。

车制与梯形外螺纹配对的梯形螺母时，为保证车出的梯形螺母与螺杆的牙型角一致，常用梯形螺纹专用样板对刀，专用样板如图9-16所示，使用时可以通过将样板的基准面靠紧工件外圆表面来找正螺纹车刀的正确位置。

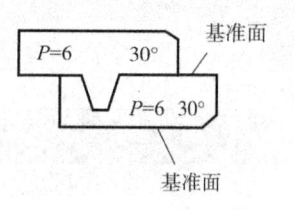

图9-16 梯形螺纹专用样板

三、技能训练

车梯形内螺纹，如图9-17所示。
加工步骤如下：
(1) 夹住 $\phi 58 \times 18$ mm 外圆，车 $\phi 50$ 长 40 mm 并车断。
(2) 工件伸出 10 mm 左右，找正并夹紧。
(3) 粗、精车内孔至 $\phi 26^{+0.20}_{0}$。
(4) 孔口两端倒角 C1。
(5) 粗、精车 Tr32×6 至图样要求。

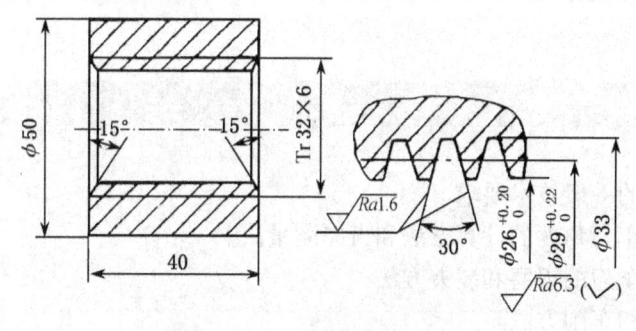

图9-17 车梯形内螺纹练习件

四、注意事项

(1) 刃磨时刀刃要直，装刀角度要正确。
(2) 尽可能利用刻度盘控制退刀，以防刀杆与孔壁相碰。
(3) 车削铸铁梯形内螺纹时，容易产生螺纹形面破碎，用直进法车削，深度不能太大。
(4) 作为对刀基准的台阶，在车好内螺纹后，可利用倒内孔角去除，如长度允许可把台阶车去再倒角。

习 题

1. 简述螺纹车削时采用三种车削方法的特点和应用场合。
2. 车削方牙 36 mm × 6 mm 的螺纹，试计算外螺纹的大径、外螺纹牙底宽、外螺纹牙宽、螺纹接触高度和牙型高度和外螺纹小径。
3. 车削 Tr36×12（$P=6$）的丝杠和螺母，试计算内、外螺纹的大径、中径、小径、牙高和牙槽底宽。
4. 用三针测量法测量 Tr6×6-7e 的中径：
(1) 计算量针直径取值范围，并确定最佳值；
(2) 用三针测量法的测量值 M 的合格范围。

第十单元
车削蜗杆、多线螺纹

课题一 车削蜗杆

一、实习教学要求

（1）了解蜗杆的一般技术要求。
（2）掌握蜗杆车刀角度的计算方法和齿厚测量法。
（3）掌握蜗杆车刀的刃磨和装夹方法。
（4）掌握蜗杆的车削方法。

二、相关工艺知识

蜗杆、蜗轮组成的运动副常用于减速传动机构中，以传递两轴在空间成90°交错的运动，蜗杆与蜗轮啮合原理如图10-1所示。蜗杆的齿形与梯形螺纹相似，其轴向剖面形状为梯形。常用的蜗杆有米制（牙型角为40°）和英制（牙型角为29°）两种。我国大多采用米制蜗杆，故本课题重点介绍米制蜗杆。由于蜗杆的齿形较深，切削面积较大，因此车削时比一般梯形螺纹要困难些。

1. 蜗杆主要参数及技术要求

（1）在轴向剖面内，蜗杆、蜗轮传动相当于齿条与齿轮间的传动，同时蜗杆的各项基本参数也是在该剖面内测量并规定为标准值。

米制蜗杆的各部分名称、符号及尺寸计算见表10-1。

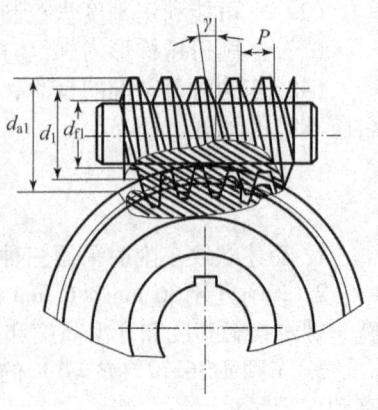

图10-1 蜗杆、蜗轮传动

第十单元
车削蜗杆、多线螺纹

表 10-1 米制蜗杆的各部分名称、符号及尺寸计算

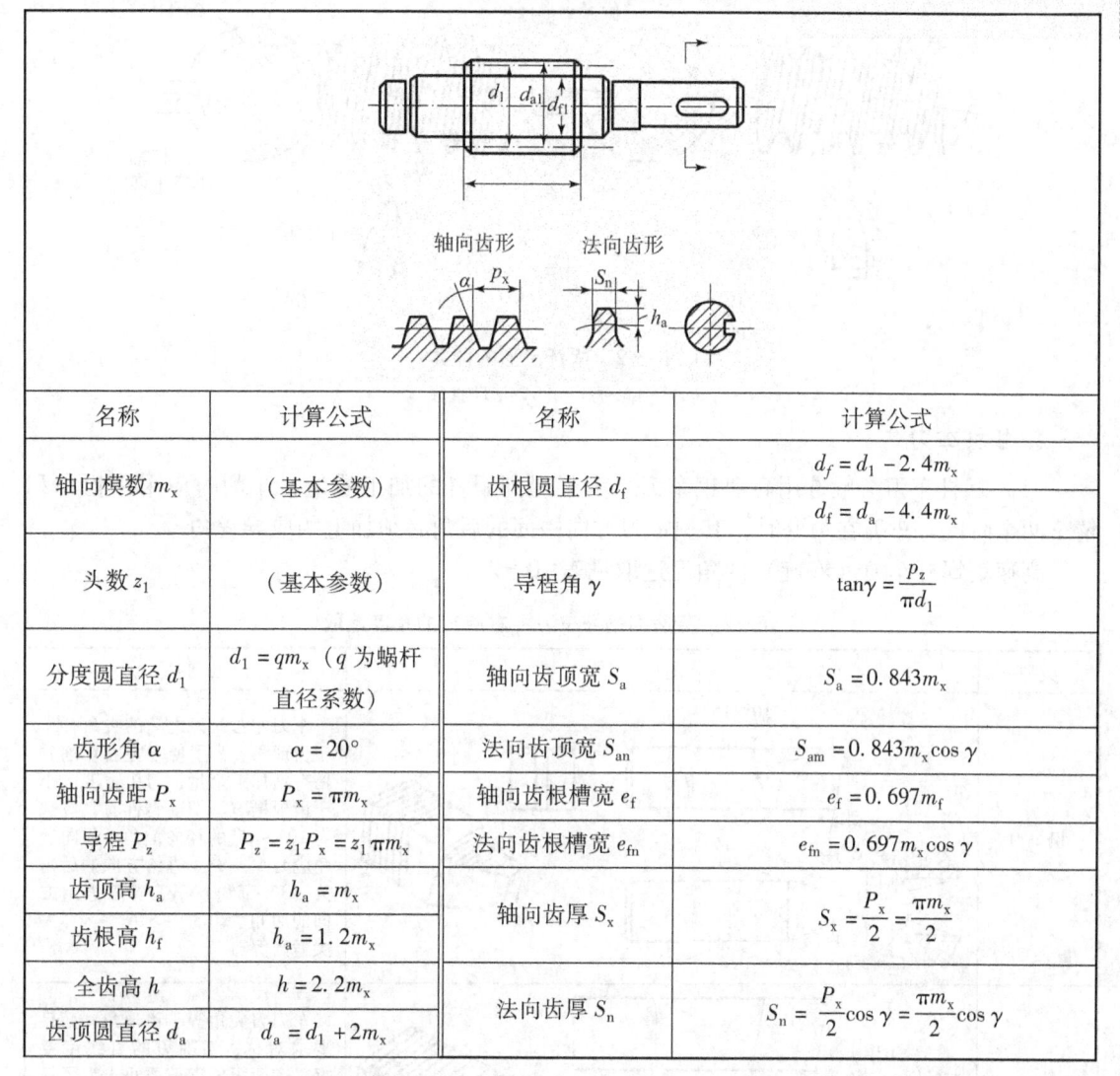

名称	计算公式	名称	计算公式
轴向模数 m_x	（基本参数）	齿根圆直径 d_f	$d_f = d_1 - 2.4m_x$ $d_f = d_a - 4.4m_x$
头数 z_1	（基本参数）	导程角 γ	$\tan\gamma = \dfrac{p_z}{\pi d_1}$
分度圆直径 d_1	$d_1 = qm_x$（q 为蜗杆直径系数）	轴向齿顶宽 S_a	$S_a = 0.843m_x$
齿形角 α	$\alpha = 20°$	法向齿顶宽 S_{an}	$S_{an} = 0.843m_x\cos\gamma$
轴向齿距 P_x	$P_x = \pi m_x$	轴向齿根槽宽 e_f	$e_f = 0.697m_f$
导程 P_z	$P_z = z_1 P_x = z_1\pi m_x$	法向齿根槽宽 e_{fn}	$e_{fn} = 0.697m_x\cos\gamma$
齿顶高 h_a	$h_a = m_x$	轴向齿厚 S_x	$S_x = \dfrac{P_x}{2} = \dfrac{\pi m_x}{2}$
齿根高 h_f	$h_a = 1.2m_x$		
全齿高 h	$h = 2.2m_x$	法向齿厚 S_n	$S_n = \dfrac{P_x}{2}\cos\gamma = \dfrac{\pi m_x}{2}\cos\gamma$
齿顶圆直径 d_a	$d_a = d_1 + 2m_x$		

(2) 蜗杆的一般技术要求。

① 蜗杆的周节必须等于蜗轮的周节。

② 法向或轴向齿厚符合要求。

③ 齿形要符合图样要求，两侧面粗糙度要小。

④ 蜗杆径向跳动不得大于允许范围。

(3) 米制蜗杆按齿形可以分为轴向直廓蜗杆（ZH）和法向直廓蜗杆（ZN）。轴向直廓蜗杆的齿形在蜗杆的轴向剖面内为直线，在法向剖面内为曲线，在端平面内为阿基米德螺旋线，因此又称阿基米德蜗杆〔见图 10-2（a）〕。

法向直廓蜗杆的齿形在蜗杆的齿根的法向剖面内为直线，在蜗杆的轴向剖面内为曲线，在端平面内为延长渐开线，因此又称延长渐开线蜗杆〔见图 10-2（b）〕。

工业上最常用的是阿基米德蜗杆（即轴向直廓蜗杆），因为这种蜗杆加工较为简单。若图样上没有特别标明是法向直廓蜗杆，则均为轴向直廓蜗杆。

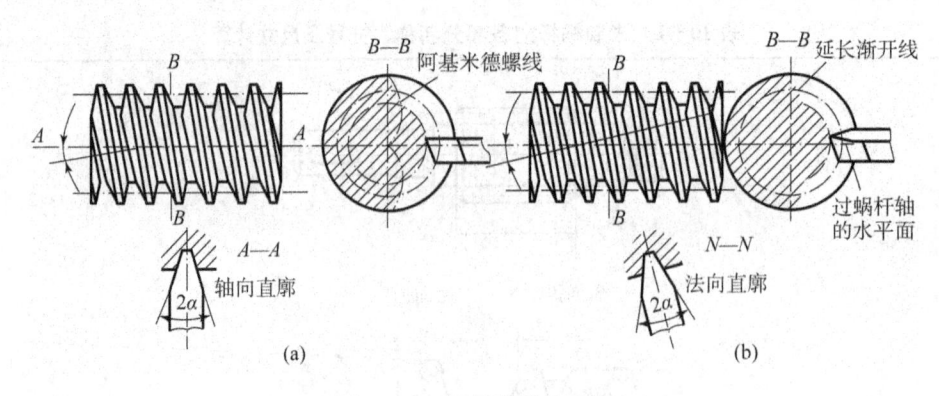

图 10-2 蜗杆齿形的种类
(a) 轴向直廓；(b) 法向直廓

2. 蜗杆车刀

（1）蜗杆车刀一般选用高速钢车刀。为了提高蜗杆的加工质量，车削时应采用粗车和精车两个阶段。车刀在刃磨时，其顺走刀方向一面的后角必须加上相应导程角 γ。

高速钢蜗杆车刀（右旋）的角度选取见表 10-2。

表 10-2 高速钢蜗杆车刀（右旋）的角度选取

类型	图示	几何参数
粗车刀		车刀左右刃之间的夹角要小于齿形角。为了便于左右切削并留有精加工余量，刀头宽度应小于齿根槽宽。切削钢件时，应磨有 10°～15° 的径向前角。径向后角应为 6°～8°。进给方向的后角为 (3°～5°)+γ，背着进给方向的后角为 (3°～5°)−γ。刀尖适当倒圆
精车刀		车刀刀尖角等于齿形角，而且要求对称，切削刃的直线度要好，表面粗糙度值要小。为了保证齿形角的正确，一般径向前角取 0°～4°。为了保证左右切削刃切削顺利，都应磨有较大前角 (15°～20°) 的卷屑槽。特别需要指出的是：这种车刀前端刀刃不能进行切削，只能依靠两侧刀刃精车两侧齿面
可按导程调节的蜗杆车刀		由于蜗杆的导程角较大，车削时会使前角、后角发生很大的变化，切削很不顺利，如采用可调节的刀杆进行粗加工就可以克服上述现象。可调节的刀杆如左图所示

(2) 蜗杆车刀的装夹。

① 车削轴向直廓蜗杆时,应采用水平装刀法,即装夹车刀时应使车刀两侧刃组成的平面处于水平状态,且与蜗杆轴线等高。

② 车削法向直廓蜗杆时,应采用垂直装刀法,即装车刀时,应使车刀两侧刃组成的平面处于既过蜗杆轴线的水平面内,又与齿面垂直的状态(见图 10-3)。

③ 车削阿基米德蜗杆时,本应采用水平装刀法,但由于其中一侧切削刃的后角变小,为使切削顺利,在粗车时也可采用垂直装刀法,但在精车时一定要采用水平装刀法,以保证齿形正确。

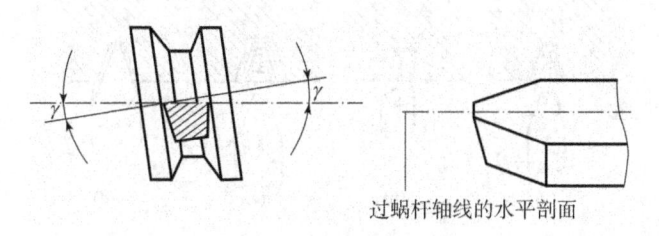

图 10-3 垂直装刀法

④ 精度要求不高的蜗杆或蜗杆的粗车可以采用角度样板来装正车刀(见图 10-4),装夹精度要求较高或模数较大的蜗杆车刀,通常采用万能角度尺来找正车刀刀尖位置,即将万能角度尺的一边靠住工件外圆,观察万能角度尺的另一边与车刀刃口的间隙。如有偏差时,可转动刀架或重新装夹车刀来调整刀尖的位置,如图 10-5 所示。

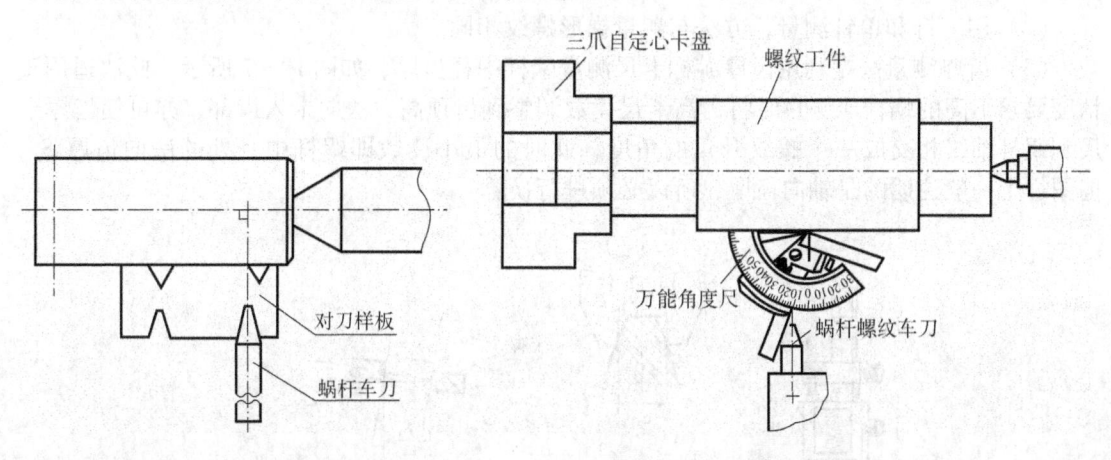

图 10-4 用角度样板来装正车刀

图 10-5 用万能角度尺安装车刀

3. 蜗杆的车削方法

蜗杆的切削方法和车梯形螺纹相似,由于蜗杆的导程大,牙槽深,切削面积大,车削方法比车梯形螺纹困难,故常选用较低的切削速度,并采用倒顺车的方法来车削,以防止乱牙。粗车时可根据螺距的大小,选用下述三种方法中的任一种方法:

1) 左右切削法

为防止三个切削刃同时参加切削而引起扎刀,采取左右进给的方式,逐渐车至槽底,如图 10-6 (a) 所示。

2) 切槽法

当 $m_x > 3$ mm 时，先用车槽刀将蜗杆直槽车至齿根处，然后再用粗车刀粗车成形，如图 10-6（b）所示。

3) 分层切削法

当 $m_x > 5$ mm 时，由于切削余量大，可先用粗车刀，按图 10-6（c）所示方法，逐层地切入直至槽底。精车时，选用两边带有卷屑槽的精车刀，将齿面精车成形，达到图样要求，如图 10-6（d）所示。

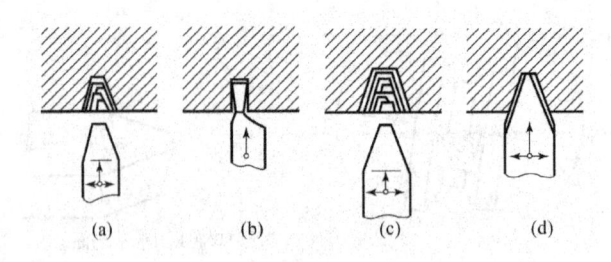

图 10-6 蜗杆的车削方法

(a) 左右切削法；(b) 车槽法；(c) 分层切削法；(d) 精车

4. 蜗杆的测量方法

（1）齿顶圆直径（公差较大）可用千分尺、游标卡尺测量；齿根圆直径一般采用控制齿深的方法予以保证。

（2）用三针和单针测量，方法与测量梯形螺纹相同。

（3）齿厚测量法是利用齿厚游标卡尺测量蜗杆中径齿厚，如图 10-7 所示。此法适用于精度要求不高的蜗杆。测量时将齿高卡尺读数调整到齿顶高，法向卡入齿部，亦可使齿厚卡尺和蜗杆轴线相交成一个螺纹升角的角度，此时的最小读数即蜗杆中径处的法向齿厚 S_n，但图样上一般注明的是轴向齿厚，所以必须进行换算。

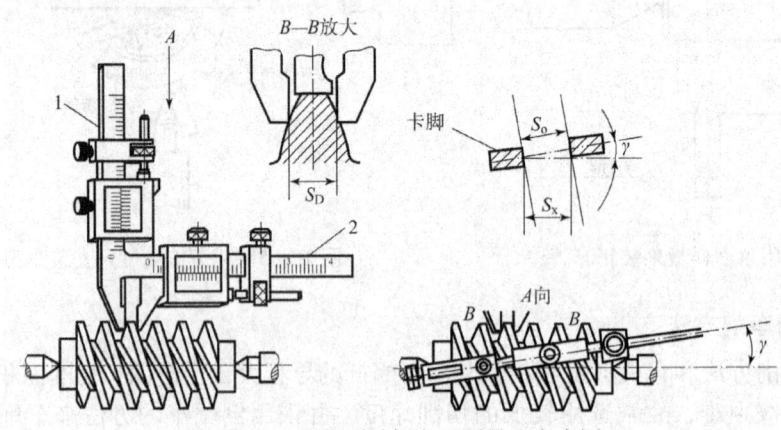

图 10-7 用齿厚游标卡尺测量法向齿厚

1—齿高卡尺；2—齿厚卡尺

三、技能训练

车蜗杆，如图 10-8 所示。

第十单元

车削蜗杆、多线螺纹

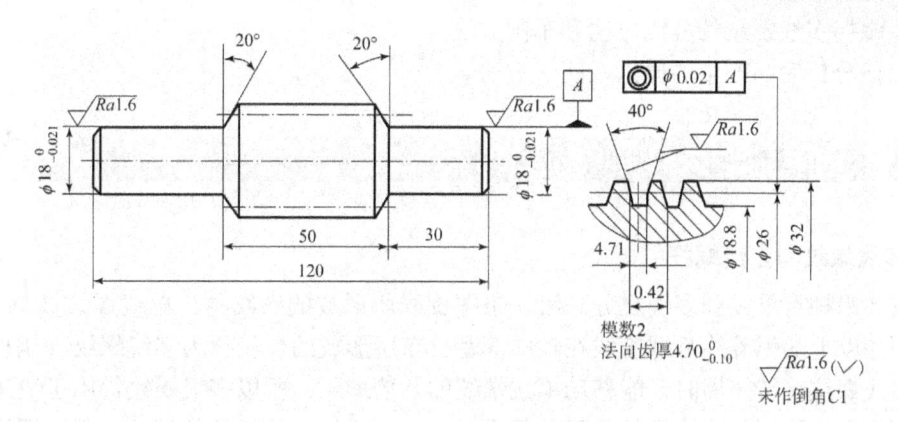

图10-8 车蜗杆练习件

加工步骤如下:
(1) 一夹一顶装夹工件。
(2) 粗车 ϕ18 长 40 mm 至 ϕ19 长 39.5 mm。
(3) 调头装夹,粗车外圆 ϕ18 长 30 mm 和 ϕ32 外圆留精车余量 0.2 mm,并粗车蜗杆。
(4) 两顶尖装夹,精车蜗杆外径 ϕ32 倒角 20°。
(5) 精车蜗杆至中径精度要求。
(6) 精车 $\phi18_{-0.021}^{0}$ 长 30 mm 至尺寸要求。
(7) 调头两顶尖装夹精车 $\phi18_{-0.021}^{0}$ 长 40 mm 至尺寸要求。
(8) 倒角 C1。
(9) 检查。

四、注意事项

(1) 车削蜗杆时,应先验证螺距。
(2) 对分夹头应夹紧工件,否则车削螺纹时容易移位而损坏工件。
(3) 加工模数较大的蜗杆,应提高工件的装夹刚度,尽量缩短工件的长度,采用一夹一顶装夹;精车时,工件要以两顶尖孔定位装夹,以保证同轴度和加工精度。

课题二 车削多线螺纹

一、实习教学要求

(1) 了解多线螺纹的技术要求。

(2) 掌握多线螺纹的分线方法和车削方法。
(3) 能分析废品产生的原因及防止方法。

二、相关工艺知识

1. 多线螺纹和多线蜗杆

螺纹和蜗杆有单线和多线之分。沿一条螺旋线所形成的螺纹称为单线螺纹（蜗杆），沿两条或两条以上的螺旋线且螺旋线在轴向等距分布所形成的螺纹称为多线螺纹（蜗杆）。

当多线螺纹旋转一周时，能移动单线螺纹的几倍螺距，所以多线螺纹常用于快速移动机构中。可根据螺纹尾部螺旋槽的数目［见图 10-9（a）］或从螺纹的端面上判定螺纹的线数［见图 10-9（b）］。

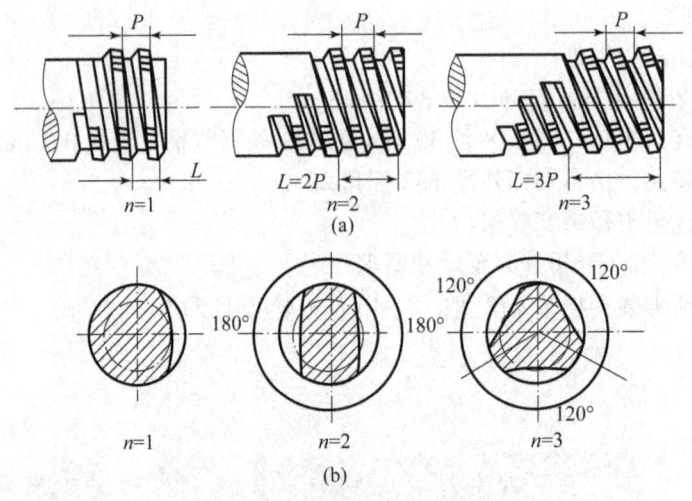

图 10-9 单线螺纹和多线螺纹
(a) 从螺纹尾部判定；(b) 从螺纹端面判定

(1) 多线螺纹的导程（L）是指在同一条螺旋线上相邻两牙在中径线上对应两点之间的轴向距离。多线螺纹的导程与螺距的关系是：$L = nP$（mm）。对于单线螺纹（或单线蜗杆），其导程就等于螺距（n 为线数）。

(2) 多线蜗杆的导程（L）是指在同一条螺旋线上的相邻两齿在分度圆直径上对应两点之间的轴向距离。导程与轴向齿距（P）的关系 $L = nP$（mm）。

(3) 多线螺纹的代号表示不尽相同，普通多线三角形螺纹的代号由螺纹特征代号×导程/线数表示，如 M48×3/2、M36×4/2 等。梯形螺纹由螺纹特征代号×导程（螺距）表示，如 Tr40×12（P6）。

2. 车多线螺纹和多线蜗杆时的分线方法

车削多线螺纹（或蜗杆）与车削单线螺纹（或蜗杆）的不同之处是：按导程计算交换齿轮，按螺纹（或蜗杆）线数分线。

车削多线螺纹（蜗杆）应满足的技术要求。

(1) 多线螺纹（蜗杆）的螺距必须相等。

（2）多线螺纹（蜗杆）每条螺纹的小径（底径）要相等。
　（3）多线螺纹（蜗杆）每条螺纹的牙型角要相等。
　车削多线螺纹时，主要是考虑螺纹分线方法和车削步骤的协调。多线螺纹（或蜗杆）的各螺旋槽在轴向是等距离分布的，在端面上螺旋线的起点是等角度分布的，而进行等距分布（或等角度分布）的操作叫分线。
　若螺纹分线出现误差，使车的多线螺纹的螺距不相等，则会直接影响内外螺纹的配合性能（或蜗杆与蜗轮的啮合精度），增加不必要的磨损，降低使用寿命，因此必须掌握分线方法，控制分线精度。

　1）轴向分线法
　（1）用小滑板确定移动量。在车好一条螺旋槽后，利用小滑板刻度使车刀移动一个螺距的距离，再车相同的一条螺旋槽，从而达到分线的目的，一般适用于多线螺纹的粗车，适用于单件小批量生产。
　（2）用百分表确定小滑板的移动量（见图10-10）。根据百分表上的读数来确定小滑板移动量，适用于分线精度要求较高的单件生产，但当百分表的移动距离较小、加工螺距较大或线数较多的螺纹时，可能使分线产生困难。
　（3）用百分表和量块确定小滑板的移动量（见图10-11）。用这种方法分线的精度较高，也适用于加工导程较大的多线螺纹，但在车削过程中，应经常找正百分表的零位。

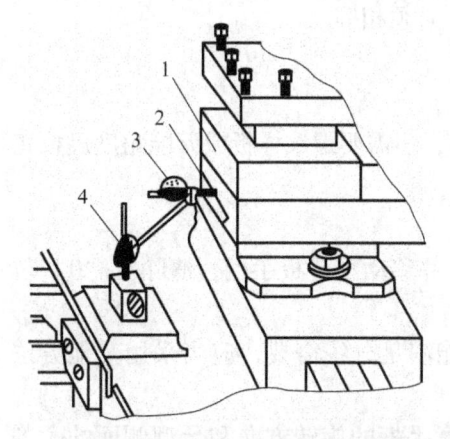

图10-10　利用百分表进行分线
1—方刀架；2—小滑板；3—百分表；4—表架

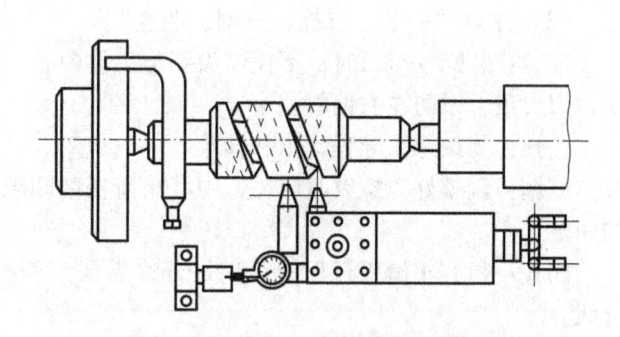

图10-11　用百分表、量块进行分线

　2）圆周分线法
　（1）利用三爪自定心、四爪单动卡盘分线。当工件采用两顶尖，并用自定心或单动卡盘代替拨盘时，可利用卡爪对二、三、四线的多线螺纹进行分线，车好一条螺旋槽后，只需松开顶尖，把工件连同鸡心夹头转过一个角度，由卡盘上的另一只卡爪拨动再顶好顶尖，就可车削另一条螺旋槽，这种方法比较简单，但精度较差。
　（2）利用交换齿轮分线。当车床主轴交换齿轮齿数（z）是螺纹线数的整数倍时，可以利用主轴交换齿轮进行分线（见图10-12）。分线时，应注意开合螺母不能提起，齿轮必须向一个方向转动。

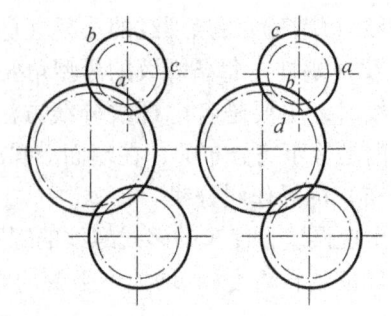

图 10-12　利用主轴交换齿轮进行分线

3. 车削多线螺纹和多线蜗杆的方法

（1）车多线螺纹和多线蜗杆时，绝不可将一条螺旋线车好后，再车另一条螺旋槽。加工时应按下列步骤进行：

① 粗车第一条螺旋槽，记住中、小滑板刻度值。

② 根据多线螺纹和多线蜗杆的精度要求，选择适当的分线方法进行分线，粗车第二条、第三条螺旋槽。如用轴向分线法，中滑板刻度值应与车第一条螺旋槽时相同；用圆周分线法，中、小滑板刻度值应与车第一条螺旋槽时相同。

③ 采用左右切削法加工多线螺纹和多线蜗杆时，为了保证多线螺纹和多线蜗杆的螺距精度，车削每条螺旋槽时车刀的轴向移动量（借刀量）必须相等。

④ 精车各条螺旋槽。

（2）注意"一装、二挂、三调、四查"。

一装：装螺纹车刀时，不仅刀尖要与工件中心等高，还需要螺纹样板或万能角度尺校正车刀刀尖角，以防左右偏斜。

二挂：须按螺纹导程计算并挂轮。

三调：调整好车螺纹时床鞍、中、小滑板的间隙，并移动小滑板手柄，清除对"0"位的间隙。

四查：检查小滑板行程能否满足分线需要，若不能满足分线需要，应当采用其他方法分线。

（3）车削多线螺纹，采用左右切削法进刀，要注意手柄的旋转方向和牙型侧面的车削顺序，操作中应做到三定：定侧面，定刻度，定深度。

（4）粗、精车的方法和步骤。

① 粗车的方法和步骤（以双线为例）。

刻线痕时牙顶宽加出 0.2 mm 左右余量。第一步：用尖刀在车好的大径表面上按导程变换手柄位置，轻轻刻一条线痕，即导程线，见图 10-13 中"1"。第二步：小滑板向前移动一个螺距刻第二条线，即螺距线，见图 10-13 中"2"。第三步：小滑板向前移动一个牙顶宽刻第三条线，见图 10-13 中"3"。第四步：将小滑板向前移动一个螺距刻第四条线，见图 10-13 中"4"。此时 1 和 4、2 和 3 之间为牙顶宽，4 和 2、1 和 3 之间为螺旋槽宽。确定各螺旋槽位置，严格按线将各螺旋槽粗车成形。

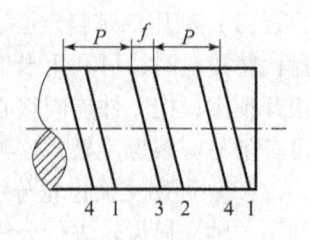

图 10-13　划线

② 精车的方法和步骤。

精车采用循环车削法（见图10-14）。

a. 精车侧面"1"，见光即可，车牙底至尺寸，记住中滑板刻度值，小滑板向前移动一个螺距，车侧面"2"，小滑板不动，直进中滑板，车至牙底尺寸，此为第一个循环。

b. 车刀向前移动一个螺距，车侧面"1"，只车一刀，小滑板再向前移动一个螺距，车侧面"2"，也只车一刀，此为第二个循环。如此循环几次，到切屑薄而光、表面粗糙度达到要求为止。

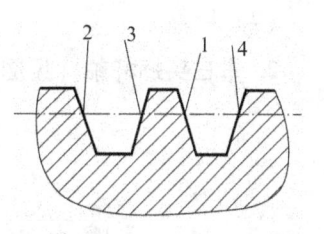

图10-14 精车双线梯形螺纹

c. 小滑板向后移至侧面"3"，精车，测量中径至上差时，小滑板向后移动一个螺距，车侧面"4"，直进中滑板至牙底尺寸，此为后侧面第一个循环。小滑板向后移动一个螺距，车侧面"3"，只车一刀，小滑板向后移动一个螺距，车侧面"4"，只车一刀，此为后侧面第二个循环。如此循环几次，直至中径和表面粗糙度合格。

d. 这样经过循环车削，可以清除由于小滑板进刀造成的分线误差，从而保证螺纹的分线精度和表面质量。

4. 多线梯形螺纹和多线蜗杆的测量

（1）中径精度的测量：用单针测量法或三针测量法。（由于相邻两个螺纹槽不是一次车成，故用三针测量时，测针要放到同一个螺旋槽里）与单线梯形螺纹测量方法相同，分别测量两螺纹槽中径，至符合要求。

（2）分线精度测量：用齿厚卡尺测量。方法与测量蜗杆相同，分别测量相邻两齿的厚度，比较其厚度误差，确定分线精度。

三、技能训练

1. 车梯形多线螺纹（见图10-15）

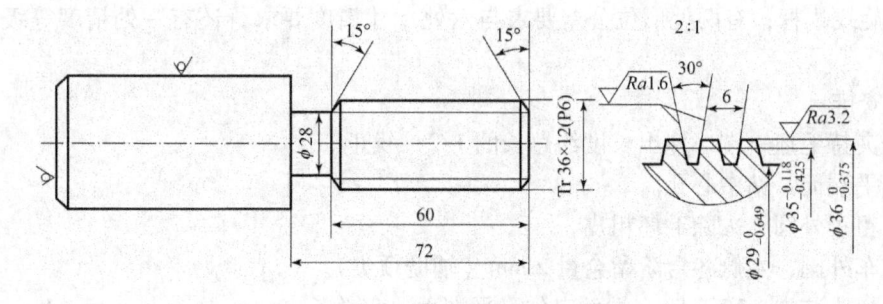

图10-15 车梯形多线螺纹练习件

加工步骤如下：

（1）工件伸出80 mm左右，找正夹紧。

（2）粗、精车外圆 $\phi36 \times 72$ mm。

（3）切槽 $\phi28 \times 12$ mm。

（4）两侧倒角 $\phi29 \times 15°$。

(5) 粗车 Tr36×12（P6）螺纹。

(6) 精车 Tr36×12（P6）螺纹至尺寸要求。

(7) 检查。

2. 车三头蜗杆轴（见图 10-16）

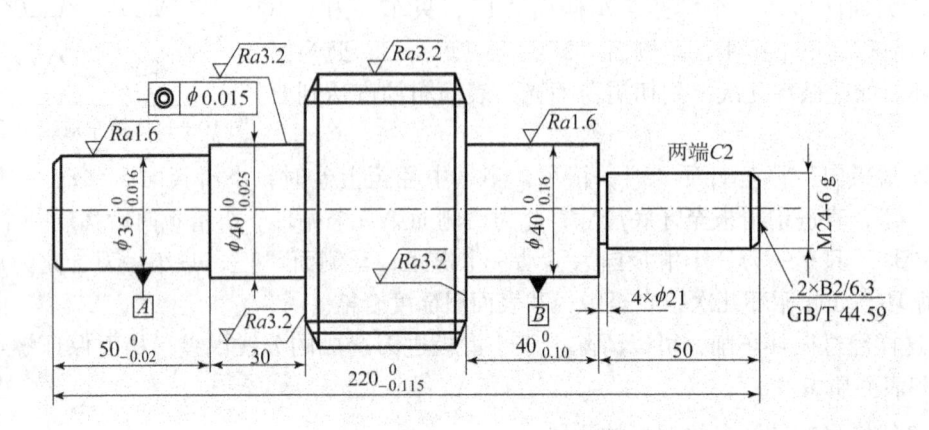

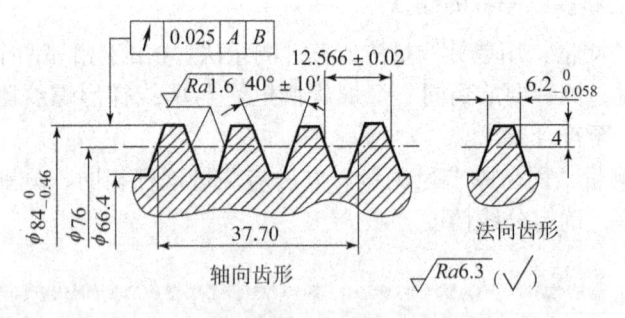

图 10-16 三头蜗杆轴

工艺分析：此例是顶圆直径为 $\phi 84$ mm、压力角为 20°、轴向模数 $m=4$ 的三线、右旋阿基米德螺旋线蜗杆；有两处形位公差要求与六处尺寸精度要求，还有一处精度等级为 6g 的普通螺纹。

工艺安排：

(1) 夹持毛坯一端，伸出长度约总长的 1/2，找正。

(2) 平端面。钻中心孔。

(3) 粗车外圆，去除毛坯粗皮。

(4) 车外圆，左侧各台阶留余量 2 mm（辅助顶尖）。

(5) 掉头装夹 $\phi 35$ 台阶。端面定位。平端面，定总长。

(6) 钻中心孔。

(7) 粗车右端台阶，各留余量为 2 mm（辅助顶尖）。

(8) 半精车、精车蜗杆外圆。

(9) 粗车蜗杆齿形。

(10) 分头，重复工步（8）。

(11) 分头，重复工步（9）。

(12) 精车蜗杆齿形至要求。
(13) 半精车，精车右端各台阶。
(14) 切螺纹退刀槽。
(15) 粗、精车螺纹 M24。
(16) 掉头装夹。
(17) 粗、精车左端台阶。
(18) 检验。

四、注意事项

(1) 多线螺纹导程较大，走刀速度快，车削时要集中注意力。
(2) 由于多线螺纹升角较大，车刀的两侧后角要相应增减。
(3) 用移动小滑板分线时的注意事项：
① 先检查小滑板行程量是否满足要求。
② 小滑板移动方向必须和机床床身导轨平行，否则会造成分线误差。
③ 在每次分线时，小滑板手柄转动方向要相同。
(4) 用百分表分线时，百分表的测量杆应平行于工件轴线，否则也会产生误差。
(5) 多线螺纹分线不正确的原因：
① 小滑板移动距离不正确。
② 车刀修磨后，未检查对准原来轴向位置，使轴向位置移动。
③ 工件未夹紧、切削力过大而造成的工件微量移动，也会使分线不正确。

习 题

1. 如何根据蜗杆的齿形选用适当的装刀方法？
2. 什么叫多线螺纹？导程与螺距有什么关系？
3. 多线螺纹的分线方法有哪两种？每种中有哪些具体的方法？

第十一单元
车偏心工件

偏心工件就是零件的外圆和外圆或外圆和内孔的轴线平行而不相重合。这两条平行轴线之间的距离称为偏心距。外圆和外圆偏心的零件叫作偏心轴或偏心盘；外圆与内孔偏心的零件叫作偏心套。偏心件分类如图11-1所示。

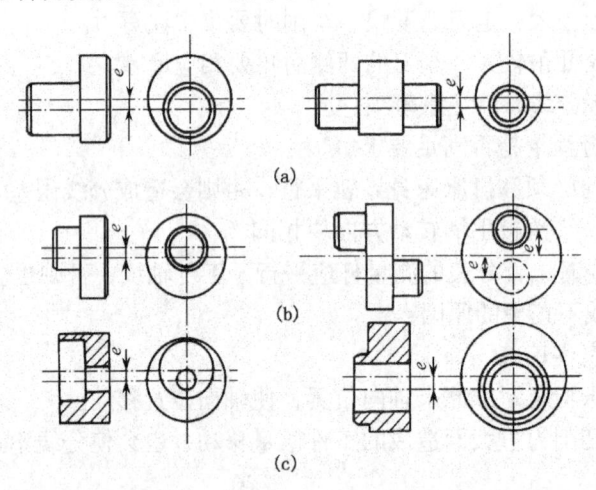

图11-1 偏心件
(a) 偏心轴；(b) 偏心盘；(c) 偏心套

在机械传动中，回转运动变为往复直线运动或往复直线运动变为回转运动，一般都是利用偏心零件来完成的。例如，用偏心轴带动的润滑油泵、汽车发动机中的曲轴等。

偏心轴、偏心套一般都在车床上加工，其加工原理基本相同，都是通过采用适当的装夹方法，将需要加工的偏心外圆或内孔的轴线校正到与车床主轴轴线重合的位置后，再进行车削。

课题一 在三爪自定心卡盘上车偏心工件

一、实习教学要求

(1) 掌握在三爪自定心卡盘上垫垫片车偏心工件的方法。

（2）掌握偏心距的测量和检查方法。

二、相关工艺知识

1. 车偏与工件的方法

对于长度较短、形状简单的偏心工件，也可以在三爪自定心卡盘上进行车削。其方法是在三爪中任意一个卡爪与工件接触面之间，垫上一块预先选好厚度的垫片，在相应的卡爪上做好记号，如图11-2所示，并把工件夹紧、校正，然后即可车削。

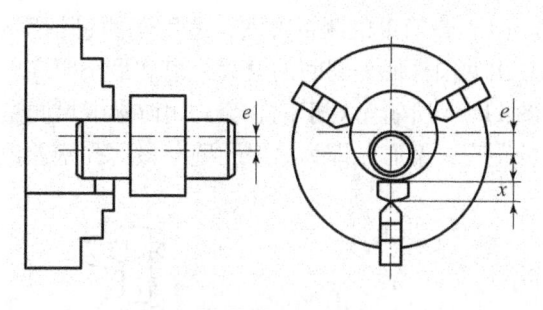

图 11-2 在三爪自定心卡盘上车偏心工件

图11-2中垫片的厚度 x 可按下列公式计算：

$$x = 1.5e \pm k \ (k \approx 1.5\Delta e) \tag{11-1}$$

式中　x——垫片厚度，mm；
　　　e——偏心距，mm；
　　　k——偏心距修正值，正负值应按实测结果确定，mm。

例 11-1　用三爪卡盘装夹车削偏心距 $e=4$ mm 的偏心工件，试确定垫片厚度。

解　先不考虑修正值，按公式（11-1）计算垫片厚度：

$$x = 1.5e = 1.5 \times 4 = 6 \ (\text{mm})$$

垫片厚度为6 mm。进行试切削，然后检查其实际偏心距，如测得 $e_实=4.05$ mm，则其偏心距误差 $\Delta e = |e - e_实| = |4-4.05| = 0.05$ mm，$k \approx 1.5\Delta e = 1.5 \times 0.05 = 0.075$（mm）。

由于实测偏心距大于工件要求的偏心距，所以垫片厚度应减去修正值，垫片厚度的正确值为

$$x = 1.5e - k = 1.5 \times 4 - 0.075 = 5.925 \ (\text{mm})$$

2. 偏心校正

工件需要校正侧母线和偏心距，主要是用带有磁力表座的百分表在车床上进行（见图11-3），直至符合要求后方可进行车削。待工件车好后为确定偏心距是否符合要求，还需进行最后检查，其找正方法如下。

（1）找出误差最小的卡爪，将工件加垫块后适当夹紧，先找平一条最高素线，使其与主轴轴线平行（百分表压力头应与工件素线方向垂直，敲击工件使 A、B 两点表针一致，如图11-3所示）；

（2）工件转过90°，找平另一条最高素线，方法同（1）；

（3）找正偏心距（压表应在工件的最低点，工件的跳动量为 $2e$）；

（4）工件夹紧后复查(2)、(3)，防止相互干扰。

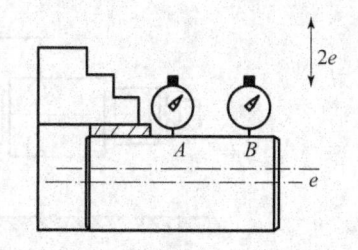

图 11-3 用百分表找正偏心工件

203

3. 偏心工件的检测

（1）最简单的测量方法，适用于测量精度要求不高的偏心轴。使用游标卡尺的深度尺测量出两圆柱面外圆间的最大距离和最小距离，偏心距就等于最大距离和最小距离的一半，如图11-4所示。对于偏心套，用游标卡尺测量基准外圆与偏心孔之间的最厚孔壁及最薄孔壁的距离，偏心距即为最厚孔壁与最薄孔壁差值的一半。

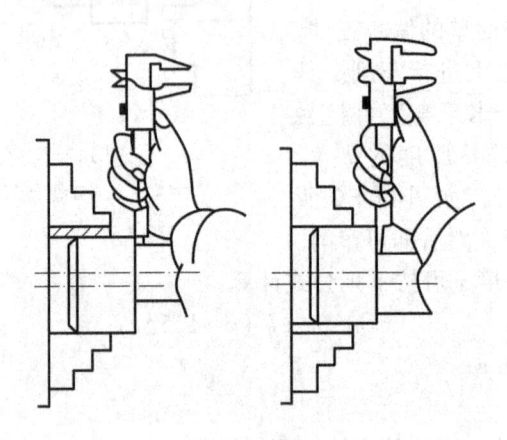

图11-4 用游标卡尺测量偏心距

（2）两端有中心孔的偏心轴，如果偏心距较小，可在两顶尖间直接测量偏心距。测量时，把工件装夹在两顶尖之间，百分表的测头与偏心轴接触，用手转动偏心轴，百分表上指示出最大值和最小值之差的一半就等于偏心距（见图11-5）。

偏心套的偏心距也可用类似上述的方法来测量，但必须将偏心套套在心轴上，再在两顶尖之间测量。

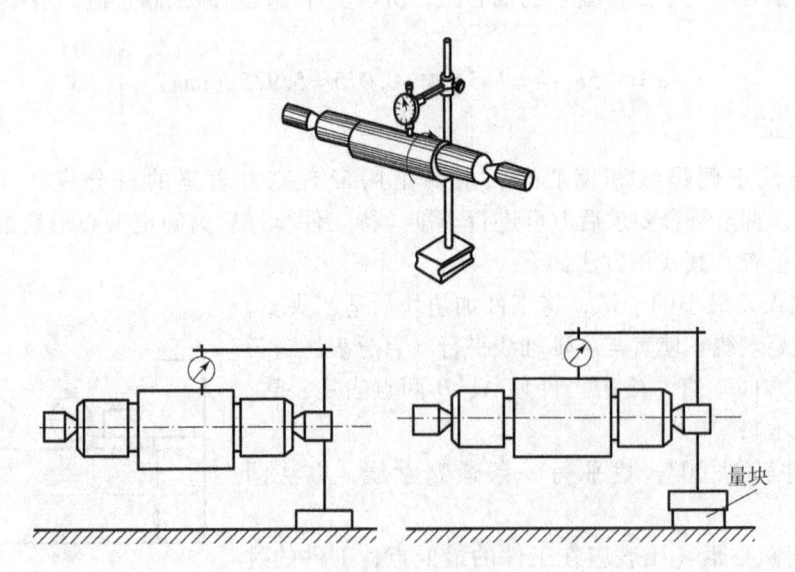

图11-5 用两顶尖和百分表检测偏心距

（3）偏心距较大的工件，受到百分表测量范围的限制或无中心孔，这时可用间接测量偏心距的方法（见图11-6）。

测量时，把V形块放在平板上，并把工件放在V形块中，转动偏心轴，用百分表测量出偏心轴的最高点，找出最高点后，工件不动，再用百分表水平移动，测出偏心轴外圆基准与外圆之间的距离 a，然后用下列公式计算偏心距：

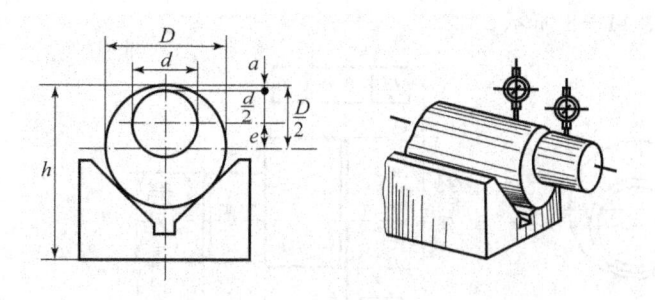

图11-6 偏心距的间接测量方法

$$e = \frac{D}{2} - \frac{d}{2} - a \qquad (11-2)$$

式中　e——偏心距，mm；
　　　D——基准轴外径，mm；
　　　d——偏心轴直径，mm；
　　　a——基准轴外圆到偏心轴外圆之间的最小距离，mm。

☺间接测量时，必须把基准轴直径和偏心轴直径用千分尺测量出实际值，否则计算时会产生误差。

（4）用百分表与车床中滑板配合测量偏心距。

对于偏心距较大的工件，可在车床上利用中滑板的刻度来补偿百分表测量范围不足的弊端，如图11-7所示。测量时，首先使百分表与工件偏心外圆接触，找出偏心圆最高点，并记下百分表读数及中滑板的刻度值，随后将工件转过180°，进给中滑板，找出偏心圆的最低点，使百分表与工件偏心圆的最低点接触，并保持原有的读数，这时从中滑板的刻度盘上所得出的移动距离，即为两倍的偏心距。需注意的是，用这种方法测量偏心距值，应找正偏心轴线与主轴轴线的平行度。

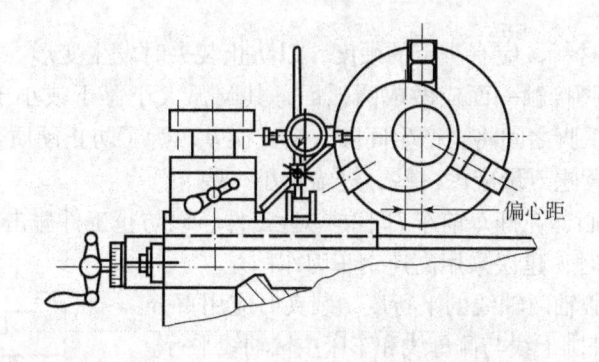

图11-7 用百分表与车床中滑板配合测量偏心距

三、技能训练

车偏心轴，如图 11-8 所示。

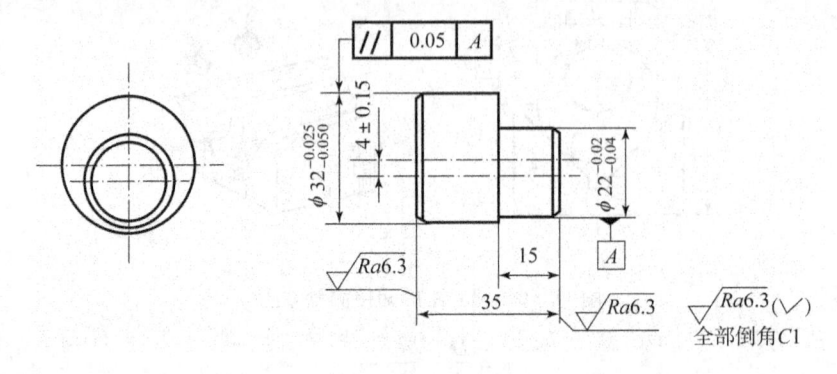

图 11-8　偏心轴

加工步骤如下：

(1) 在三爪定心卡盘上夹住工件时，伸出长度 35 mm 左右。
(2) 粗、精车外圆尺寸至 $\phi32$，长至 41 mm。
(3) 外圆倒角 $C1$。
(4) 切断，长 36 mm。
(5) 车总长至 50 mm。
(6) 工件在三爪自定心卡盘上垫垫片装夹，校正并夹紧。
(7) 粗、精车外圆尺寸至 $\phi22$，长至 15 mm。
(8) 外圆倒角 $C1$。
(9) 检查。

四、注意事项

(1) 选择垫片的材料，应有一定的硬度，以防止装夹时发生变形。
(2) 垫片上与爪脚接触一面应做成圆弧面，其圆弧大小等于或小于爪脚圆弧，如果做成平的，则在垫片与爪脚之间将会产生间隙，造成误差。为了防止硬质合金刀片碎裂，车刀应有一定的刃倾角，背吃刀量应深一些，进给量小一些。
(3) 由于工件偏心，在开车前车刀不能靠近工件，以防止工件碰击车刀。
(4) 车偏心工件时，建议采用高速钢车刀车削。
(5) 为了保证偏心轴两轴线的平行度，装夹时应用百分表校正工件外圆，使外圆上线与侧母线和车床主轴轴线平行。
(6) 装夹后为了校验偏心距，可用百分表（量程大于 8 mm）在圆周上测量，缓缓转动，观察其跳动量是否是 8 mm，如图 11-9 所示。
(7) 在三爪自定心卡盘上车偏心工件，一般仅适用于

图 11-9　用百分表校正偏心工件

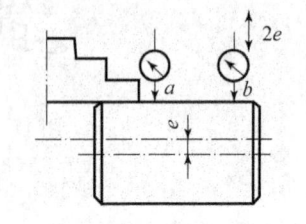

加工精度要求不很高、偏心距 e<6 mm 的短偏心工件。

课题二
在四爪单动卡盘上车偏心工件

一、实习教学要求

（1）掌握在四爪单动卡盘上车偏心工件的方法。
（2）掌握偏心工件的划线方法（用划线盘）和步骤。
（3）掌握偏心距的找正和检查方法。

二、相关工艺知识

1. 四爪单动卡盘

如图 11-10 所示为四爪单动卡盘。由于单动卡盘的四个卡爪各自独立运动，所以工件装夹时必须将加工部分的旋转中心找正到与车床主轴旋转中心重合才可以车削。单动卡盘找正比较费时，但夹紧力较大，所以适合用于装夹大型或形状不规则的工件。数量较小或单个零件，而精度要求又不太高的偏心工件，可以在四爪单动卡盘上车削。在四爪单动卡盘上车削偏心工件时，要根据事先划好的线进行找正。找正的方法是先根据工件端面上划出的偏心部分的圆周线找正，然后再看侧母线是否和主轴轴线平行。两项都合格说明偏心部分的轴线和主轴轴线同轴。

图 11-10 四爪单动卡盘

2. 偏心工件的划线方法

将工件车成一根光轴，直径为 D，长为 L，使工件两平面与轴线垂直，将两平面涂色后平放在 V 形架中（涂色）；待涂色油干后放在 V 形架上划线确定偏心的轴线。

（1）用高度尺（或划线盘）先在端面和外圆上划一组与工件轴线等高的水平线，如图 11-11（a）所示。

（2）把工件转动 90°，用角尺对齐已划好的端面线，再在端面和外圆上划另一组水平线，（找中心）如图 11-11（b）和 11-11（c）所示。

（3）将游标高度尺移动一个偏心距，在工件四周划一道圈线，（划偏心圈线），如图 11-11（d）所示。

（4）以偏心点为圆心、偏心圆半径为半径划出偏心圆，并用样冲在所划的线上打好样冲眼。这些样冲眼应打在线上，深浅一致，小而圆且不能歪斜，否则会产生偏心距误差，如

图 11-12 所示 (打样冲眼)。

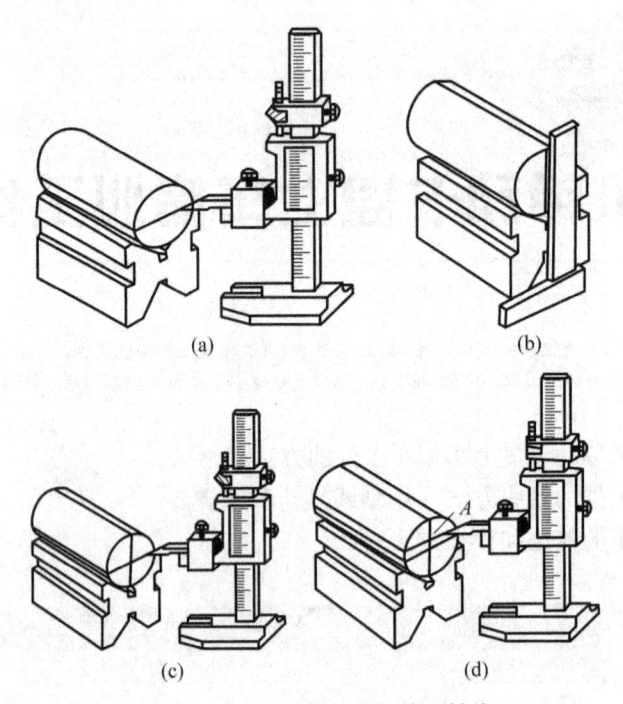

图 11-11　在 V 形块上划偏心轴线
(a) 划出水平线；(b) 转 90°并校正；(c) 划出十字线；(d) 划出偏心轴线

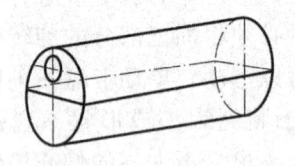

图 11-12　划出偏心圆

3. 在四爪单动卡盘上工件的装夹和车削方法

1) 在四爪单动卡盘上找正偏心的方法

(1) 按划线找正车削偏心工件。

根据已划好的偏心来找正工件，由于是手工划线而且存在着划线误差，所以只适用于精度要求不高的偏心类工件。

将工件垫上薄铜皮，夹紧后，让尾座顶尖接近工件，调整卡爪位置，使顶尖对准偏心圆中心（见图 11-13 中的 A 点），然后移去尾座。使划针对准工件外圆侧母线校正水平，转过 90°，校正另一条侧母线。然后校正偏心圆，使偏心圆轴线与车床主轴轴线重合。将四个卡爪均匀夹紧，经检查没有位移，即可车削。

(2) 用百分表找正车削偏心工件。

对于偏心距较小、加工精度要求较高的偏心工件，按划线找正加工，显然是达不到精度要求的，此时须用百分表来找正，一般可使偏心距误差控制在 0.02 mm 以内。具体步骤为（见图 11-14）：

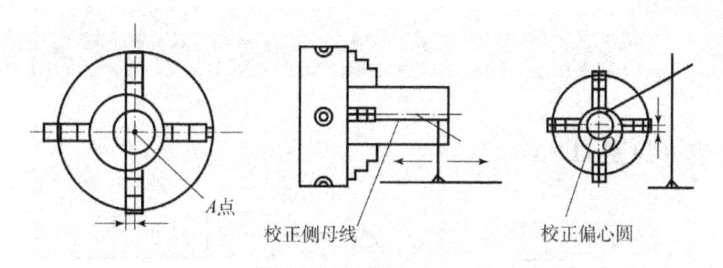

图 11-13 用划线盘校正侧母线和偏心圆

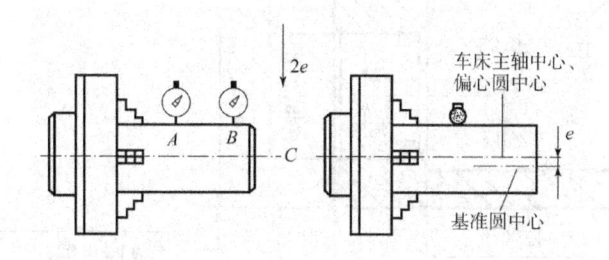

图 11-14 百分表找正偏心工件侧母线和偏心距

① 先用划线法初步找正工件;
② 用百分表进一步找正工件,使偏心轴线与车床主轴轴线重合;
③ 找正工件侧母线,使偏心轴两轴线平行。若工件本身有锥度,应考虑工件锥度对找正侧母线的影响,找正时应扣除1/2的锥度误差值。
④ 校正偏心距,将百分表测杆触头垂直接触偏心工件的基准轴外圆,并使百分表压缩量为0.5~1 mm,慢慢转动卡盘,使工件转过一周,百分表指示的最大值和最小值之差的一半为偏心距。按此方法校正偏心距,并控制在图样允许误差范围内。将卡爪夹紧,以防工件在车削时产生位移造成废品和不安全因素。

由于百分表量程一般为10 mm,用百分表找正偏心工件时,只能适用于偏心距为5 mm以内的偏心工件。

2) 在四爪单动卡盘上车削工件的方法

在四爪单动卡盘上车削工件的方法与三爪卡盘基本相似,具体方法如下:

(1) 将工件找正并装夹在四爪卡盘上。
(2) 工件经校准后,将卡盘的四爪再紧一遍,即可进行车削。
(3) 车削偏心工件时车削速度不能太高。刚开始车削时,背吃刀量要小,进给量要小,等工件车圆后,再适当增加车削用量,如图11-15所示。

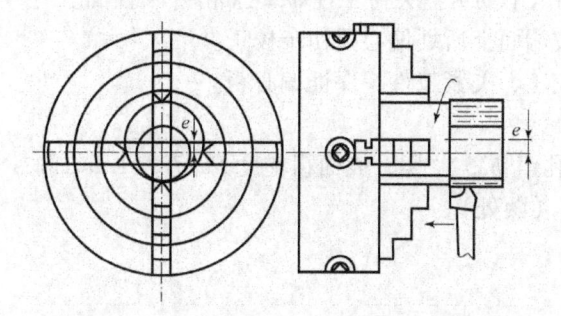

图 11-15 在四爪单动卡盘上车削偏心件

三、技能训练

1. 加工偏心套（见图 11-16）

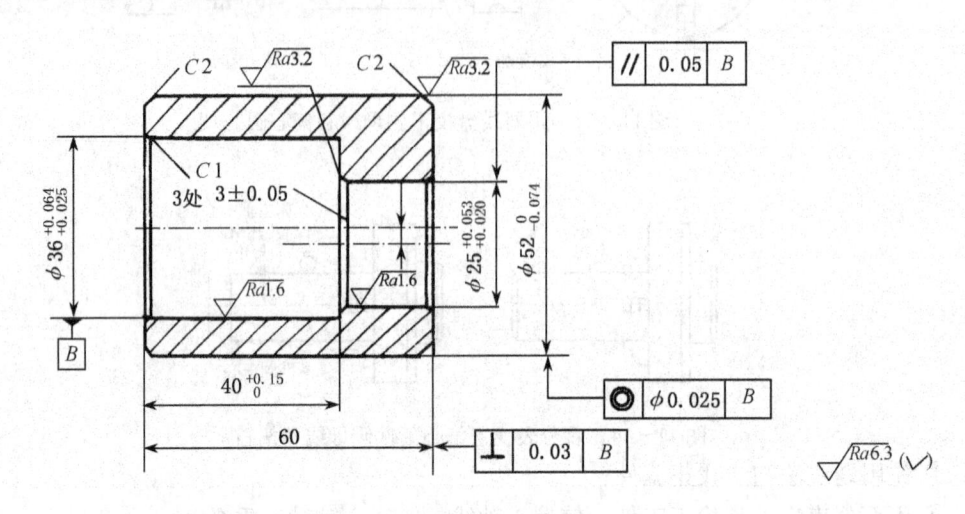

图 11-16 偏心套
材料：45 号钢　$\phi55$ 长 75mm　1 件

加工步骤如下：

（1）用三爪自定心卡盘夹持毛坯外圆，校正并夹紧；车平端面，车工艺凸台 $\phi45$，长 10 mm，表面粗糙度 Ra 值为 6.3 μm。

（2）调头夹持 $\phi45$ 外圆，校正并夹紧。

（3）车平端面，粗、精车外圆至尺寸 $\phi52_{-0.074}^{\ 0}$，长 61 mm，表面粗糙度 Ra 值为 3.2 μm，倒角 $C2$。

（4）钻孔 $\phi34$，深 39 mm。

（5）粗、精车内孔至 $\phi36_{+0.025}^{+0.064}$，深 $40 \text{ mm}_{\ 0}^{+0.15}$，表面粗糙度 Ra 值为 1.6 μm，孔口倒角 $C1$。

（6）工件调头夹持（垫铜片），校正并夹紧，切去工艺凸台，车端面，保证总长 60 mm，倒角 $C2$。

（7）划线，并在偏心圆上打样冲眼。

（8）垫铜片，用四爪单动卡盘夹持工件 $\phi52_{-0.074}^{\ 0}$ 外圆柱面。

① 用划线盘划针按端面上所划偏心圆初步校正。

② 用百分表精确校正、夹紧工件，保证偏心距。

（9）钻通孔 $\phi23$。

（10）粗、精车内孔至 $\phi25_{+0.020}^{+0.053}$，表面粗糙度 Ra 值为 1.6 μm。

（11）孔口倒角 $C1$（两处）。

（12）检查。

2. 车偏心锥孔盘（见图11-17）

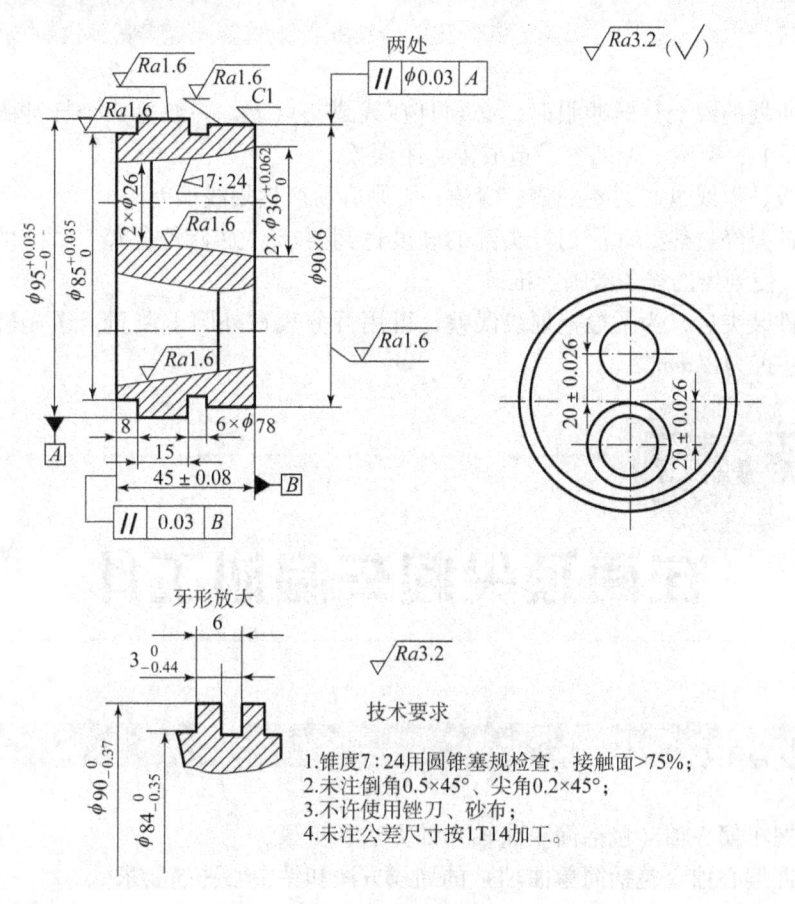

图 11-17 偏心锥孔盘

工艺分析：

此工件属盘类零件，直径较大，在车削外圆时应选用较低的转速。在图 11-17 所示尺寸中，两端面的平行度要求为 0.03 mm，故在装夹时应注意找正。矩形螺纹部分可采用硬质合金刀具车削。两锥孔偏心距较大，不可用三爪卡盘车削，应采用四爪卡盘结合划线找正的方法车削。

（1）用三爪单动卡盘装夹工件，伸出约 30 mm，车端面，一次将 $\phi 95_{-0.035}^{\ 0}$ 大外圆车出，车 $\phi 85_{\ 0}^{+0.035} \times 8$ mm 台阶外圆。

（2）调头装夹，找正平行度，车平端面并保证长度（45±0.08）mm。

（3）两端面和外圆涂色后放置在 V 形架上，在工件两端面划线，打样冲眼，划偏心圆。

（4）垫铜皮装夹工件，先使用百分表找正工件平面，再使用百分表结合量块找正工件偏心距钻 $\phi 24$ 孔；粗、精车 $\phi 26$ 内孔和 7：24 锥孔至尺寸要求。

（5）工件调头后，用上述方法找正另一偏心孔位置并同时找正两端平行度，车另一偏心孔和锥孔至尺寸要求。

（6）调头，垫铜皮装夹 $\phi 85_{\ 0}^{+0.035}$ 外圆，找正方法同上，粗、精车螺纹大径 $\phi 90$ 外圆，控制 15 mm 长度尺寸；车 6 mm×$\phi 78$ 沟槽；车矩形 90 mm×6 mm 螺纹至尺寸要求。

四、注意事项

（1）在所划的线上打样冲眼时，必须打在线或交点上，一般打四个样冲眼即可。操作时要认真、仔细、准确，否则容易造成偏心距误差。

（2）平板、划线盘底面要平整、清洁，否则容易产生划线误差。

（3）划针要经过热处理使划针头部的硬度达到要求，尖端磨成15°～20°的锥角，头部要保持尖锐，使划出的线条清晰、准确。

（4）工件装夹后，为了检查划线误差，可用百分表在外圆上测量。缓慢转动工件，观察其跳动量是否为8 mm。

课题三　在两顶尖间车偏心工件

一、实习教学要求

（1）掌握车偏心轴（包括简单曲轴）的方法和步骤。
（2）掌握偏心轴（包括简单曲轴）的划线方法和钻中心孔的要求。
（3）能分析产生废品的原因及提出防止方法。

二、相关工艺知识

较长的偏心轴，只要轴的两端面能钻中心孔，有鸡心夹头的装夹位置，一般应该用在两顶尖间车偏心的方法。图11-18所示的偏心轴，就可用这种方法进行车削。它的操作步骤如下：

（1）把坯料车成要求的直径D和长度L。

（2）在轴的上端面和需要划线的圆柱表面涂色，然后把工件放在V形架上，如图11-19所示，用游标高度尺量取轴的最高点与划线平板之间的距离，记下尺寸。再把游标高度尺的游标下移到工件半径的尺寸，在工件的端面和圆柱表面划线。

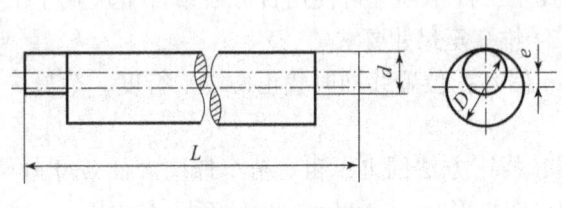

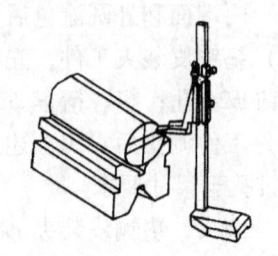

图11-18　偏心轴　　　　　　　　图11-19　偏心轴的划线方法

（3）把工件转动90°，用90°角尺对齐已划好的端面线，再用调整好的游标高度尺在两端面和圆柱表面划线。

（4）把游标高度尺的游标上移一个偏心距e的尺寸，并在两端面和圆柱表面划线，端面上的交点即是偏心中心点。

（5）在所划的线上打几个样冲眼，并在工件两端面的偏心中心点上分别钻出中心孔。

（6）用两顶尖顶装夹，这样即可进行车削，如图11-20所示。

曲轴也是偏心轴的一种，常用于内燃机中，使往复直线运动变为旋转运动。曲轴可以在专用机床上加工，也可以在车床上加工，但操作技术要求高，这里练习的是简单曲轴的加工方法，基本上和偏心轴的加工方法相似。

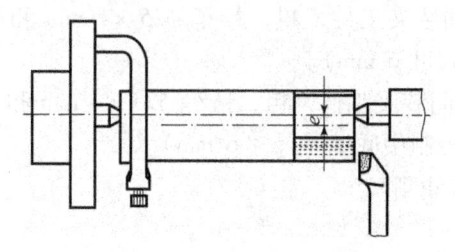

图11-20　在两顶尖间车偏心轴

三、技能训练

1. 车单拐曲轴（见图11-21）

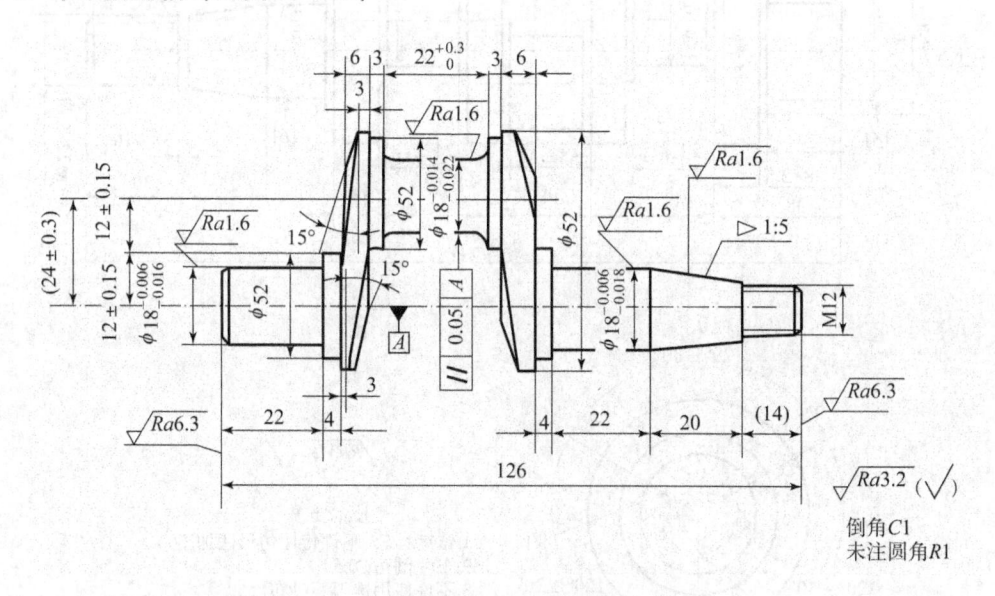

图11-21　单拐曲轴

加工步骤如下：

（1）用三爪自定心卡盘夹住工件一端的外圆，车工件另一端的端面，钻中心孔$\phi 3$。

（2）一夹一顶装夹车外圆$\phi 52$至尺寸要求，长度尽可能车得长些。

(3) 用三爪自定心卡盘夹住工件的外圆,车准工件的总长 126 mm,工件两端面的表面粗糙度要达到要求。

(4) 把工件放在 V 形架上进行划线。

(5) 在工件两端面上根据偏心距的间距,在相应位置钻中心孔(4个)。

(6) 在两顶尖间装夹工件,粗、精车中间一拐尺寸 $\phi25\times28$ mm 及 $\phi18\times22$ mm,倒角 $3\times15°$(两内侧)。

(7) 在另一对中心孔上装夹工件,并在中间凹槽中用螺钉螺母支撑住,支撑力量要适当。

(8) 粗车 $\phi25$ 至 $\phi26\times59$ mm。

(9) 调头,在两顶尖间装夹工件,粗、精车 $\phi25\times4$ mm 和 $\phi18\times22$ mm 至尺寸要求,并倒角 C1(控制中间壁厚尺寸 6 mm)。

(10) 调头,在两顶尖间装夹工件,粗、精车 $\phi25\times4$ mm 和 $\phi18\times22$ mm 及锥度 1:5 至尺寸要求,车 M12 螺纹(控制中间壁厚尺寸 6 mm)。

(11) 倒角 $3\times15°$(两外侧)。

(12) 检查。

2. 车三拐曲轴(见图 11-22)

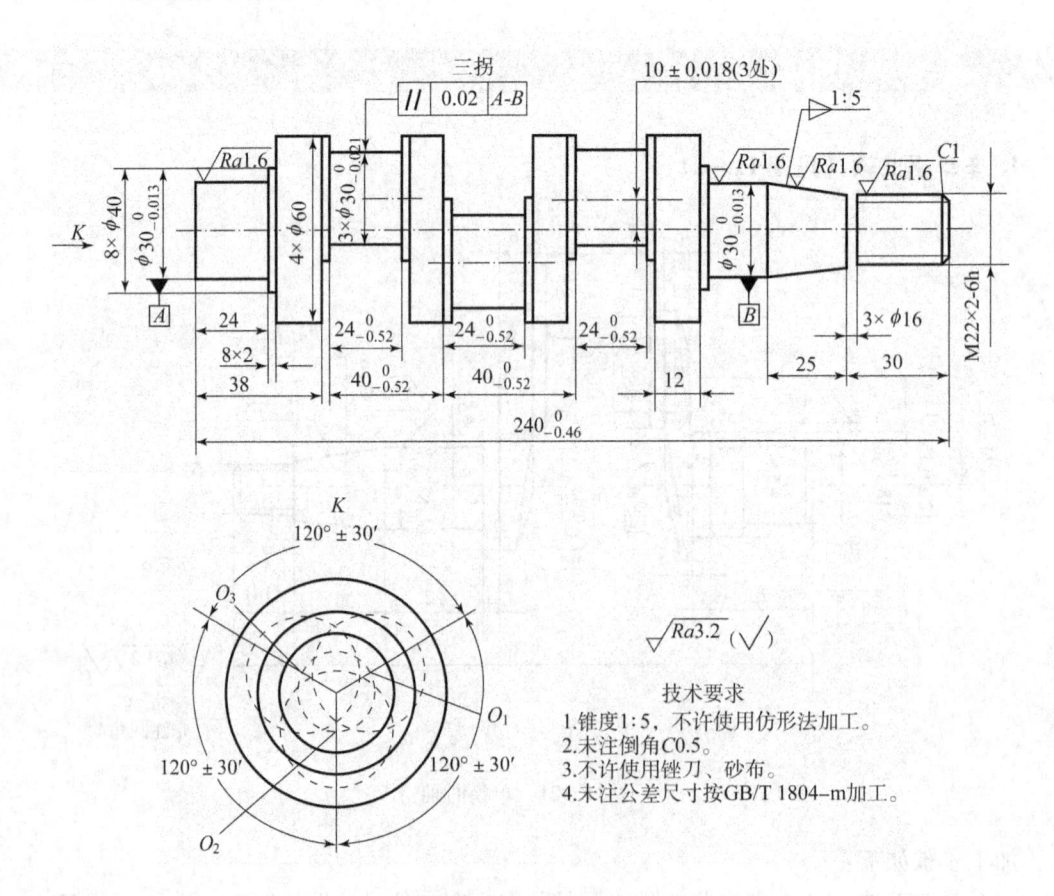

图 11-22 三拐曲轴

(1) 四爪单动卡盘装夹工件,车端面,钻中心孔。

(2) 调头，装夹工件。车另一平面，保证总长 $240_{-0.46}^{\ 0}$ mm。钻另一端中心孔。

(3) 工件在两顶尖间装夹，支撑主轴颈中心孔，找正两顶尖轴线与主轴轴线平行且垂直，粗车外圆，留 0.5~1 mm 精车余量。

(4) 划两端主轴颈轴线、曲柄颈轴线及分度角 120°，中心打样冲眼并划圆线。

(5) 四爪单动卡盘装夹工件，按偏心距要求在工件两平面钻偏心中心孔。

(6) 两顶尖装夹工件，支撑主轴颈中心孔，找正。粗车外圆，留 0.5~1 mm 精车余量。

(7) 用两顶尖支撑成对的偏心中心孔，夹持三角形螺纹一端外圆，依次分别粗车 3 处曲柄间轴颈 $\phi30 \times 24$ mm 和 $\phi40 \times 2$ mm 台阶并留相同余量。

(8) 两顶尖支撑成对的偏心中心孔，采用宽刃精车刀，依次分别低速精车 3 处 $\phi30_{-0.021}^{\ 0} \times 24_{-0.052}^{\ 0}$ mm 曲柄间轴颈和 $\phi40 \times 2$ mm 台阶至尺寸要求。

(9) 用两顶尖支撑主轴颈中心孔，车两端 $\phi30_{-0.013}^{\ 0}$ 主轴颈，粗、精车圆锥、沟槽及外三角形螺纹至尺寸要求。

操作提示：

(1) 工件表面涂色，用 V 形架、平板、划针、游标高度尺等划线工具按图样要求划出三拐曲轴主轴颈轴线，曲柄颈分度角 120°中心线及曲柄颈轴的正确位置，划线一定要认真、准确，便于找正，节省时间。

(2) 三拐曲轴的偏心距较大，找正时可以采用量块结合百分表找正偏心距，各中心孔位置必须精确，以确保三拐曲轴偏心距尺寸精度和有关形状、位置精度。粗车各轴颈的先后次序一般须遵循先粗车的轴颈对后粗车的轴颈加工刚度降低影响较小的原则；本工件粗车应先粗车最右边的曲柄颈，其次是中间的曲柄颈，最后是左边的曲柄颈。

四、注意事项

(1) 划线、打样冲眼要认真、仔细、准确，否则容易造成两轴轴心线歪斜和偏心距误差。

(2) 支承螺钉不能支撑得太紧，以防工件变形。

(3) 由于是车偏心工件，车削时要防止硬质合金车刀被碰坏。

(4) 车偏心工件时顶尖受力不均匀，前顶尖容易损坏或移位，因此，必须经常检查。

习 题

1. 车偏心工件通常有哪几种方法？各有什么特点？
2. 车削偏心距 $e = 2$ mm 的工件，在三爪自定心卡盘的卡爪中垫入 3 mm，垫片进行试车削后，测得偏心距为 2.04 mm，试计算正确的垫片厚度。
3. 简述在四爪单动卡盘上如何为偏心工件装夹找正。
4. 工件在两顶尖上如何测量偏心距？

第十二单元
复杂工件的车削

在车床加工中，经常会遇到外形不规则、形状复杂、容易变形、相对位置精度要求高的零件，如图12-1所示。这些零件的加工除用专用工装外，通常还要选用四爪单动卡盘、花盘、角铁（弯板）、中心架、跟刀架等车床附件，经过装夹和找正，来达到加工精度要求。这种加工，技术要求比较高，须有综合的操作技能。作为中级技术工人，必须掌握其基本方法。

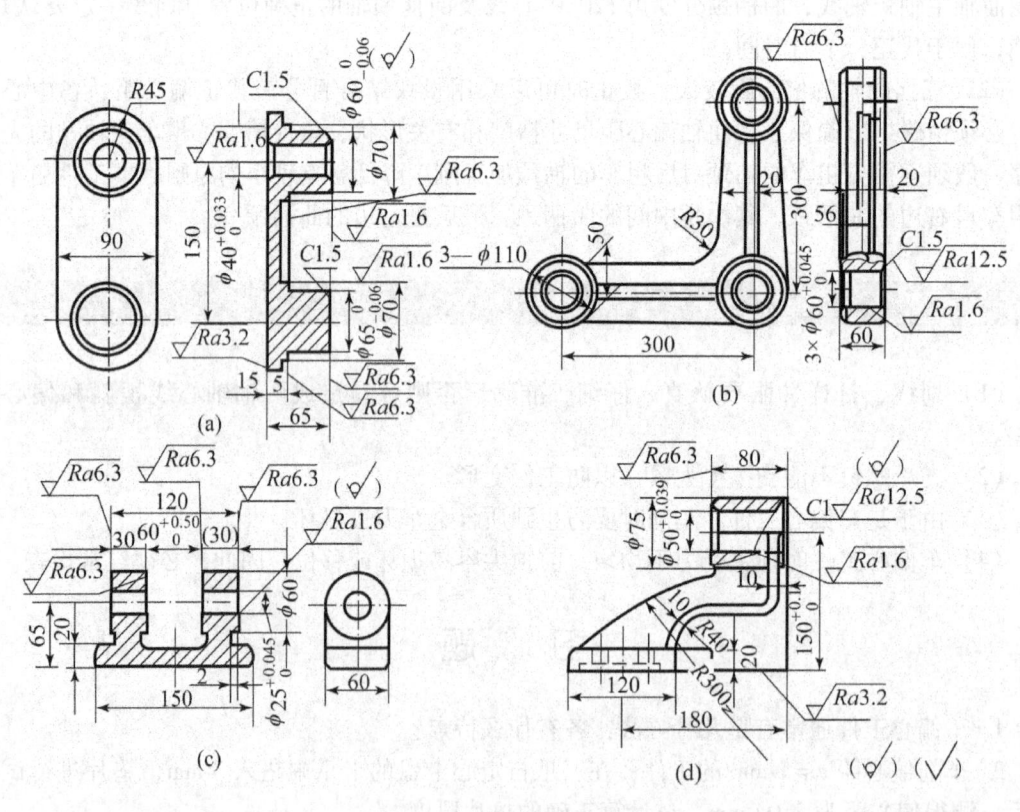

图12-1 复杂零件举例（一）

第十二单元

复杂工件的车削

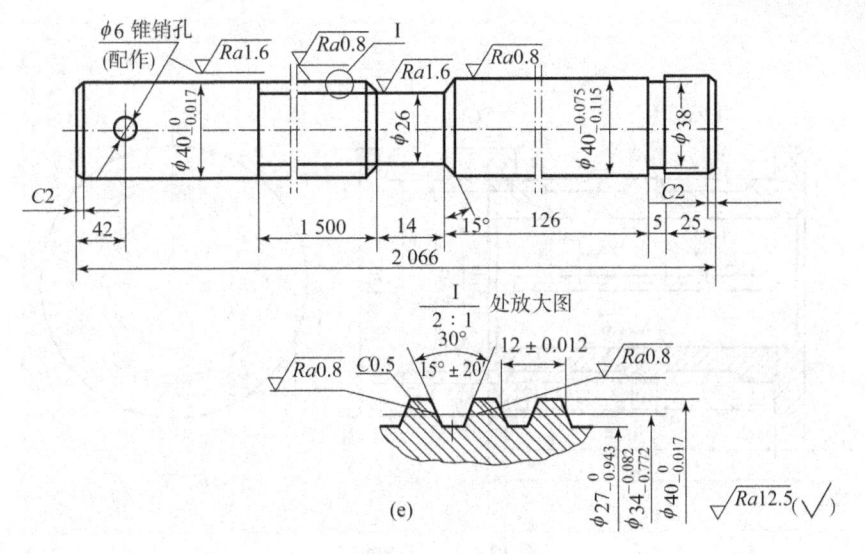

图12-1 复杂零件举例（二）

课题一 找正十字线练习

一、实习教学要求

（1）了解十字线的作用。

（2）能在四爪卡盘上找正十字线。

（3）通过装夹、找正练习后，要求一次装夹、找正时间在30 min内完成，其误差不大于0.15 mm。

二、相关工艺知识

在车如图12-2所示的对合轴瓦时，通过将工件装夹在四爪单动卡盘上用划线盘进行找正，既要找正工件端面上的对分线及其左右两端处的外圆，又要找正对分线对床面导轨的平行度。这种找正的基本方法与四爪卡盘上车偏心工件时的找正方法相似，都属于找正十字线的内容，是车工应具备的基本技能之一。

在车床上找正十字线时，开始往往不知道小平板上划线盘的针尖是否对准主轴中心，这可以在找正时检查和调整。其方法（见图12-3）是先用手转动工件，找平 A（A_1）B（B_1）线，调整划针高度，使针尖通过 AB 线，然后工件转过180°。可能出现的情况如下：

（1）针尖仍通过 AB 线，这说明针尖对准主轴中心，且工件 AB 线也找正，如图12-3（a）所示。

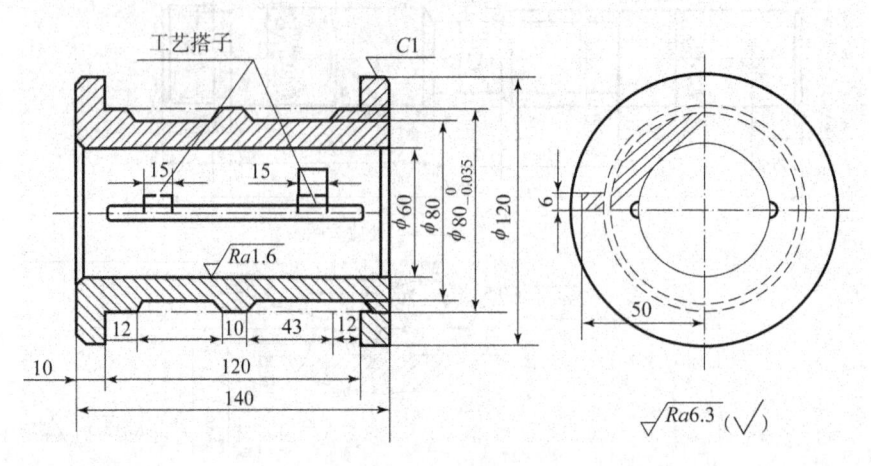

图 12-2 对合轴瓦

(2) 针尖在下方与 AB 线相差距离 Δ，如图 12-3（b）所示。这说明划线应向上调整 $\Delta/2$，工件 AB 线向下调整 $\Delta/2$。

(3) 针尖在上方与 AB 线相距 Δ，如图 12-3（c）所示。这时划针应向下调整 $\Delta/2$，AB 线向上调整 $\Delta/2$。

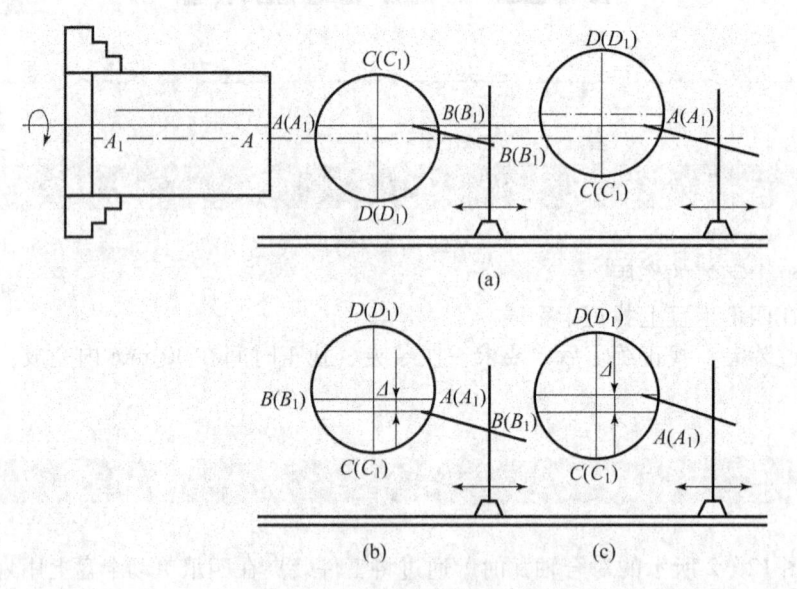

图 12-3 找正十字线的方法

这样工件反复转 180°进行找正，直至划线盘针尖总通过 AB 线为止。

当划线盘高度调整好后，再找十字线时就容易得多。工件上 A（A_1）B（B_1）线找平后，如在划针针尖上方，工件就往下调；反之，工件就往上调。

在找十字线时，要注意综合考虑，一般应该是先找内端线，后找外端线；两条十字线〔如图 12-3 中 A（A_1）B（B_1）、C（C_1）D（D_1）线〕要同时找正；反复进行，全面检查。

第十二单元 复杂工件的车削

三、技能训练

找正十字练习,如图 12-4 所示。

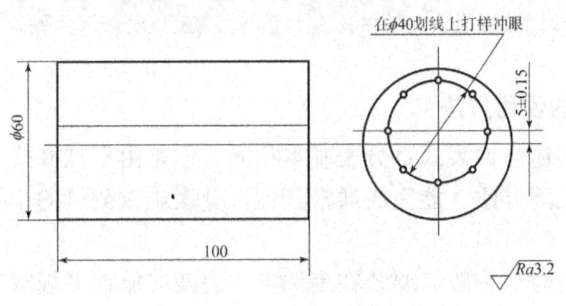

图 12-4 找正十字线练习件

操作步骤如下:
(1) 夹住工件外圆,在长 8 mm 左右找正夹紧。
(2) 粗车端面。
(3) 粗车外圆 φ60 至 φ60.5 长 100 mm。
(4) 精车端面及外圆 φ60 长 100 mm 至尺寸要求。
(5) 调头垫铜皮夹住外圆找正,车准总长 100 mm。
(6) 工件涂色,划十字线,打样冲眼(按图样要求)。
(7) 在四爪单动卡盘上装夹工件,并找正十字线。多次练习直至达到教学要求。

四、注意事项

(1) 由于工件偏心,装夹较难,在调整卡爪时,应防止跌落,损坏床面。
(2) 找正工件时,应保护线条清洁,防止敲坏样冲眼,以利于反复练习。
(3) 用划线盘找正时,不要把划针尖在线条上划动,以防止把线条划坏,影响找正精度。
(4) 划线时,应检查平板平面和划线盘的底平面是否有碰伤,以免影响划线精度。
(5) 找正十字线时,工件不宜夹得过长,一般在 10~15 mm。

课题二 在四爪单动卡盘上装夹、车对称工件

一、实习教学要求

(1) 掌握杠杆式百分表的使用方法。

(2) 掌握在四爪单动卡盘上找正对称工件的方法。

(3) 能根据百分表测量读数，调整卡爪，达到工件精度。

二、相关工艺知识

1. 杠杆式百分表的使用方法

杠杆式百分表的用途与钟表式百分表基本相同。但是由于杠杆式百分表的体积小和测杆可以转动，因此比较灵活方便，能完成通常其他百分表难以测量的小孔、凹槽和端面跳动等测量工作。

使用杠杆式百分表时，一般需要装在表架上，表架应放在平板或某一平整位置上。百分表的位置在表架上要可以上下、前后调节。

测量时，杠杆百分表的测杆轴与被测工件表面的 α 角不宜过大（见图 12-5），α 角度越小误差越小。

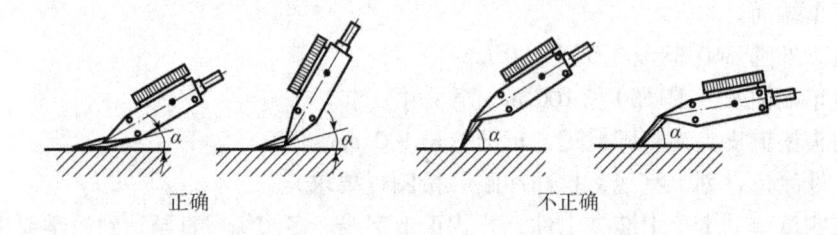

正确　　　　　　　不正确

图 12-5　杠杆式百分表测杆轴线的角度

2. 对称零件的技术要求

在车床上加工不规则零件时，有相当一部分是对称零件。这些零件的技术要求，除了尺寸精度外，还有相对位置要求，如垂直度、平行度。在装夹、找正和车削过程中必须特别注意。

三、技能训练

1. 车对称工件（见图 12-6）

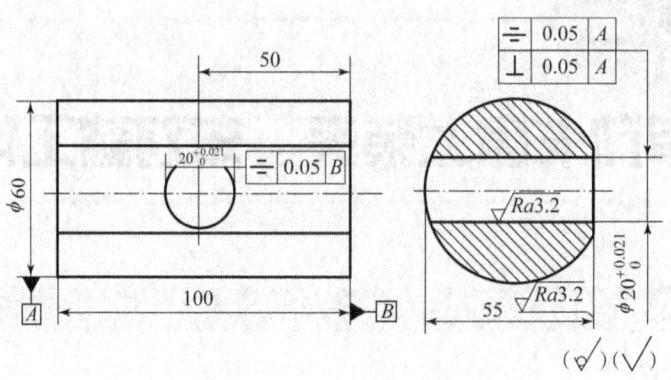

图 12-6　车对称工件

第十二单元 复杂工件的车削

加工步骤如下：

(1) 在四爪单动卡盘上垫铜片夹住工件，用划线盘粗找工件的对称度、垂直度和孔轴线与两端面的对称度。

① 以 φ60 外圆轴线为基准，找正 φ20 孔轴线的对称度。其方法如图 12-7 所示，用手转动卡盘使工件呈水平状态，用划线盘找工件两端圆柱表面的最高点，观察其间隙，转 180°使工件呈水平状态，再找工件两端圆柱表面最高点，观察其间隙，作比较后找正。应多次复校。

② 以 φ60 外圆线为基准，找正 φ20 孔轴线的垂直度。其方法如图 12-8 所示，用划线盘找正两段圆柱表面离卡盘最远点的跳动量即可。

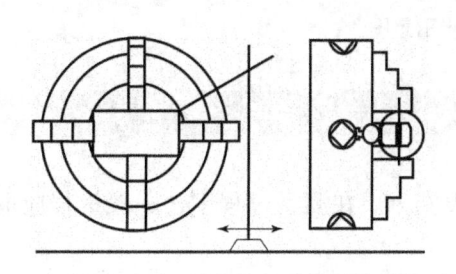

图 12-7 找轴线对称度

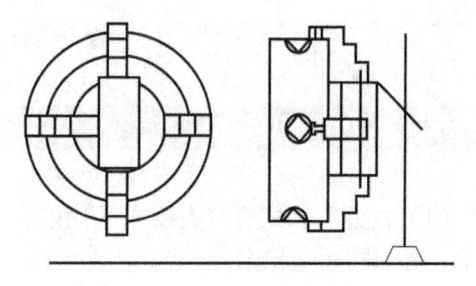

图 12-8 找轴线的垂直度

③ 找正 φ20 孔轴线与两端面的对称度，其方法如图 12-9 所示。

(2) 用杠杆式百分表按上述方法精校。

(3) 粗车端面，钻孔 φ17 mm，粗、精车孔 φ20，精车端面，控制尺寸 55 mm。

(4) 检查。

2. 车矩形工件（见图 12-10）

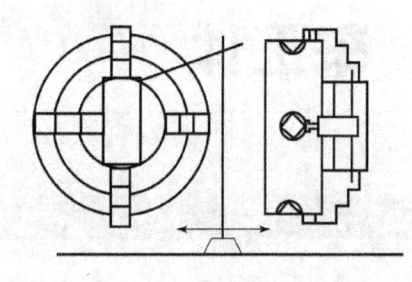

图 12-9 找孔轴线与两端面的对称度

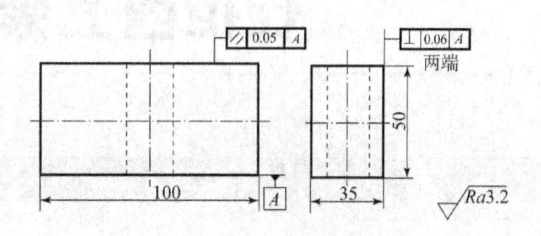

图 12-10 车矩形工件

加工步骤如下：

(1) 用四爪单动卡盘的一对卡爪垫片夹住工件两端，另一对卡爪用铁块垫孔口夹住。

(2) 用划线盘粗找正，用杠杆式百分表精找正。

① 找正 35 mm 宽的平面与主轴线平行 [见图 12-11 (a)]。

② 找正工件两端平面。

(3) 车端面，至工件厚为 47.5 mm [见图 12-11 (b)]。

(4) 工件调头，用上述方法装夹、找正，车端面，至工件厚为 35 mm [见图 12-11 (b)]。

(5) 工件翻转 90°，垫铜片夹住，用上述方法找正，车端面，至工件厚为 50 mm

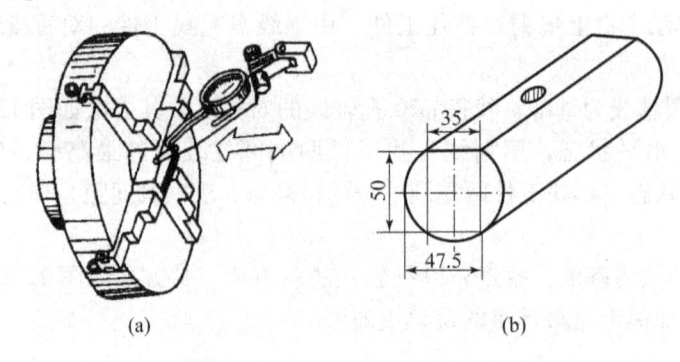

[见图12-11（b）]。

图 12-11　操作分步示意图

四、注意事项

（1）注意杠杆式百分表换向手柄的位置和用表安全。在测量过程中，一般量程应取中间值，并保持示值稳定。
（2）由于断续车削，平面容易产生凹凸不平，应用钢直尺检查平面度。
（3）在单独找正垂直度和对称度后，应综合复查，以防相互干扰，影响精度。
（4）在找正时应注意基面统一，否则会产生积累误差，影响精度。
（5）在车平面时，可用千分尺测量工件两端，检查尺寸精度。

课题三　在花盘上装夹、车工件

一、实习教学要求

（1）掌握花盘的安装、检查和修正。
（2）掌握在花盘上装夹工件、找正孔距的方法和步骤。
（3）懂得使用花盘装夹工件的安全知识。
（4）能按工件技术要求进行划线。

二、相关工艺知识

当工件外形复杂，而且被加工表面与基准要求垂直时［图12-12（b）］，可装夹在花盘上加工。

第十二单元

复杂工件的车削

花盘一般用铸铁浇铸而成，盘面上用辐射状长短不同的穿通槽来安装各种螺钉，以紧固工件。花盘的平面须与主轴轴线垂直，盘面要求平整光洁。

花盘装夹在主轴上时，要先检查定位轴颈、端面和连接部分有无脏物及毛刺，待擦净、去毛刺、加油后再装到主轴上。

在花盘上装夹工件前，必须先检查盘面是否垂直，盘面与主轴线是否垂直。

图 12-12　用百分表检查花盘平面

检查花盘端面跳动时，可用百分表的测量头接触在花盘平面上［见图 12-12（a）］，用手转动花盘，观察百分表的跳动量，一般要求在 0.02 mm 以内。检查花盘端面凹凸时，需将百分表固定在刀架上，测量头接触盘面的中间部位［见图 12-12（b）］移动中滑板时，必须从花盘的一边移到另一边，观察百分表的跳动量，一般只允许中凹，其误差值 Δ 应在 0.02 mm 以内。如果检查结果不符合要求，可以把花盘面精车一次。车端面时，须把床鞍上的固定螺钉拧紧。

在花盘上装夹的工件，它的重量大部分是偏向一边的，如果不将轻重校正平衡便进行车削，不但会影响工件的加工精度，而且还会引起振动，损坏车床主轴和轴承。因此，必须在花盘偏重的对面装上适当的平衡铁。在花盘上校正平衡时，可以调整平衡铁的重量和位置。平衡铁装好后，把主轴箱手柄放在空挡位置，用手转动花盘，观察花盘能否在任意位置上停下来。如果能在任意位置上停下来，就表明花盘上的工件已被平衡好，否则需重新调整平衡铁的位置或增减平衡铁。

在花盘上装夹、找正连杆两孔的方法。如图 12-13（a）所示的工件，两孔的孔径尺寸：大孔为 $\phi 40$，小孔为 $\phi 30$。加工时，首先车好 $\phi 40$ 的大孔和整个平面，然后在花盘上装一个与孔配合的定心轴，把工件上已车好的大孔套在上面，用螺母紧固［见图 12-13（b）］。同时用划线盘找正另一个孔的端面上预先划好的圆线，最后紧固工件，进行试车削。把小孔车至 $\phi 28$，接着在两个孔内插入塞规，用千分尺进行测量。千分尺准确读数应等于小孔孔径尺寸的一半数值加上孔距规定尺寸之和，即 $1/2 \times (40+28) + 100 = 134$（mm）。如果千分尺测得得数在 (134 ± 0.05) mm 内，则表明两孔的距离是准确的，可继续加工。否则必须重新移动定位心轴，直至试车后测得正确读数，才能进行精加工。

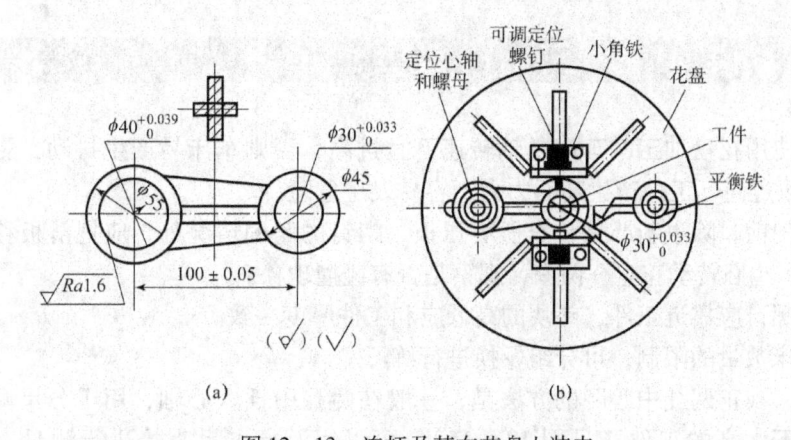

图 12-13　连杆及其在花盘上装夹

三、技能训练

在花盘上装夹、车有孔距要求的工件，如图 12-14 所示。

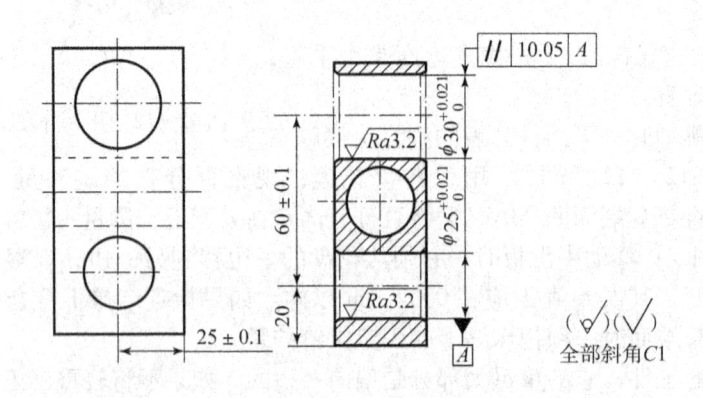

图 12-14 有孔距要求的工件

加工步骤如下：
（1）按图样要求，在平板上进行划线。
（2）装小孔花盘，去毛刺，找正端面或精车修正端面。
（3）工件按划线在花盘上装夹、找正。
（4）装夹平衡铁，校正平衡。
（5）钻孔，试车内孔。
（6）检查、测量、找正孔与侧面距离（25±0.1）mm。
（7）找正后，安装导向定位挡铁（见图 12-15），精车孔 $\phi25$ 至尺寸要求。
（8）松开螺钉、压板，按划线把另一孔的中心对准主轴的中心位置（见图 12-15），试车、找正两孔中心距。
（9）精车孔 $\phi30$ 至尺寸要求。

四、注意事项

（1）初次使用花盘加工，车床主轴转速不宜过高，否则车床易产生抖动，影响车孔精度。其次，转速过高，工件产生离心力大，容易发生危险。
（2）在车削前，除重新严格检查所有压板、螺钉的紧固情况外，应把滑板移到工件的最终位置，用手小心转动花盘一两圈，观察是否有碰撞现象。
（3）压板螺钉应靠近工件，垫块的高低应和工件厚度一致。
（4）受机床数量的限制，可分组轮换进行练习。
（5）试车、找正两孔中心距的方法是，一般在两孔中插入心轴，用千分尺测量。对两孔距精度要求不太高的工件（见图 12-15），可以用游标卡尺直接进行测量，其方法如图 12-16 所示。两孔距 L 可用下式计算：

第十二单元
复杂工件的车削

图 12-15 安装导向定位件

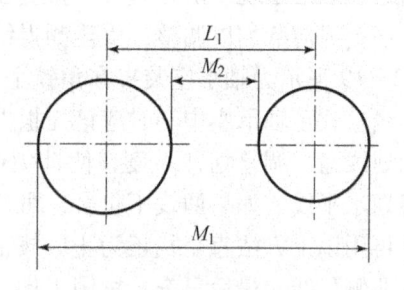

图 12-16 两孔距测量

$$L = \frac{M_1 + M_2}{2}$$

式中　L——两孔中心距，mm；

　　　M_1——两孔外侧尺寸，mm；

　　　M_2——两孔内侧尺寸，mm。

这种方法的优点是迅速、简便，不受工件孔径大小的影响，便于试车。

课题四　在角铁上装夹、车工件

一、实习教学要求

（1）掌握角铁的安装、检查和修正方法。
（2）掌握在角铁（弯板）上装夹、找正工件的方法。
（3）懂得使用角铁装夹工件的安全操作技术。

二、相关工艺知识

当工件外形复杂，而且被加工表面与基准面要求平行时［见图 12-17（c）］，可装夹在角铁上加工。

角铁一般分内角铁和外角铁两种。此外，根据不同加工要求还可做成各种形状的角铁（见图 12-17）。角铁的两个平面必须经过平磨或精刮，达到接触性好、相互垂直。同时要具有一定的刚性和强度，以防止装夹工件时变形。在制造角铁时，为消除因铸件的内应力而产生的变形，应在铸造后经过时效处理。

角铁装夹在花盘上以后，首先用百分表严格检查角铁的工作平面与轴线的平行度。检查的方法如图12-18所示，先把百分表装在中滑板或床鞍上，观察百分表的摆动值，即可得出检查结果。如果出现超出允差（一般是工件公差的1/2），就在角铁和花盘的接触平面间相应垫上铜皮或薄纸加以调整，直至测得结果符合要求为止。

图12-19所示为轴承座装夹在角铁上的实例。先用压板初步压紧，再用划线盘找正轴承座轴心线。找正轴承座中心时应该先根据划好的十字线找正轴承座的中心高。找正方法是水平移动划线盘，调整划针高度，使针尖通过工件水平中心线，然后把花盘旋转180°，再用划针轻划水平线。如果两线不重合，可把划针调整在两条线中间，把工件水平线向划针高度调整，再用以上方法直至找正为止。找正垂直中心线的方法同上。十字线调整好后，再用划针找正两侧母线。最后复查，紧固工件，装上平衡铁，用手转动花盘，观察有什么地方碰壁，如果花盘平衡，旋转不碰，即可进行车削。

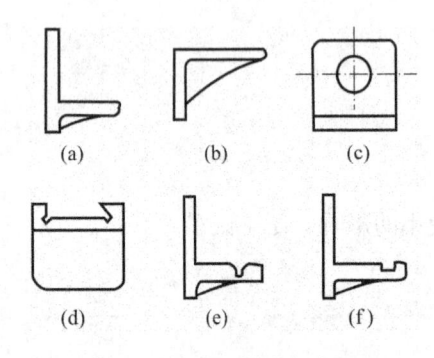

图12-17　各种角铁
(a) 内角铁；(b) 外角铁；(c) 带圆孔角铁；
(d) 带燕尾槽角铁；(e) 带V形槽角铁；(f) 带凹槽角铁

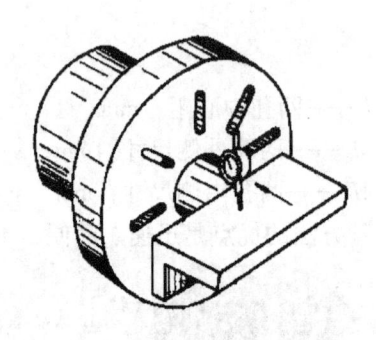

图12-18　用百分表检查角铁工作平面

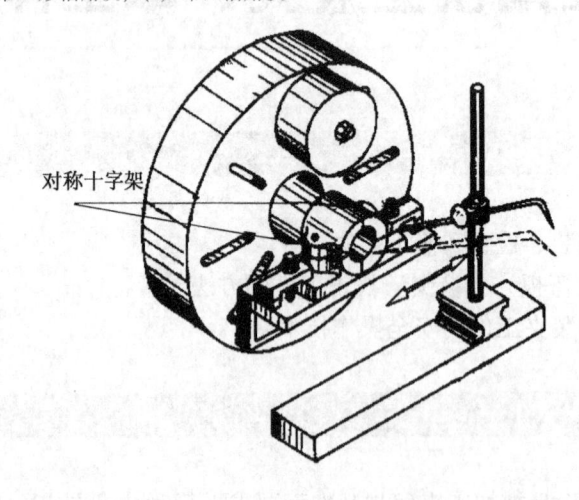

图12-19　在角铁上装夹、找正轴承座的方法

在角铁上加工工件时应特别注意安全，因为工件形状不规则，并有螺钉、压板等露在外面，如果一不小心，碰到操作者及其他人，将引起工伤事故。另外，在角铁上加工工件，转速不宜太高，否则会因离心力的作用，很容易使螺钉松动，工件飞出，发生事故。

第十二单元 复杂工件的车削

三、技能训练

在角铁上装夹、车有孔距精度要求的工件,如图12-20所示。

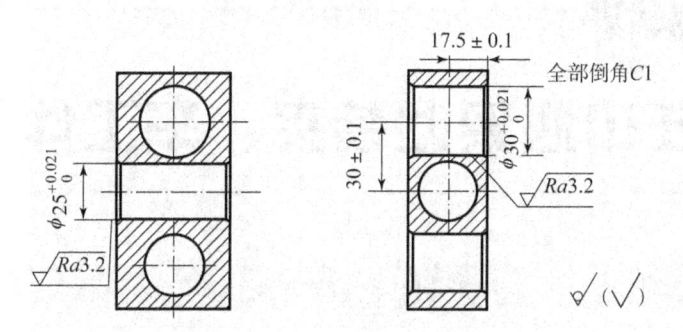

图12-20 有孔距精度要求的工件

加工步骤如下:

(1) 安装花盘、角铁,并找正角铁工作面与主轴轴线平行。

(2) 在角铁上安装定位销1,在主轴孔内安装,找正测量棒2[见图12-21(a)]。

(3) 调整角铁平面,轻贴测量棒外圆,并测量定位销和测量棒的中心距达到孔距要求[见图12-21(a)]。

(4) 紧固角铁,然后卸下主轴孔中的测量棒。

(5) 工件装夹在角铁上,以定位销定位,并用百分表找正工件端面[见图12-21(b)],然后紧固。

(6) 安装平衡铁,使花盘平衡。

(7) 车孔 $\phi25$ 至尺寸要求。

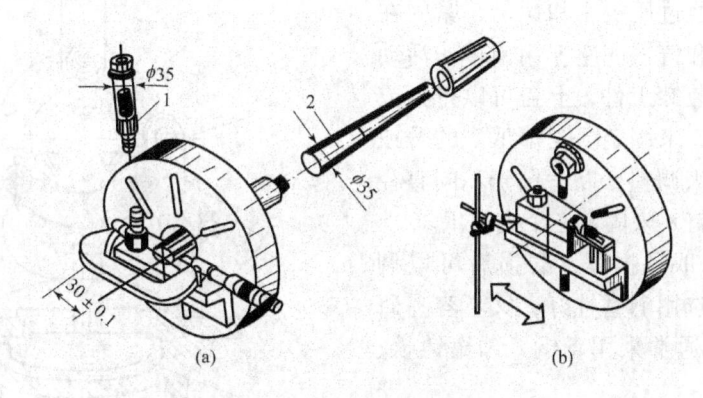

图12-21 工件在角铁上的装夹和找正
1—定位销;2—测量棒

四、注意事项

(1) 花盘上的角铁回转半径大,棱角多,容易产生碰撞现象。

(2) 由于角铁、工件等都是用螺钉紧固,工件易移位,因此,转速不宜过高,以防在离心力和切削力的作用下,影响工件精度,甚至造成事故。

(3) 车削前,车刀应在已有的孔内,从孔的一端移到另一端,同时用手转动角铁1~2

圈，检查有无碰撞，以防发生危险。

（4）受机床、工装设备的数量限制，练习时可分组、轮换进行。

课题五 在中心架上装夹、车工件

一、实习教学要求

（1）熟悉中心架的结构和使用方法。
（2）能使用中心架车一般工件。

二、相关工艺知识

中心架是车床的随机附件，在车刚性差的细长轴、不能穿过车床主轴孔的粗长工件和孔与外圆同轴度要求较高的较长工件时，往往采用中心架来增强其刚性或保证其同轴度。

1. 中心架的构造

中心架的结构如图12-22所示。它工作时，铸铁底座1通过压板4和螺母5紧固在床面上，上盖3和铸铁底座1用销子作活动连接，为了便于装卸工件，上盖可以打开或扣合，并用螺母2来固定。支撑爪7的升或降，可用螺钉6来调整，以适用于不同直径的工件，并用螺钉8来固定三个支撑爪。

中心架支撑爪易损坏，磨损后可以调换。其材料一般选用耐磨性好，又不容易研伤工件的材料。通常采用青铜、球墨铸铁、胶木、尼龙等。

中心架的种类一般有两种。上述的为普通中心架，另一种为滚动轴承中心架。它的构造与普通中心架相同，不同之处是在支撑爪的前端，它装有三个滚动轴承，以滚动摩擦代替滑动摩擦，如图12-23所示。它的优点是耐高速、不会研伤工件表面，缺点是同轴度稍差。

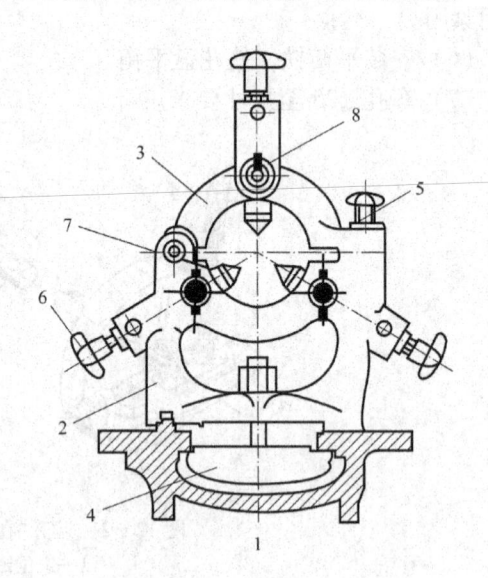

图12-22 中心架
1—铸铁底座；2—螺母；
3—上盖；4—压板；5—螺母；
6—调整螺钉；7—支撑爪；8—紧固螺钉

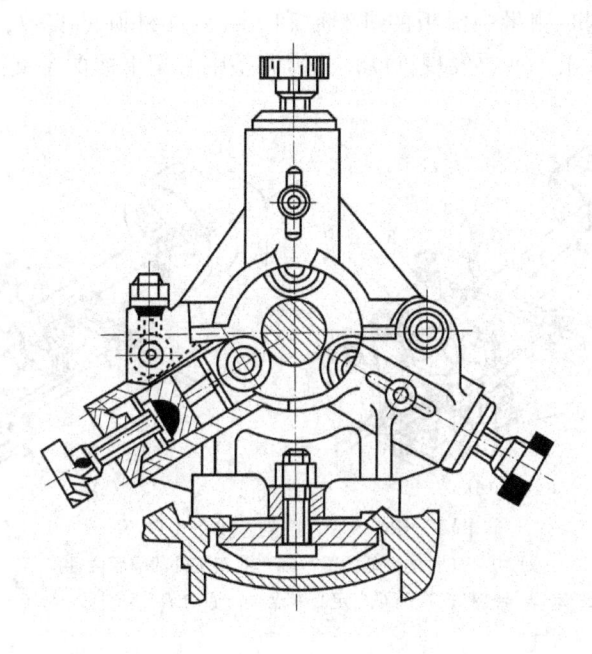

图 12-23 带滚动轴承的中心架

2. 工件在中心架上装夹和找正

(1) 一夹一顶半精车外圆后，工件在中心架上装夹的方法。半精车后，工件外圆已与车床主轴同轴，所以，只需把中心架放在床面的一定位置上紧固，以工件外圆为基准，调整中心架下面两个支撑爪与工件轻轻接触，接着扣合上盖，紧固连接螺钉，调整上盖的支撑爪固定。然后在支撑爪处加润滑油，移去尾座，即可钻、车内孔等。

(2) 工件在三爪自定心卡盘和中心架上装夹和找正的方法。通常先用百分表找正工件两端外圆，然后以外圆以基准，调整中心架三个支撑爪与工件轻轻接触即可。也可先找正靠近卡爪处的工件外圆，在找正另一端外圆时，低速开动车床带动工件旋转，用目测透光法观察支撑爪与工件之间的跳动间隙，调整三个支撑爪即可。这样操作方便、省时，但必须具备比较熟练的技能。

(3) 较长工件在中心架上装夹和找正。工件一端用三爪自定心卡盘夹住，另一端用中心架支撑。在靠近卡爪处先把工件外圆找正，然后摇动床鞍、中滑板用划针或百分表在工件两端作对比测量（指工件直径相同时），并调整中心架支撑爪，使工件两端高低一致［见图12-24（a）］，左右前后一致［见图 12-24（b）］。

3. 利用中心架车工件的一般方法

(1) 车细长工件。

将工件装夹在两顶尖之间（或一夹一顶），先在工件中段车中心架的支撑处。支撑处的直径一般比工件精车的尺寸大一些，其宽度比支撑爪宽一些。然后根据支撑处的位置把中心架固定在床面上，并调整支撑爪进行车削。当一端车至尺寸后，将工件调头装夹并调整中心架支撑爪1，再车另一端至尺寸。

采用中心架车细长轴时，往往会发现工件外圆有锥度，其原因可能是尾座中心偏移或中心架支撑爪把工件支偏。所以在车中心架支撑处的同时，可在工件两端各车一段相同直径的外圆，用两只百分表同时测量中滑板的进给数和工件两端外圆的实数，如图 12-25 所示。这样就能把尾座中心找正，如再发现锥度，只需调整中心架下面两个支撑爪即可。

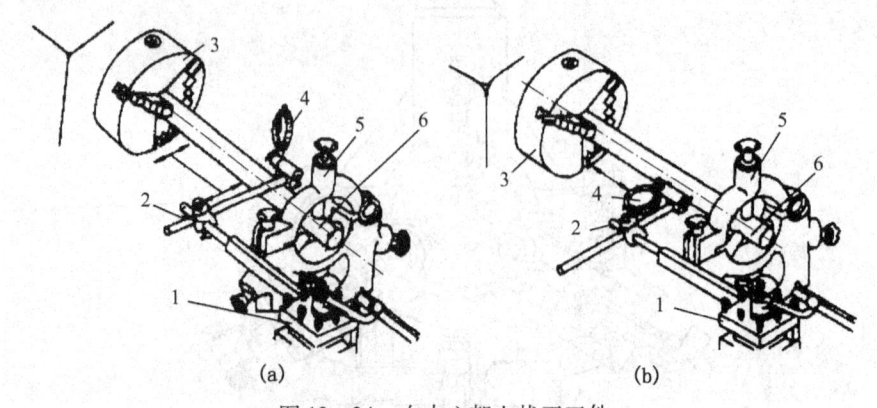

图 12-24　在中心架上找正工件
（a）找正工件的高低位置；（b）找正工件的前后位置
1—刀架；2—表架连杆；3—三爪自定心卡盘；4—百分表；5—中心架；6—工件

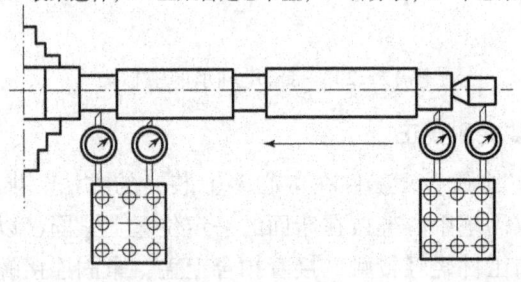

图 12-25　尾座中心的测量和找正

（2）车粗长工件。

① 在工件端面找出圆心，并用样冲打冲眼，如图 12-26 所示。

② 用手钻或在钻床上预钻一个中心孔。

③ 一夹一顶车工件两端中心架支撑处，如图 12-27 所示。

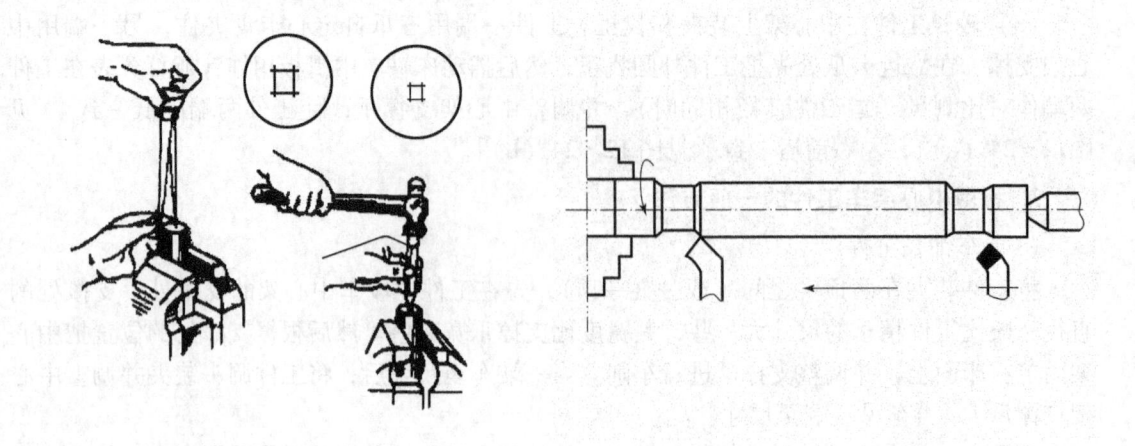

图 12-26　工件端面找圆心　　　　图 12-27　车中心架支撑处

第十二单元 复杂工件的车削

④ 在支撑处装中心架,并调整支撑爪,车平面、钻中心孔等。车削完毕,打开中心架的上盖,工件调头找正,车削另一端即可。

为了扩大中心架的使用范围,可采用附加一个过渡套筒的方法(见图12-28),来加工一些外径不规则的工件(如中心架处有键槽或花键等)。这样的工件不能直接装中心架,这时采用附件套筒的方法就能加工。套筒1的孔径比工件2外径大些,使用时将套筒套在工件中心架处,套筒的两端各有4个调节螺钉3,将套筒固定在工件上,用百分表4找正套筒的中间外圆,如图12-28(a)所示。然后在套筒中间的外圆上装中心架,如图12-28(b)所示。

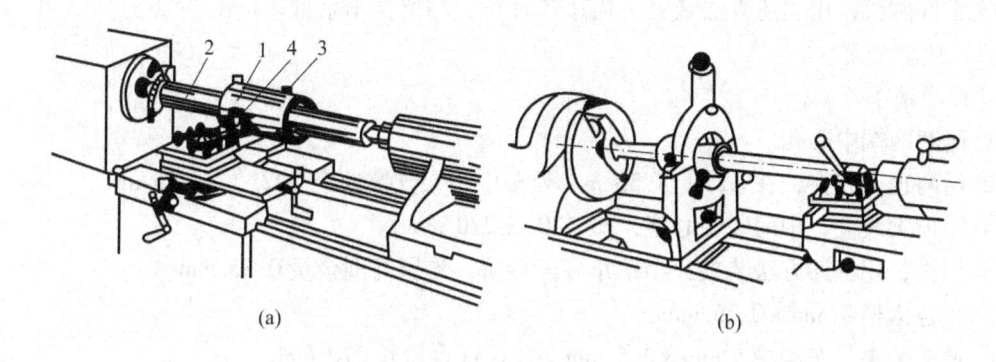

(a)

(b)

图12-28 用附加套筒装夹和找正工件
(a)附加套筒的找正方法;(b)在附加套筒上装中心架
1—套筒;2—工件;3—调节螺钉;4—百分表

三、技能训练

1. 中滑板螺杆加工(图12-29)

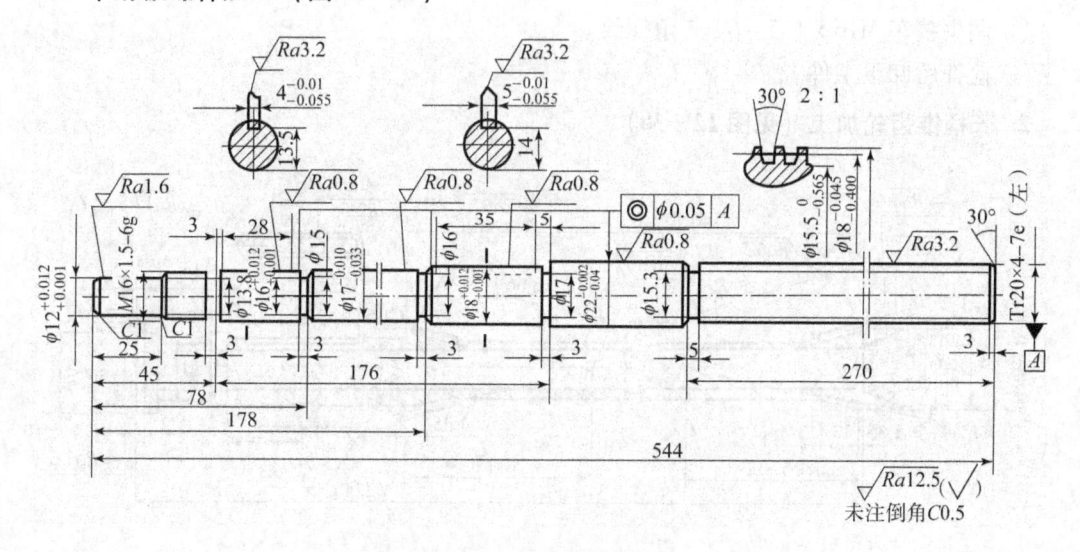

图12-29 中滑板螺杆

加工步骤如下：

（1）粗车。

① 切断长 545 mm。

② 车两平面至总长 544 mm，钻 ϕ1.5 中心孔。

③ 用两顶尖装夹，用手转动工件，观察工件是否弯曲，并找正。

④ 用两顶尖装夹，在 ϕ22 处车中心架支撑处（车至 ϕ24 长 55 mm）。

⑤ 用两顶尖装夹，中间装中心架，粗车 ϕ20 长 270 mm 至 ϕ22 长 268 mm（留精车余量）。

⑥ 工件调头，用上述方法装夹，粗车各台阶。均留精车余量 2 mm。

（2）调质处理。

（3）半精车。

① 研磨两端中心孔。

② 用两顶尖装夹，在 ϕ22，长 53 mm 处车中心架支撑处至 $\phi 22_{+0.3}^{+0.4}$ 长 55 mm。

③ 两顶尖装夹，中间装中心架，车 ϕ20 长 270 mm。

④ 调头，用上述方法装夹，半精车各段台阶，均留磨削余量 0.35 mm。

⑤ 车各沟槽 3 mm×0.75 mm。

⑥ 调头装夹，车沟槽 5 mm×2.5 mm，并保证台阶长 270 mm。

⑦ 粗车 Tr20×4-7e（左）梯形螺纹（留精车余量）。

⑧ 检查工件外圆径向跳动，并找正。

（4）铣键槽。

（5）磨各段外圆。

（6）精车。

① 用两顶尖装夹，在 ϕ22 长 53 mm 处装中心架，车外圆 ϕ22 长 270 mm。

② 精车 Tr20×4-7e（左）螺纹。

③ 调头精车 M16×1.5-6g 三角螺纹。

④ 检查后卸下工件。

2. 长柄锥齿轮加工（见图 12-30）

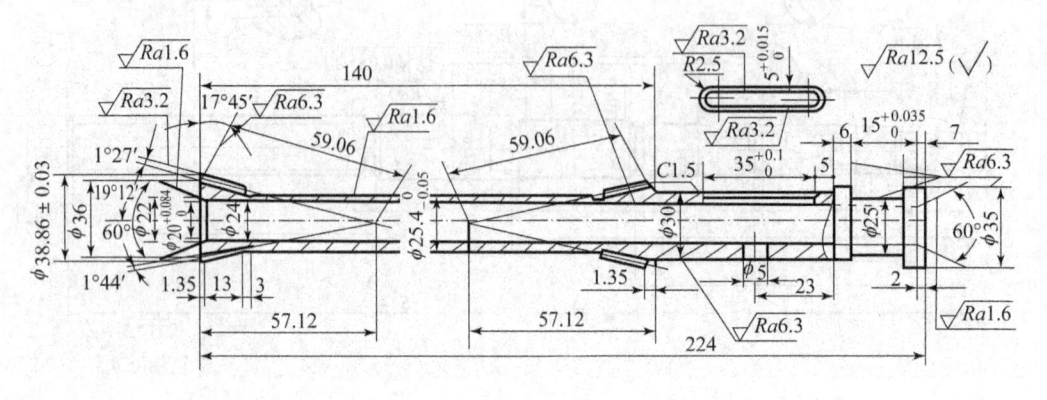

图 12-30　长柄锥齿轮

第十二单元 复杂工件的车削

加工步骤如下：

(1) 车平面、钻中心孔（控制总长 225 mm 左右）。

(2) 一夹一顶粗车各外圆、台阶、沟槽，如图 12-31（a）所示。

(3) 在 φ31 处装中心架，钻孔 φ18.5 长 115 mm，如图 12-31（b）所示。

(4) 工件调头，夹住外圆 φ37 找正，与 φ26 处装中心架，粗车外圆至 φ40，及平面总长至 224 mm；钻通孔 φ18.5，并车孔至 φ20，长 115 mm，孔口倒角 2×60°，如图 12-31（c）所示。

(5) 工件调头，夹住外圆 φ40 处找正，于 φ31 处装中心架，车通孔 φ20，精车平面使总长为 224 mm，孔口倒角 2×60°，如图 12-31（d）所示。

(6) 工件在两顶尖上装夹，精车外圆、台阶、沟槽至图样要求，如图 12-31（e）所示。

(7) 精车齿面角 19°12′和齿角 17°45′（2 处），如图 12-31（f）所示。

(8) 车槽 30 mm×0.75 mm（2 处）。

(9) 检查后卸下工件。

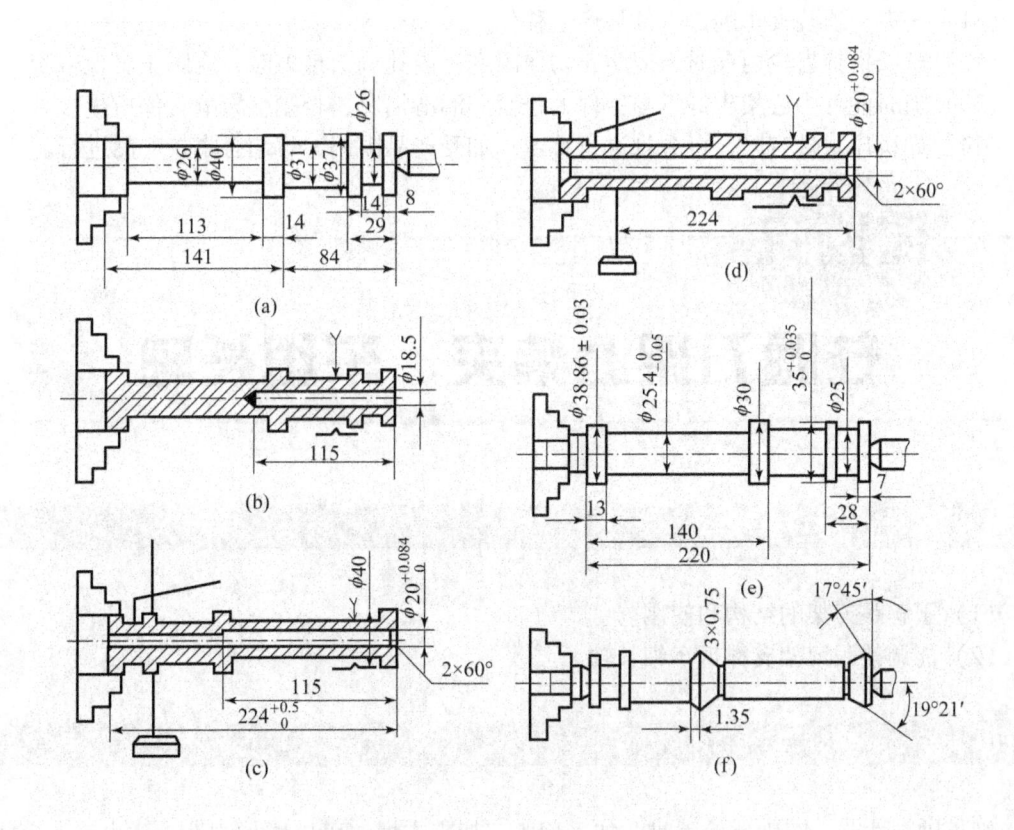

图 12-31　长柄锥齿轮工件加工示意图

四、注意事项

(1) 横向进给丝杠两端的中心孔不能太大。

(2) 车梯形螺纹时切削力较大，对分夹头必须夹紧，否则工件易发生移位，会车坏螺纹。

(3) 测量多台阶工件,应从同一个基面开始,否则将产生累积误差。

(4) 一端夹住,一端装中心架的工件,其夹持长度不宜太长(15 mm 左右),否则会给找正工件带来困难。

(5) 装中心架车内孔或外圆时产生锥度。其主要原因是中心架支撑爪把工件中心支偏,严重时,工件很快会从卡盘上掉下。

(6) 装中心架车内孔或外圆时产生变形。其主要原因有工件支撑处不圆,中心架支撑爪支得太松或支撑处有碰伤敲毛等现象。

(7) 成批生产时,支撑处的工件外圆应基本一致,这样工件在中心架上装夹方便,中心架下面的两个支撑爪可以不用调整,只需扣合中心架的上盖微调上爪即可车削。

(8) 长柄锥齿轮孔口 $2 \times 60°$,倒角要准确、光洁。

(9) 车长柄锥齿轮时,随时注意前顶尖是否移位,以防影响同轴度。

(10) 沟槽 3 mm×0.75 mm 不能车得太深,以防降低工件强度。

(11) 一夹一顶装夹车削,工件易产生移位。

(12) 车长柄锥齿轮内孔时,应防止切屑阻塞,内孔调头接刀时,应防止出现台阶。

(13) 随时注意中心架支撑爪与工件的松紧和润滑情况,否则会影响工件质量。

(14) 如机床附件有限,可分批进行练习;如受产品限制,可结合本校产品进行。

课题六 在跟刀架上装夹、车细长轴

一、实习教学要求

(1) 了解跟刀架的结构和使用。
(2) 能调整跟刀架支撑爪车细长轴。

二、相关工艺知识

细长轴刚性差,车削比较困难,如采用跟刀架来支撑,可以增加刚性,防止工件弯曲变形,对保证加工质量起重要作用。

使用跟刀架时,把跟刀架固定在床鞍上,工作时它一般跟在车刀后面移动。如果细长轴半精车后,外圆没有锥度、弯曲、变形等缺陷,跟刀架也可放在车刀前面进行精车。

1. 跟刀架的种类和结构

目前常用的跟刀架有两爪跟刀架 [见图 12-32 (a)] 和三爪跟刀架 [见图 12-32 (b)] 两种,其结构原理基本上和中心架相同。

两爪跟刀架目前使用较多，但由于两爪跟刀架支撑爪在工件的上面和车刀的对面［见图12-32（a）］，而工件下面没有支撑爪支托，因此，车削时往往会引起工件上下跳动，产生让刀现象，所以在两爪跟刀架上车削细长轴，操作难度较大。

改进后的三爪跟刀架有三个支撑爪，使用时三爪分布在工件的上面、下面和车刀的对面［见图12-32（b）］，这样实际上起了一个轴承的作用，这样车细长轴就稳妥多了。

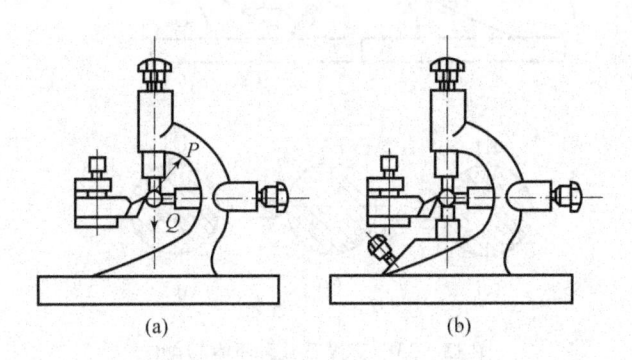

图12-32 两爪跟刀架和三爪跟刀架
(a) 两爪跟刀架；(b) 三爪跟刀架

2. 采用跟刀架车细长轴的工艺知识

1）确定细长轴的加工余量

细长轴刚性差，车削时容易让刀，必须经过多次车削才能将工件车直，所以其加工余量要比一般工件多。如直径与长度之比1∶30的细长轴，一般为4 mm左右；1∶50的细长轴，一般为5～6 mm。

2）钻中心孔的要求

细长轴在钻中心孔前，必须注意工件是否弯曲，弯曲较大的应校正，弯曲较小的应把弯曲点截在工件两端（使中间少弯曲或不弯曲），这样能防止车削时出现离心力而影响切削。

3）调整尾座

调整尾座中心与主轴中心同轴。

4）修正跟刀架支撑爪。修正跟刀架支撑爪可以在本车床进行。先将跟刀架固定在床鞍上，根据被加工工件的直径，选用符合尺寸的内孔刀或圆柱铰刀装夹在卡盘上，或用顶尖支顶调整跟刀架支撑爪，并纵向移动床鞍修正支撑爪圆弧面。图12-33是跟刀架支撑爪的几种不良接触状态。

5）细长轴的装夹

细长轴装夹时，工件不宜夹得过长，一般在15 mm左右，最好用φ5 长25 mm的圆柱销垫在卡爪的凹槽中（见图12-34），这样以点接触，可以避免卡爪装夹时接触面过长所造成的应力变形。

6）车支撑处外圆的要求

（1）对支撑处外圆的要求和毛坯外圆的要求是：外圆圆度好、光洁，不能有其他变形等缺陷；支撑处外圆的长度一般比支撑爪长15 mm左右。

（2）支撑处外圆和毛坯外圆相交处，宜车一个40°左右的锥度，这样接刀时切削力逐步增加，不会受突然冲撞力造成让刀和工件变形，如图12-35所示。

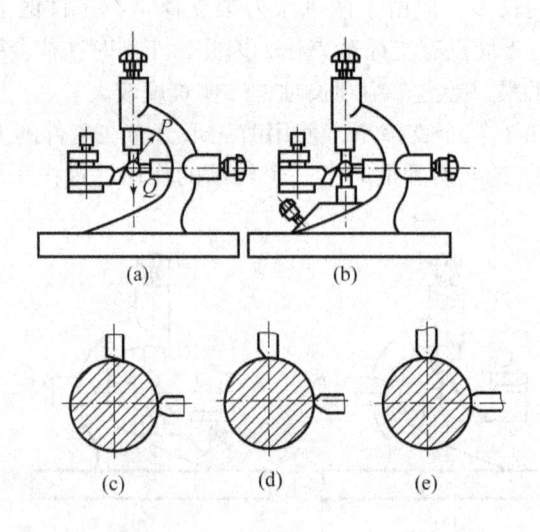

图 12-33　支撑爪几种不良接触

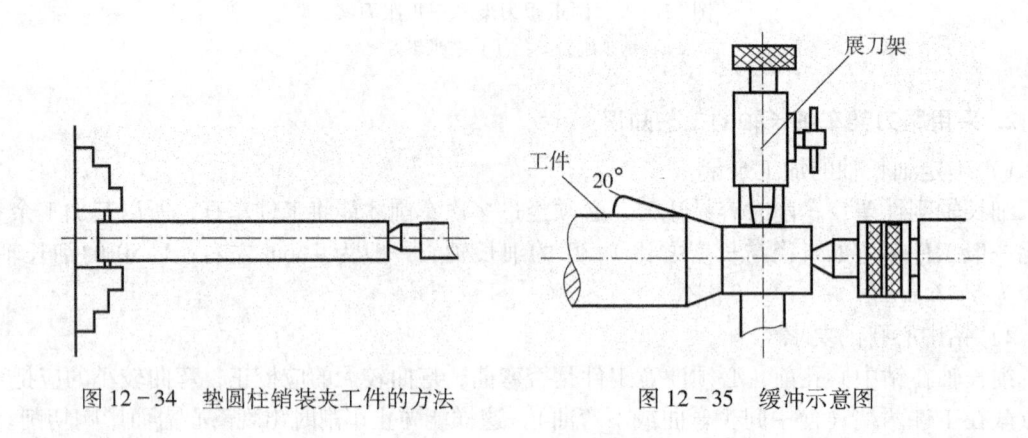

图 12-34　垫圆柱销装夹工件的方法

图 12-35　缓冲示意图

7) 车刀选择

为了减小切削时的径向压力，车刀的主偏角通常取大于 85°小于 90°为宜。为了减小切削力，应取较大的前角，但必须保证排屑顺利。

8) 跟刀架支撑爪的调整

跟刀架支撑爪与工件的接触应恰到好处，过松过紧都不利。过松是指工件外圆与支撑爪之间有间隙，这样易使工件跳动，造成切削时让刀。过紧指支撑爪对工件压力过大，把工件推向车刀一边，这样易使车刀切削深度随着进给远离顶尖、工件刚性减弱而加深，结果切削的工件直径减小。当跟刀架移动至工件直径减小处，结果车出的工件直径又会增大，这样多次循环，工件就形成竹节形。

如发现上述情况，应及时修正。修正方法宜重新车支撑处外圆，并调整支撑爪。

三、技能训练

车细长轴，如图 12-36 所示。

第十二单元
复杂工件的车削

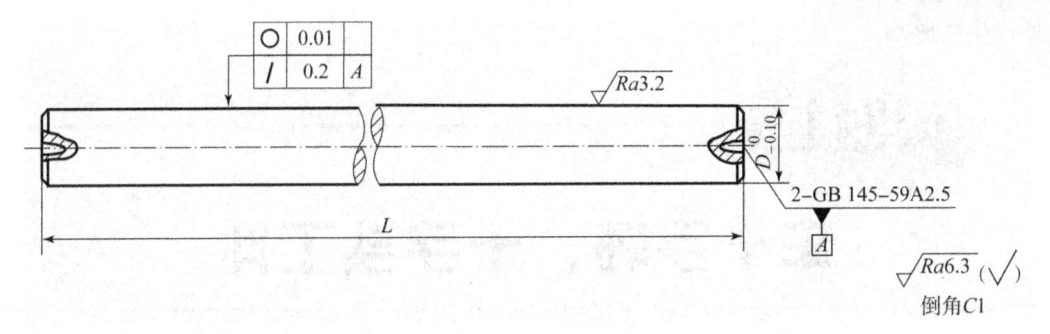

图 12-36 细长轴

加工步骤如下：
(1) 夹住工件外圆，车平面，钻中心孔。
(2) 在床鞍上安装跟刀架，并修正支撑爪。
(3) 一夹一顶在工件上车跟刀架支撑处的外圆。
(4) 调整跟刀架支撑爪和工件外圆轻轻接触。
(5) 接刀车全长外圆。
上述第（3）步至第（5）步重复多次，直至车削完毕。

四、注意事项

(1) 车细长轴时，浇注切削液要充足，防止工件热变形，同时也给支撑爪处起润滑作用。
(2) 粗车时，应将工件毛坯一次进给车圆，否则会影响跟刀架的正常工作。
(3) 在切削过程中，要随时注意顶尖的支顶松紧程度。其检查方法是：开动车床使工件旋转，用右手拇指和食指捏住回转顶尖转动部分（见图 12-37），顶尖能停止转动，当松开手指时，顶尖能恢复转动，这就说明顶尖的松紧适当。

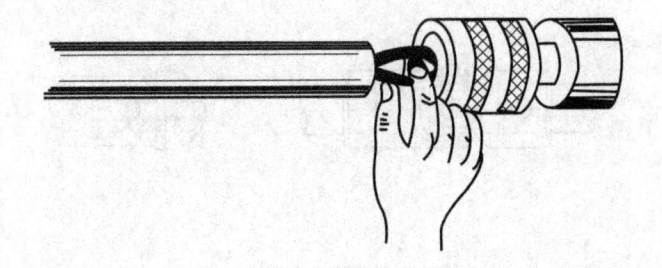

图 12-37 鉴别回转顶尖顶力的方法

(4) 车削时如发生振动，可在工件上套一个轻重适当的套环，或挂一个齿坯等，这样可起消振作用。
(5) 细长轴取料要直，否则增加车削困难。
(6) 车削完毕的细长轴必须吊起来，以防弯曲。
(7) 车细长轴宜采用三爪跟刀架和弹性回转顶尖及反向进给法车削。
(8) 操作熟练时，车跟刀架支撑处和调整跟刀架支撑爪可同时进行，这样可减少接刀时所产生的弊端。

课题七 车十字轴、十字头工件

一、实习教学要求

（1）懂得十字轴、十字头工件的作用和技术要求。
（2）掌握用划线和在四爪单动卡盘上装夹、加工十字轴、十字头工件的方法。

二、相关工艺知识

1. 十字轴、十字头零件的作用

万向联轴器如图 12-38 所示，它由两个叉形接头 1、3，一个中间连接件 2 和轴销 4、5 所组成。轴销 4 与 5 互相垂直配置并分别把两个叉形接头与中间件 2 连接起来，这样就构成一个可动的连接。这种连接可以允许两传动轴间有较大的夹角（最大可达 35°~45°），而且在机器运转时，夹角发生改变仍可正常传动。这种联轴器广泛应用于汽车、多头钻床等机器的传动系统中。其中，中间连接件 2 和轴销 4 和 5 可以根据结构具体要求，设计成十字轴、十字头类零件。

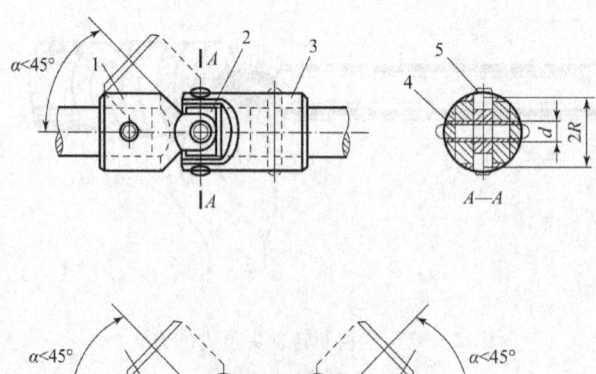

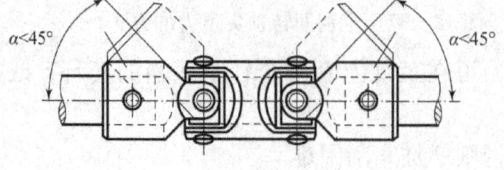

图 12-38 万向联轴器

2. 十字轴、十字头类工件的技术要求

（1）支撑轴径和定位孔的尺寸精度 IT8~IT6，表面粗糙度值 Ra1.6~0.8 μm。

（2）十字轴两轴线的垂直度和基面的平行度不低于 8 级（GB 1184—1980）。

（3）对称度精度等级不低于 9 级。

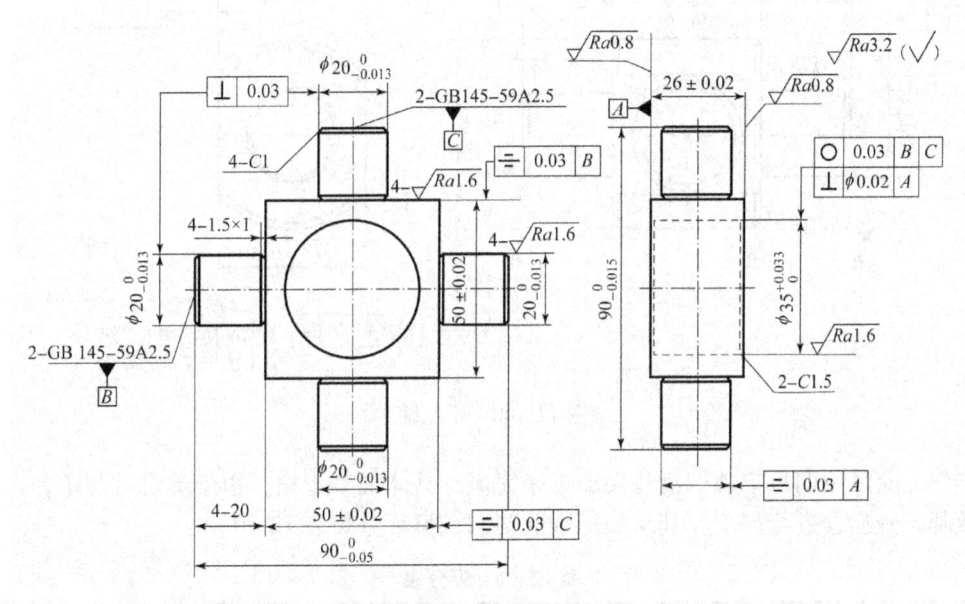

三、技能训练

车十字轴，如图 12-39 所示。

图 12-39　车十字轴

加工步骤如下：

（1）精车大外圆至 ϕ93（工艺用）及两端面、内孔 ϕ35，倒角均至图样要求。

（2）在两端面和外圆柱表面涂色，然后用 V 形铁、精密直角尺、游标高度尺等，划两端（全周）十字线、外圆柱十字线。

（3）所划线上按图样要求，打准样冲眼。

（4）图样表面上按划线分别钻 4 个孔（可在立铣或台钻上加工），注意精度要求，并轴向钻深增加 1.5 mm 左右。

（5）多次在顶尖间装夹工件，粗车 4 个外圆 ϕ20 及大端面留余量 1~2 mm。

（6）多次在两顶尖装夹工件，粗车 4 个外圆 ϕ20 及大、小端，车槽，倒角均至图样要求。注意应以 ϕ35 mm 内孔为基准测量端面轴向尺寸以保证对称性。

（7）检查。

四、注意事项

（1）工艺基准外圆 ϕ93 及一端面，内孔 ϕ35mm，应在一次装夹内车出。

（2）调头车另一端面，必须找正基准端面，允差 0.01 mm。

(3) 划线、打样冲眼要特别仔细、准确。划线时应用"反复"求中心方法取得划线精度。

(4) 车小端面时，宜采用削边死顶尖，车刀刀尖角应小于60°。

(5) 检查垂直度、对称度时应以图样基准为测量基准。

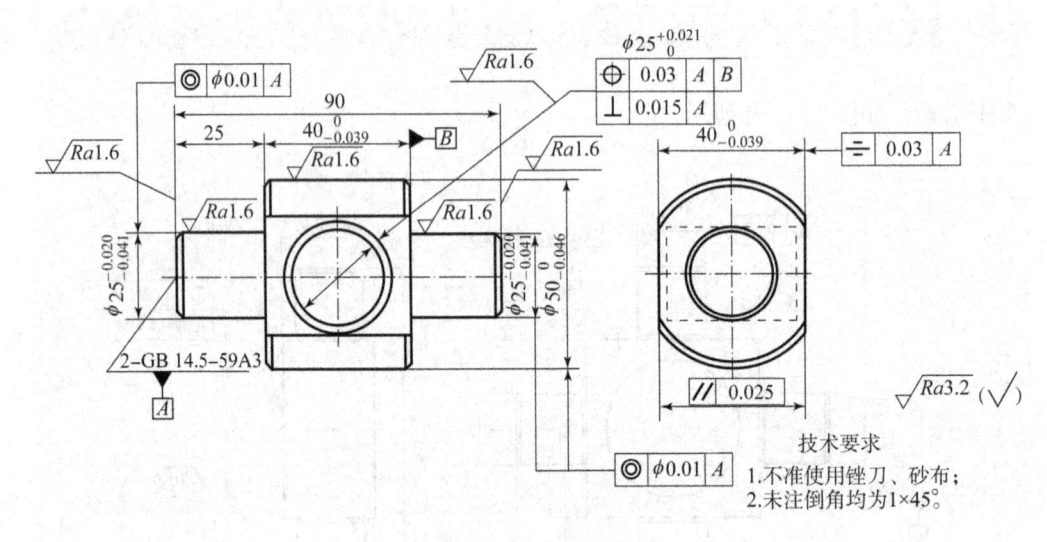

练习二（见图12-40）

图12-40 十字轴

本作业应采用四爪单动卡盘装夹加工来完成。具体加工步骤，由学员自行制定，经实习指导教师审查后，进行加工。其考核标准和要求，见评分表表12-1。

表12-1 评分表

项目	序号	检测内容	配分	检测工具	扣分标准	实测结果	得分
外圆孔	1	$\phi25_{-0.041}^{-0.020}$ mm	5×2	千分尺			
	2	$\phi50_{-0.046}^{0}$ mm	6	千分尺			
	3	$\phi25_{0}^{+0.021}$ mm	8	内径表			
长度	4	$40_{-0.039}^{0}$ mm	4	千分尺			
	5	$40_{-0.039}^{0}$ mm（径向）	7	千分尺			
形位误差	6	⊖ 0.03 A	8	百分表、样棒			
	7	⊕ 0.03 A B	15	百分表、样棒			
	8	⊥ 0.015 A	10	百分表、样棒			
	9	◎ $\phi0.01$	12	两顶尖、百分表			
	10	∥ 0.025 A	12	平板、百分表			
粗糙度	11	$\sqrt{Ra1.6}$ 四处	2×4		一处不合格扣2分		

续表

项目	序号	检测内容	配分	检测工具	扣分标准	实测结果	得分
考试时间		开始　时　分		结束　时　分		实做工时　时　分	得分
监考：			检测：		复核：		
备注	超差40%以内扣50%配分						

课题八　车深孔工件

一、实习教学要求

（1）掌握车深孔工件（长度与孔径之比≥5~10）的加工特点。

（2）合理选择、使用切削刀具和装夹装置。

（3）熟悉深孔加工的一般车削方法。初步掌握深孔精加工操作技术，并能根据实际合理选择切削用量。

二、相关工艺知识

深孔件的加工特点如下：

（1）深孔加工时，孔轴线容易歪斜，钻削中，钻头容易引偏。

（2）刀杆受到内孔限制，一般细而长，刚性差。车削时容易产生振动和"让刀"现象。

（3）深孔加工时，切屑不易排出，切削液输入困难。

（4）很难观察孔内的加工情况，加工质量不易控制。

由此可见，深孔加工的关键技术是提高工艺系统的刚度、选择刀具的几何角度和解决冷却排屑问题。因此，在加工时应采取以下措施来保证加工质量。

（1）粗、精加工分阶段进行。对精度、表面粗糙度要求较高的深孔零件，一般加工工艺路线是：实心材料：钻孔—扩孔—粗铰—精铰。管材：粗镗—半精镗—精镗或浮动铰—珩磨或滚压。

(2) 合理选择刀具。粗加工时，要切除大量切屑，因此，刀具结构必须具备：足够的刚性和强度；能够顺利排屑；切屑液能及时注入到切削区域。

精加工时，要保证工件精度和表面粗糙度要求。刀具应具有较小的主偏角，必要的修光刃，使刃口光洁、锐利，能卷屑断屑，并有合适的导向作用。

(3) 配置导向和辅助支撑装置。为了克服刀杆细长所造成的困难，车削时刀杆应具备导向部分，同时应采用合理的辅助支撑，防止振动和"让刀"。

(4) 设置切削液输入装置。在深孔加工中，必须有一套专用装置及时将切削液输入到切削区域，并把切屑及时排出。

三、技能训练

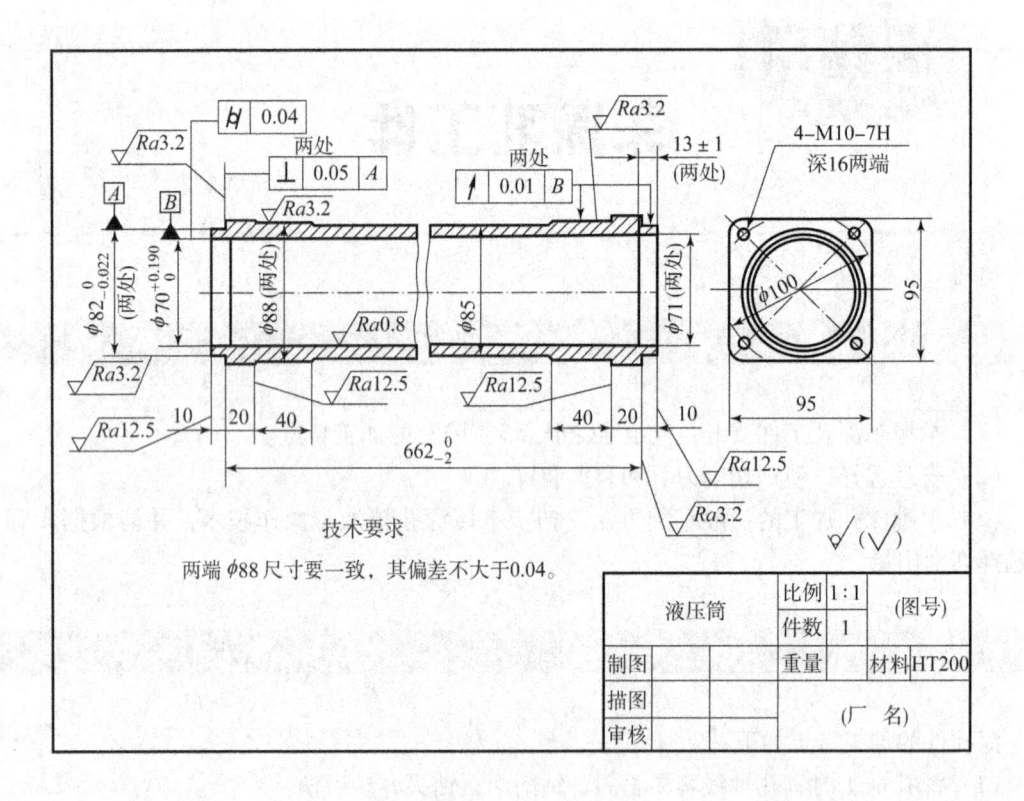

车液压筒，如图 12-41 所示。

图 12-41 液压筒

1. 工艺分析

铸铁液压筒为深孔零件，且内孔与外圆有同轴度要求，因此，必须合理安排工序，既要满足小批生产的需要，又要保证加工质量。

(1) 整个工艺过程分粗加工、半精加工、精加工 3 个阶段。孔 $\phi 70$ 的加工顺序为粗镗、半精镗、精铰（浮动铰）。加工外圆 $\phi 82$、$\phi 88$ 的加工顺序为粗车、半精车、精车。

(2) 加工外圆 $\phi 88$ 两处时，工件一次装夹，正、反进给将工件加工出，达到尺寸一致，

使后续工序以 φ88 外圆定位,具有较高的相互位置精度。

(3) 工件在加工前需安排一次人工时效,以消除铸造内应力。

2. 车削步骤

(1) 用梅花顶尖装夹,粗车外圆 φ88 两处至 φ90(工艺用),车法兰盘外端面。

(2) 夹一端 φ82 处,托一端 φ90 外圆,车端面,粗车外圆 φ82 至 φ68(工艺用)。

(3) 夹 95 mm × 95 mm 处,找正 φ90,托两端 φ90 外圆处,粗镗 φ70 至 φ68(工艺用)。

(4) 以孔定位装夹,半精车外圆 φ88 两处至 φ88.8(工艺用),车法兰盘两内端面。

(5) 夹一端 φ84 处,托一端 φ88.8 外圆,半精车外圆 φ82 至 φ88.8,车法兰盘一外端面。调头同样装夹,车另一端。

(6) 轻夹 95 mm × 90 mm 处,找正 φ88.8,托两端 φ88.8 外圆处,半精镗 φ70 至 φ69.8,再浮动铰至图样要求。

(7) 以孔定位装夹,精车 φ88 外圆至图样要求。

(8) 夹一端、托一端,精车 φ82 外圆至图样要求,车法兰盘一外端面至要求,车锥度至图样要求。调头同样装夹,车成另一端,并保证长 $662_{-2.00}^{0}$ mm。

(9) 检验。

四、注意事项

(1) 车法兰盘两内侧端面时要注意轴向的对称性。

(2) 以夹一端、托一端装夹时,夹紧力要适当,防止过量变形,并应先找正装中心架处外圆,再调整中心架。

(3) 夹一端、托两端装夹,属"过定位",必须先仔细将托两端外圆找正,然后调整外端处中心架,再调整靠近主轴箱处的中心架。

(4) 用四爪单动卡盘夹 95 mm × 95 mm 处,宜垫垫铁,以分散夹紧力从而减小工件孔径变形。

(5) 控制浮动铰削余量在 0.2 ~ 0.25 mm,以保证内孔的质量要求。

习 题

1. 在花盘、角铁上车削工件时,如何保证安全生产?
2. 采用跟刀架车削细长轴时,为什么会产生竹节形?
3. 简述中心架装夹和找正的方法。
4. 简述深孔件的加工特点。

参考文献

[1] 吴圣庆. 金属切削机床概论［M］. 北京：机械工业出版社，1990.

[2] 陆剑中，孙家宁. 金属切削原理与工具［M］. 北京：机械工业出版社，1995.

[3] 张世民. 机械原理［M］. 北京：中央广播电视大学出版社，1994.

[4] 职业技能鉴定教材编审委员会. 车工［M］. 北京：中国劳动出版社，1996.